旧园新绘

——融创意、诗意、画意的景观手绘

张春华　著

U0380290

东南大学出版社
SOUTHEAST UNIVERSITY PRESS
·南京·

内 容 提 要

本书围绕生态文明发展的主题，以教程的形式展现了自己多年来在景观手绘方面的创作实践、教学心得、阅读体会、观画经验和艺术考察等多方面的积累，将东西方关于风景方面的绘画创作技巧与工作生活环境的人文景观资源相糅合，在教学中，鼓励学生融入当代中国生态景观和人文景观的改造和发展，尝试各种绘画媒介（包括板绘），拓展艺术表现形式的多样性与复杂性，以催生出有创意灵感、文化内涵和设计美感的景观手绘作品。

本书适用于大学绘画专业及景观设计专业的本科生和研究生及对景观手绘感兴趣的爱好者。

图书在版编目(CIP)数据

旧园新绘：融创意、诗意、画意的景观手绘 / 张春华著. —南京：东南大学出版社，2023. 11

ISBN 978-7-5766-1016-1

Ⅰ. ①旧… Ⅱ. ①张… Ⅲ. ①景观设计—绘画技法 Ⅳ. ①TU986. 2

中国国家版本馆 CIP 数据核字(2023) 第 236914 号

责任编辑：谢淑芳　责任校对：子雪莲　封面设计：顾晓阳　责任印制：周荣虎

旧园新绘——融创意、诗意、画意的景观手绘

Jiuyuan Xinhui — Rong Chuangyi, Shiyi, Huayi De Jingguan Shouhui

著　　者：张春华
出版发行：东南大学出版社
出 版 人：白云飞
社　　址：南京四牌楼 2 号　邮编：210096　电话：025-83793330
网　　址：http://www.seupress.com
经　　销：全国各地新华书店
印　　刷：广东虎彩云印刷有限公司
开　　本：700 mm×1000 mm　1/16
印　　张：15. 25
字　　数：290 千字
版　　次：2023 年 11 月第 1 版
印　　次：2023 年 11 月第 1 次印刷
书　　号：ISBN 978-7-5766-1016-1
定　　价：58. 00 元

本社图书若有印装质量问题，请直接与营销部联系。电话：025-83791830。

前　言

本书是在阅读相关文献的基础上，结合笔者多年在景观手绘方面的探索和实践，复盘和梳理出来的经验之谈。毕竟，将视觉观念和经验转换为言语也是美术理论类和实践类老师的重要技能。本书着重探讨人文景观手绘，通过对景观的认知、沉浸和手绘，引导学生体悟和感悟人文景观的设计、演变和形式，从而获得审美的乐趣，并引导他们树立人与自然和谐共处的生态文明观。

因为艺术家们的风景画作，并不总是描绘真实世界的面貌。它往往是我们所希望见到的愿景。会有一种乌托邦式的理想，抑或是对复杂多变世界的暂时逃离。它揭示了我们的普世价值观，有时，甚至能让我们体会一些超脱的意味。

从宏观层面来看，景观手绘作品暗含了民族主义、社会经济意识形态等意义①，对于构建富有文化特色、历史底蕴的城市特征有重要意义，为受众培养一种城市特征甚至国家特征的感觉。

如何在景观手绘表现中发掘出深厚的文化内涵，发挥出全新的活力，引导人们欣赏景观手绘的新趣味、新美感？如何彰显出景观手绘不同于纯电脑效果图的独特视觉语言？如何表现出手绘者在某时某地的存在感和体验感？这一直是我们深思和探索的课题。

家园和城市是艺术家艺术创作的源泉，是寄托艺术家情感的载体。以创意手绘南京为例的旧园新绘课题研究，围绕师生学习和生活的地域展开，通过在景观手绘中融入本土风格元素和当地特色来实现新颖的设计。借手绘之名，跟景

---

① 《风景与西方艺术》，[英]马尔科姆·安德鲁斯著，张翔译，上海人民出版社2014年版。

观面对面，体悟历史、文化、信仰的综合体，从而追问存在的本质，重建对景观的人文关怀，抒写个体生命的节奏感，回归金陵古代文人所崇尚的充满创意、诗意和画意的环境中修身养性、怡情悦性，重塑中国传统文化的自然观和生命观。

笔者撰写本书，是希望透过古今中外优秀的景观手绘作品来展现优秀的民族精神、时代精神，以及人们心里的生态文明理念。并古为今用、洋为中用，以艺术彰显中国构建人类命运共同体的战略眼光和世界价值。

目　录

第一章

传统景观手绘概述

文明与地域地貌紧密相关，山水地貌、风土人情，界定了我们自己以及我们的家园。对山川大地的热爱，贯穿人类的文明。而在衣食住行的需求中，人类往往对住最讲究、最挑剔。考古学发现，从史前令人惊叹的克诺索斯城到古罗马时期的庞贝古城，再到现代阿拉伯联合酋长国的迪拜，人类对居住艺术的穷奢极欲。

纵观世界各种文明，并非各个文明都曾孕育出欣赏自然的文化，并非各个都曾孕育出山水画或者风景画的传统。贡布里希在《古城之美》一文中，就古城非同一规划而是在历史长河中自然形成的面貌提出观点："我将提出这样的假设，即缓慢的、无规划的发展状况本身有时也许可产生精心规划所难以模仿的一些特性。"①

风景画创作与图像生产所具有的趣味中蕴含着复杂的文化和社会意义。罗尔斯顿（Rolston）认为："风景是来自某个地点的自然领域，它经过了文化的更改，而且在那个意义上，风景是局部的、位置确定的……人类同时拥有自然环境和文化环境，典型的风景是混合型的。"②

丹纳认为"我们所谓的种族，是指天生的和遗传的那些倾向，人带着它们来

---

① 《偶发与设计——贡布里希文选》，[英]E.H.贡布里希 著，李本正 选编，汤宇星 译，中国美术学院出版社 2013 年版。

② 《风景与西方艺术》，[英]马尔科姆·安德鲁斯 著，张翔 译，上海人民出版社 2014 年版。

到这个世界上，而且它们通常更和身体的气质与结构所含的明显差别相结合。这些倾向因民族的不同而不同”。民族间的深刻差异往往源于所居的地理环境，气候的不同、地域的差异，将影响居于其上的上层建筑。

丹纳在《艺术哲学》中所指的环境，既指地理、气候等自然环境，也指社会文化观念、思潮制度等社会环境。种族中的个人不是孤立的，也要受到自然和社会环境的影响。“因为人在世界上不是孤立的；自然界环绕着他，人类环绕着他，偶然性的和第二性的倾向掩盖了他的原始的倾向，并且物质环境或社会环境在影响事物的本质时，起了干扰或凝固的作用。”

习近平总书记在谈到不同地区不同国家的文明的时候强调，文明是平等的，人类文明因平等才有交流互鉴的前提。文明因交流而多彩，文明因互鉴而丰富。文明交流互鉴，是推动人类文明进步和世界和平发展的重要动力。东西方的景观手绘不仅是地域的概念，也是文化的积淀、时代的变迁，各自对自然的审美反馈的汇总。我们在景观手绘创作中要善于发掘、利用并发展东西方传统文化资源。

林风眠认为：“中西艺术的差异在于西方艺术是以模仿自然为中心，结果倾向写实一面；东方艺术是以描写印象为主，结果倾向写意一面。艺术之构成，是人类情绪上之冲动，而需要一种相当的形式以表现之。前一种寻求表现的形式在自身之外，后一种寻求表现的形式在自身之内，方法之不同而表现在外部之形式因趋而异，因相异而各有所长短，东西艺术之所以应沟通而调和便是这缘故。”①

把自然变成景观手绘，其中的关键是艺术语言——文学的语言和画的语言。两者借由各自的语言来转译面对真实风景的感觉，中国描绘风景的诗词、西方文艺复兴初期维吉尔和但丁等人的文学作品，在唤起人们发现自然、描绘自然方面功不可没。

无论是中国山水画还是西方风景画，都以人生存于其中的自然风光作为描绘对象，致力于对客体的美的发现与寄托审美主体的认识和情感相结合。艺术地“复制”自然的道路上所产生的差异，不单在表现方法和采用媒介上，两者赖以发展的思想基础和美学理念才是比较的关键。

中国山水画家在儒道的影响下，致力于自身与天道的一致，山水画既是画家“参悟”的结果，又是观者“参悟”的媒介，因此更注重精神性，中国绘画的宗旨就是营造“意境”。再说，中国最早的园林设计书籍是《园冶》，创作于明代，其中吸

① 《现代美术家画论作品生平——林风眠》，朱朴编著，学林出版社1996年版。

纳了中国的隐士传统，目的是打造能激发类似道教或禅宗意识与美学的场所。

西方风景画家在人文主义思想的影响下完成自己的嬗变，受实证科学思想的影响，以透视和光色的研究作为途径和手段，目的是制造非凡的视觉效果。当然这种区分也不是绝对的，中国南宋的山水画就重写实，西方也曾出现过幻想风景画家，我们所做的区分也是为了从总体上把握两者的异同，为两者的融合寻找一个参照系统。

景观手绘的核心对象绕不开园林，美化园林的设计起初是一项宗教活动，日后发展成了专业行为。在公元 1000 年到 2000 年间，园林设计在日本、中国及欧洲等地都成为一项专业工作。在西方，宫殿园林是主导形式，虽然并非不受宗教的影响。在东方，庙宇园林则是主导形式，尽管也并非不受世俗影响。

文化处在不断变化和发展的过程中，景观手绘暗合了前人的经验，并逐渐叠加了新的文化符号和图式，在不同的文化中会得到不同的评价。

BBC 拍摄的专题片《墙上的艺术》专门探寻近年来墙上艺术的流行和变迁，什么样的画才是我们想挂在客厅墙上的？其中谈到了个性需求和大众市场相得益彰。对于英国普通家庭来说，或许无法在顶级画廊或者高端拍卖会上购得一幅如莫奈这般大师级别的风景画作，采访中大多数普通家庭客厅墙上的居家装饰画都是在闹市区的居家超市购得，其中不乏名家名作的仿制品。

有些画广受好评，契合了大多数人的个人品位，历久不衰，成为千千万万家庭的墙上装饰首选，例如，片中谈到了一幅梅尔·艾伦的《阿尔沃斯特湖》的风景摄影（图 1-1），在过去 15 年里全球销量几百万张，遥遥领先，虽然不是手绘作品，往往这一类的风景画或风景摄影都富有独特的意境，既有逃避现实的愿景，又充满禅意的安宁，恰好符合了现代人的普世价值。

这一成功的范例促使我们思考：受众喜欢什么类型的景观手绘作品？什么类型的景观手绘作品才是蕴含精神价值和文化价值的？为寻找答案，我们在实践中不停地探索。

图 1-1 《阿尔沃斯特湖》（梅尔·艾伦，约 2000 年）

第二章

欧洲传统景观手绘的发展

"风景"(landscape),源于德语的"Landschaft",在西方艺术体系中源自16世纪晚期低地国家流行的类型与概念,原义是与城镇毗邻并隶属于城镇的土地。风景指的是"画面所能呈现的、人眼所及的部分区域",也就是"框架中的景致"。

在它的独立发展过程中,风景的概念由事物转变为印象,正如语言转变为文学一样,它一开始只具备简单的图像指示意义。在埃及、拜占庭和罗马时代的欧洲僧侣艺术的风格中,风景作为背景非常程式化。

在古希腊、罗马的艺术中,"风景画的成分和自然特征是早期历史画、神话画、纪念性画、名人轶事画以及其他画类所附加的附件(accessories),这些自然景物的象征符号与它们代表的实际景物几乎没有什么关系"①。

西方哲学从古代开始也一直在研究人与自然的关系。柏拉图和亚里士多德都认为模仿自然是艺术的本质。前者把人类所接触的自然视作是"观念世界"的幻影,艺术则是模仿这些新世界的幻影。后者从朴素唯物主义观点出发,把自然现象视作是生命的一个形体,亚里士多德的"模仿论"对欧洲文艺的影响至深。"模仿"的本质是人对自然的爱慕与好奇,是理性认识的起点。

虽然在古希腊、埃及、罗马,风景画是担当图解和装饰的角色,但也反映了人对自然美的初步发现,"从庞贝和其他地方遗留下来的画中,我们就看到风景常

---

① 《"风景画"注释》,范景中撰文,刊于《艺术发展史》,1991。

常是主要的兴趣所在,并形成了基本的主题：自然被描绘成一个统一的景色,而且由于它自身的缘故为人们所爱”①。

西方中世纪神秘的、有宗教色彩的自然观窒息了人们对自然的感情逾千年,《圣经》中对自然诸如“自然是恐怖、罪恶、堕落之源”之类的描述主宰了画家的思维,对自然可怜的爱恋与信任只能寄托在“有围墙的园地——伊甸园、金苹果园”之类的地方。

中世纪,风景的概念化的特征最明显,“埃及人只知道(knew)确实存在的东西,希腊人大画他们看见(saw)的东西;而在中世纪,艺术家还懂得在画中表现他感觉(felt)的东西……中世纪艺术家并不是一心一意要创作自然的真实写照,也不是要创作优美的东西,他们是要忠实地向教民们表述宗教故事的内容和要旨”②。以至于有围栏的花园——圣母坐在地上,圣婴观看小鸟这种模式一直流行于整个15世纪。林堡兄弟在《大好时光》中,大半篇幅是描绘田园中的劳作,“我们发现,画家对现实生活观察入微,以致中世纪的写实手法几乎被忘却了”②。即便如此,林堡兄弟对树木的描绘还是摆脱不了公式化,但已昭示了某种变化,“已经从关心最佳方式尽可能清楚,尽可能动人地叙述宗教故事转移到以最忠实的方法表现自然的一角”②。

正是田园画和田园诗为文艺复兴风景画的各自独立奠定了源头和基础。“古代两位诗人奥维德、维吉尔为文艺复兴艺术家提供了想象……维吉尔是风景的灵感之源,不仅在《伊尼德》看到了精微的迹象,而且还由于他是表现理想乡村神秘的大师。他的作品表现出他对乡村的直接观察,自从彼特拉克以来,一个又一个优秀的人文主义者都按照《农事诗》经营他的财产。”

而彼特拉克则是第一个表现对风景画高度依赖感情的人,这一感情也是逃避城市的喧嚷而进入乡村和平的愿望。他在信中写道:“当我独自漫步于大山、森林和小溪时多么愉快啊?”①彼特拉克也是第一个为登山而登山的人。“纵观全景,一个巨大的变化自从彼特拉克攀登文托克斯山以来就已发生了,除了爱情,将人类统一起来的莫过于他们对于美好景色的愉悦。”①从阿尔贝蒂、普林尼、瓦萨里的画论中我们能清晰地看到这种变化。虽然它还常常被描述成小门类。

到了文艺复兴时期,人类开始重新认识自然,逐渐恢复与自然的亲和。当15世纪,布鲁内莱斯基(Brunellesco)发现了短缩法,马萨乔掌握了在画面上制造

① 《风景画论》,[英]肯尼斯·克拉克 著,吕澎 译,四川美术出版社1987年版。
② 《艺术发展史》,[英]E.H.贡布里希 著,范景中等 译,天津人民美术出版社1991年版。

光线的手法，这些推动了风景画的图式从概念迈向现实。画家开始从图解自然走向研究自然，以寻求更富有生命力的图式。

在文艺复兴时期的意大利，风景画的地位仍然如同其他主流绘画的一个穷亲戚，一个随从，一个仆人。爱德华·诺尔盖特(Edward Norgate)在《缩影》中写道："古代人并不把它当回事，他们只把它当作其他作品的仆人，去辅助或装饰他们的历史绘画作品——用一些风景画的残片去填满空白的角落或者人物和故事间的空白处。"①

例如，以史诗般人物见长的米开朗基罗，就对北方画家擅长的风景画嗤之以鼻，弗·德·赫兰达记述过的他的批评意见："弗莱梅的绘画只是想骗骗人们的眼睛。这种画由树木、小桥、河流以及装饰物、旧房子和草地组成，弗莱梅的画家们称之为风景画，并有时加上一两个小人作为点缀。有的人喜欢这种玩意，但这种东西既缺乏思想性也缺乏艺术性，既不对称也不均衡，既没有智慧也没有经过精心的构思。总而言之，它们既非坚实有力又非生气蓬勃。"

达·芬奇比起米开朗基罗，他的主要灵感源头更多来自独立的自然生活。他对自然的记录充满了独立观察与想象。乔尔乔内的风景以单纯的形式显示了新阿卡狄亚风景的结构，在对自然的描绘中揉进了人文主义色彩。他的图式通过提香影响了克劳德和普桑，提香对自然的热爱和观察使他的风景十分充实，摆脱了程式，而更富有现实感，也成为普桑、鲁本斯、康斯特布尔以及透纳的灵感源泉。

丢勒也说过："艺术牢固地扎根在自然中，只有占有自然的人，才能向自然学到东西。"②而以风景为专长的佛兰德斯人则认为"对于人的附属品看得和人一样重要，他不仅爱好人的世界，还爱好一切有生物与无生物的世界，它包括家畜、马、树木、风景、天甚至于空气"③。17世纪，在荷兰，风景画的独立，则宣告自然视觉的复苏，"风景"从作为宗教和历史题材的附庸彻底解放出来，人们如此近距离地发现并描绘自然。英国画家康斯特布尔在一封著名的信中提到斯托尔时说："从水坝流出来的水的声音、柳树、古老腐朽的木板、泥泞的标杆和磨坊，我热爱这一切，这些使我成为一名画家，我对之感激不尽……你不可能正确地欣赏世界，除非你如此热爱它的美，以至于你急于劝说他人欣赏。"④康斯博罗也宣称厌

① 《风景与西方艺术》，[英]马尔科姆·安德鲁斯 著，张翔 译，上海人民出版社 2014 年版。
② 《西方画论辑要》，张弘醒、杨身源 编著，江苏美术出版社 1998 年版。
③ 《艺术哲学》，[英]丹纳 著，傅雷 译，广西师范大学出版社 2000 年版。
④ 《西方画论辑要》，张弘醒、杨身源 编著，江苏美术出版社 1998 年版。

恶肖像，希望带着他的小提琴去某个甜蜜的山村画风景。

17 世纪荷兰直到风景画取得独立，它的图解成分才完全消失。“中世纪之前的画家逞着荒唐的幻想把现实的面目弄得颠颠倒倒，还不知道山丘树木的真实形式、真实色调……到佛兰德斯和荷兰画派，从前那种神秘的风景变为现实的了，从神的时代到人的时代的过程走完了。”①荷兰画家眼中的自然就是一切。他们的视觉间接地影响了康斯特布尔。

16 世纪后期，来自北方的画家克劳德・洛兰不懈地表现了“田园风情和罗马康帕尼亚平原怀旧的哀愁”。普桑以相似的路子在他的神话题材中创造了崇高而简朴的英雄风景。他们的风景画影响之大以至于旅行者在现实风景中寻找他们画中的图式，普桑耽于幻想的一面延续到了米勒、柯罗、毕沙罗的风景里。意大利的这种向英雄化和理想化的风景的发展与产生于尼德兰的趋向现实主义风景的发展形成对比。

贡布里希认为，17 世纪英国的如画趣味，偏爱园林的非划一规整的偶发美感，和茶叶以及火药一同源于中国。他的这个观点有类似的回应，观念史家阿瑟・洛夫乔伊（Arthur Lovejoy）于《一种浪漫主义的中国根源》（*The Chinese Origins of a Romanticism*）一文中讲到了一个重要的因素。他提醒我们注意威廉・坦普尔爵士（Sir William Temple）在 1692 年发表的有关园林的文章中的一段话：“在我们这儿，建筑物和林木之美，主要按照一定的比例性、对称性或统一性安排的。中国人鄙视这种园林，他们极尽心智地想象，精心构思外轮廓，不加任何统一安排、规置，让美在身边引起惊奇。”②。

英国的威廉・钱伯斯在两次访问中国后，于 1750 年在欧洲建造了第一座“中国”景观，他指出：“中国人比欧洲人更加尊重园艺，他们把这一艺术中的完美之作与人类理解的伟大产物相提并论，并认为园艺在激发情感上的效力绝不亚于任何其他艺术。”这种新的浪漫主义视野，对于自然荒野之美的发现，激发了西方人对中国艺术的真切反响③。

19 世纪，影响了巴比松画派和印象派描绘自然的柯罗说过：“我每天都在祈求神，希望赐给我孩子般的心灵，即让我像孩子看到的那样观察自然，并毫无偏见地去表现自然……我虽然在细心地追求和模仿自然，但却一刻也没有失去抓

---

① 《艺术发展史》，[英]E. H. 贡布里希 著，范景中等 译，天津人民美术出版社 1991 年版。

② 《偶发与设计——贡布里希文选》，[英]E. H. 贡布里希 著，李本正 选编，汤宇星 译，中国美术学院出版社 2013 年版。

③ 《中国美术史》，洪再新 编著，中国美术学院出版社 2000 年版。

住感动我心灵的刹那。”①

俄罗斯巡回展览画派正是反对沙皇的专制统治和学院派的陈腐标准，把艺术从贵族沙龙里解放出来，高举现实主义的旗帜，他们在创作思想上遵循车尔尼雪夫斯基的美学原则——“美是生活”。艺术家的使命不在于追求那些不存在的美，也不在于去美化生活，而在于真实地再现生活。他们描绘俄罗斯风土人情的绘画，赢得了本国人民的青睐，从而得以与西欧的绘画艺术相抗衡，而不是一直处在西欧艺术的阴影之下。

“19世纪初期，当保守和成体系的信念走下坡路时，对自然的信仰就变成了一种宗教仪式……在那个世纪的大多数诗歌和几乎所有的绘画里，以及华兹华斯学说中，认为自然固有的圣洁对信仰自然影响的人有一种净化和升华的作用。”②

贡布里希认为：“西方的诗人和东方的画家对壮丽的山色景致有许多相同的反应，但从这些诗句(华兹华斯描述他跨越阿尔卑斯山旅行的见闻和感受)里我们可以看出，西方人和东方人的相异之处。华兹华斯觉得全能的上帝有压倒一切的威力，他对造物主是有着一种敬畏感的。中国画家也有这种敬畏感吗？难道我们不可以说是中国画家自己创造或至少再创造了这些永恒的象征符号(山水画)吗？”③他这段话意指中国山水画家面对自然更自由也更自在。

一切表现形式本身就是他们灭亡的种子，正如古典主义走向空乏，自然主义到了巴比松画派之后也趋于平淡了。印象派把风景画仅作为形式的载体，以至于形式凸显而形象牺牲了，寄希望于浮世绘的启发中寻找形式的秩序感。幻想风景画的余波——透纳和凡·高在风景中寻找那些具有象征意义的符号和形式，又回到了中世纪，在他们看来形式的突出是对自然主义的抗议。高更则把自然景物当作“安排线条和色彩的借口”。塞尚以几何形式来分解自然成为立体主义的启蒙，以至于在他影响下的格里斯(Juan Gris)、德朗为了创造色彩和形式的各种结构，把风景当作静物来处理。

然而描绘自然景色的绘画在近百年来无论在中国还是西方都呈日益下降的趋势，一方面，许多数字媒介图像技术在很大程度上取代了绘画的功能，引起了架上绘画的衰落；另一方面，工业文明的高速发展导致生态环境严重破坏，以及人和自然的疏离和对立。美术评论家水天中认为“今人失去了古人面对环境时

---

① 《西方画论辑要》，张弘醒、杨身源 编著，江苏美术出版社1998年版。

② 《风景画论》，[英]肯尼斯·克拉克 著，吕澎 译，四川美术出版社1987年版。

③ 《中国山水画》，[英]E.H.贡布里希 著，徐一维 译，刊于《新美术》，1991。

的那种沉静、悠闲的心态，表现在绘画中就是追求种种刺激性的效果，诸如批判种种社会问题、政治问题、种族歧视、性问题等”。也许这种矛盾的处境也正是风景画发展的契机，正如肯尼斯·克拉克的美好信念“一个富有秩序的黄金时代即将来临——作为永恒生命的自然，将以一种纯粹创造性的形式体现出来”①。

第一节 地 形 画

在近现代的欧洲，对历史古迹、风景名胜、乡村别墅和庄园等日益浓厚的兴趣和体验，带动了风景画的兴起。顺着这条隐形之链，从印象派往回可以追溯到巴比松画派、伟大的英国水彩画，到洛兰和普桑的古典主义风景画，到17世纪荷兰风景画中，到文艺复兴时期尤其是北方画家的绘画背景的风景中，事无巨细地描绘这些自然与乡镇交相辉映的景观“余兴”(diverrtissements)，再早回到古罗马如庞贝遗址出土的兼自然主义与装饰主义的壁画中……

在早期，风景画一度作为地理志(topography)的功能，具有翔实记载领地庄园的功能，在地形画中，风景画中所获得的艺术趣味让位给了功能性、机械性的设计。此时取景的角度通常是站在制高点，呈现俯览无遗的全景，以彰显庄园主人的宽大胸襟、高贵身份、古典美德足以统领御地，如扬·勃鲁盖尔所作的《马利蒙城堡》②。透纳也曾受庄园主朋友之邀做过此类描绘。荷兰画家罗伊斯达尔也曾受荷兰和德国边境的本泰伊姆城堡的主人本泰伊姆伯爵的要求创作过一幅《本泰伊姆城堡》(图2-1)。此画被长期收藏在本泰伊姆家族中。

图2-1 《本泰伊姆城堡》(罗伊斯达尔)

在西方风景画中，那些掌握着政治经济权力的人与风景之间有一种更加和

---

① 《风景画论》，[英]肯尼斯·克拉克 著，吕澎 译，四川美术出版社1987年版。

② 《摹造自然——西方风景画艺术》中《穿越风景的如画之美——18世纪末英国风景画与欣赏趣味的变革》一文，赵炎 撰，上海人民美术出版社2018年版。

谐的关系。地形画带来的视界,促成土地的“拥有者或者可视范围内的统治者的幻象。有的时候,前景是风景画,中远景就成了私家花园,模糊的远景则是领地结束的地方。

富塞利认为一片充斥着各种细节的地志风景,只会打动当地的主人、居民和旅行者这些人,而对其他的眼睛来说,真正的风景艺术还要冠以自然的辅助、品位的指示意或者特性的选择,总是在协调特殊性与一般性、写实的空间和理想化的自然世界之间的全局关系①。

尼德兰画派因为满足于对特定地点的乏味描绘,津津乐道于山丘、溪谷、树丛等等,一直没有被艺术史家归入那些将风景提升到诗意高度的画家的花名册中,而“提香、莫拉、萨尔瓦多、普桑、克劳德、鲁本斯、埃扎莫、伦勃朗、威尔逊的风景画,摒弃了所有这类地图制图式的关系”①。丹纳则认为:“佛兰得斯人把附属品和风景上极细小的地方,都描绘无疑……总之,人类开始懂得现实世界,征服现实世界,感到现实景色之美。”

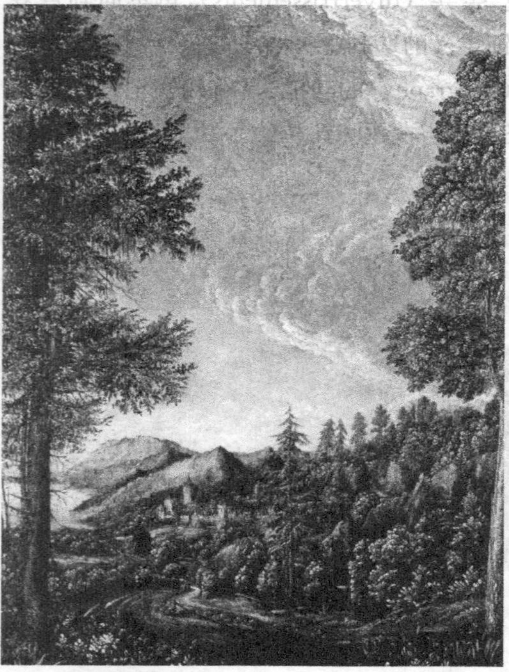

图 2-2 《雷根斯堡附近的多瑙河谷》(阿尔特多费尔,慕尼黑老绘画馆,约 1511 年)

正是在北方,16 世纪出现了多瑙河画派,由坐落在多瑙河河畔数个城市里的画家组成。在这一画派的作品中,不再有意大利式的严谨古典风范,也看不到尼德兰式浓烈的北方乡土气息,画家们把自己故乡多瑙河畔的优美风景和风俗人情,像浪漫诗一般在画中大加赞颂(图 2-2)。这个画派中最著名的艺术家是阿尔布雷希特·阿尔特多费尔(Albrecht Altdorfer)(1480—1538 年)。1532 年,他创作了第一幅纯粹的风景画。贡布里希认为:只有当画家的技艺本身开始引起人们的兴趣时,画家才有可能出售一幅除了记录他对一片美丽景色的喜爱之外没有任何其他用意

① 《风景与西方艺术》,[英]马尔科姆·安德鲁斯 著,张翔译,上海人民出版社 2014 年版。

的画①。在18世纪晚期德国浪漫主义的早期创始人弗里德里希创作出的神秘主义和宗教性寓意相结合的风景画中，依稀可以看到这位前辈的影响。

17世纪，经过佛兰德斯画家的努力，风景画最终在荷兰取得了独立，风景画可以充分表现荷兰的特点，成为荷兰国民寄托个人情感和颂扬新生国家的一种形式。在弗尔弗干戈·舒特霍夫所著的《17世纪的荷兰风景画》一书中，按照不同的主题分别对风景画进行了整理，列举了13种类型，即沙丘和乡间道路、全景画、运河和河流、森林、冬景、海岸、大海、城市、想象的风景、蒂罗尔和斯堪的纳维亚风景、意大利风景、其他外国风景、夜景。罗伊斯达尔的风景画尤为具有代表性，几乎涵盖了大部分风景画主题，对法国的巴比松画派和英国的约翰·康斯特布尔产生过重要影响。

风景画的主阵地除了荷兰，当数意大利，尤其是威尼斯，在风景画的起源上有着巨大的贡献。早在1580年，威尼斯就出版了由意大利的克里斯托福罗·索尔特写的一本小册子《品画记》，其中就记录了最早关于风景画的美术系统理论。如苏里文等人在《西方文明史》中写道："大多数威尼斯画家不像佛罗伦萨画派那样关注哲学和心理方面的主题，他们的目的主要是从感官上而不是从心灵中去吸引人。他们喜欢画田园风景画和运用灿烂和谐的色彩。"富有的威尼斯赞助人对风景画的独立起了推波助澜的作用。

在18世纪的威尼斯画坛上，风景画也有一定的发展，安·卡纳雷托尤其以准确描绘威尼斯风光而闻名，很受游客的欢迎（图2-3）。加扎德说："一方面，卡纳雷托致力于深入城市，并准确记录它。然而，他以一种看起来完全真实的方式操纵这些细节，以创造一个理想化的完美威尼斯。"

图2-3　《大运河上的帆船赛》（卡纳雷托）

到了19世纪，马尔科姆·安德鲁斯认为户外绘画实践开始确立，地质知识的巨大进步得到普及，同时也是摄影技术发明的时期。伟大的英国水彩画得以发展，马尔科姆·安德鲁斯认为："水彩风景画在三个世纪以来都是在

① 《艺术发展史》，[英]E.H.贡布里希著，范景中等译，天津人民美术出版社1991年版。

户外进行的，不管是出于地形学、植物学还是其他的目的，但是这些都被视为‘素描’而不是‘绘画’，在一定程度上暗示着它的次级从属地位——这也与它选择水彩作为媒介有关。”①

的确，水彩媒介一开始作为速写记录，缺乏独立的艺术价值。透纳第一次去意大利旅行，在短短两个月，画了 1500 幅素描，将这些搜集的写生草稿装订成册，贴上日期和标题，以便随时可以按需查阅。这本名为《钻研之书》的风景画集也是向同样游历过意大利的法国画家克劳德的《真实之书》致敬，其中收录了风景画的各种类型，包括历史题材、山景、田园等等。

18 世纪末，由于法国革命和欧洲各国爆发的多起战争，英国艺术家很难前往欧洲大陆旅行，反而使他们更加专注于英国本土的风景。许多画家经常游历于顶峰区（英格兰中部的高原）、大湖区、北威尔斯等地。这些地区的地形、景色变化万千，提供给画家们不少创作的灵感。水彩从单色的写生记录、油画风景创作的前期草图，逐渐发展为独立的风景画作品，广受欢迎。例如，透纳的地志风景画作品大部分以逼真的样式描绘，卖价最好的是城堡或河岸风景，或者是宗教建筑，如图 2-4、图 2-5 两幅风景画。

图 2-4 《林肯教堂》(透纳，约 1790 年)

图 2-5 《法温敦修道院》(透纳，约 1790 年)

而美国画家最早在表现本土的风景时，曾经采用旧大陆的秩序体系对新城市风景进行图像记录，以及对原始聚居区、本土植物和动物、城市和乡间别墅进行地理记录。①

① 《风景与西方艺术》，[英]马尔科姆·安德鲁斯著，张翔译，上海人民出版社 2014 年版。

法国巴比松画派的风景画也是接地气的。柯罗两次去意大利，回国后在枫丹白露等地入驻，在巴比松小住，与巴比松画家们共享自然写生的乐趣，确立了他自己独特的抒情风景画派的基本风格。到了印象派画家，风景成为激发他们试验光色的噱头，通过视觉和特征的连贯性创造了它自己的秩序，他们画中的取景，基本都能找到实地原型，并成为旅游热点。郁特里罗、莫奈、毕沙罗等人的风景画，尤其是凡·高的风景画，BBC拍摄了专题片，对照作品专门寻访了取景地。

大卫·霍克尼，被称为“英国艺术教父”，他思索了绘画与摄影的区别与联系，通过具象艺术重新将英国艺术推向高峰，认为一幅风景画和一幅照片的区别在于：画画，讲究的是手（hand）、心（heart）、意（mind），是看（looking）、观察（seeing）和体悟（feeling）。他在好友约翰森·西尔弗的建议下，重回故乡约克郡，那也是浪漫主义画家康斯特布尔反复描绘少年时见过的地方（图2-6、图2-7）。“感觉就像凡·高那样，明白大自然对我们来说是个巨大的谜。这是一个教我们精神饱满地去体察并从中寻求力量的谜。”

图2-6　《约克郡风景3》(大卫·霍克尼)

图2-7　大卫·霍克尼在户外作画

第二节　地域性手绘明信片

手绘景观明信片是一种以情动人的、图文并茂的广告载体，于旅游地、旅游景区较为常见，浓缩了一个国家乃至地区的政治、经济、文化、历史、科学、艺术等领域的精华，不仅体现了文明的发展与进步，更承载了人类设计历史与文明历史的演变历程①。因此，旅游明信片设计不但要记录当地光辉灿烂的文化，还要见

① 《中国邮资明信片目录》，赵邦伍编著，科学普及出版社1985年版。

证当地发展的历史轨迹。

例如，罗伊斯达尔最出名的一幅作品是被荷兰阿姆斯特丹国家美术馆收藏的《埃克河边的磨坊》(图 2-8)。画作的题材是荷兰人民最喜爱的风车，这也是荷兰国家的象征，这幅作品在荷兰人民心中的排名仅次于伦勃朗的《夜巡》和维米尔的《德尔福风景》，在荷兰随处都可以买到用这幅画制成的明信片。画中的这个场景位于乌德勒支东南几公里外的一个小镇。古老的风车今天还矗立在那个地方，只是仅剩下了残骸。从这幅明信片的销售额和声望指数，可以看出此画的艺术性极高，而购买者的怀旧情结极浓。

图 2-8 《埃克河边的磨坊》(罗伊斯达尔)

我国作为全球五大旅游国之一，旅游明信片市场具有巨大的发展潜力。设计符号与文化元素的艺术应用及巧妙搭配是研究旅游明信片设计的关键。一方面通过图形、文字、色彩、版式等设计符号和表现手法的合理选用与整合，准确传达旅游明信片设计所体现的功能性、象征性、独特性、趣味性等语意特性，提升旅游明信片的视觉审美力度；另一方面要透过视觉表面认知，结合时代发展趋势，深入探索旅游明信片设计所蕴藏的内涵价值，以此折射出当今社会意识形态和人们的价值观、生活态度。只有设计感强、工艺精湛、寓意深厚的旅游明信片，才能拓宽旅游明信片设计市场和销售市场。

景观手绘明信片的纪念性、功能性、独特性、文化性、创新性等多元化特性，具有展示不同旅游景区民俗风情、传播旅游城市独特文化意蕴的重要作用。设计中应避免“拿来主义”的设计手法，要因地制宜运用新颖的创作理念及独特的设计元素。通过各种线条、图形、影像、文字、色彩等设计符号和元素的合理规整配置，将地域特色景观、各类标志性建筑、风景名胜、风土人情等内容体现出来，所呈现的画面和所传达的内容要能够唤起人们在旅游过程中对当时身处环境、游玩心理情况、地域风土人情等基本印象的回忆，用以表示纪念某类事物或景象的一种设计①。此类明信片兼具宣传功能、收藏功能、文化传播功能。

① A postcard from the Antipodes. S. Reid 撰文，刊于 Journal of neonatal nursing，2000 年第 5 期。

对于古老的人文景观而言，介于过去和未来之间的我们，不是所有者，而应该是它们的受托管理人，应该努力阻止愚昧的修复和无谓的破坏。笔者很欣赏国外名胜古迹的街头艺术家，他们手绘的风景卡片，往往取材于地标式的风景名胜，在设计创作旅游明信片时，既要考虑整体设计效果，也要注重图形、文字、色彩等设计符号和元素的合理选用与整合，艺术地实现了人文价值、商业价值、手工价值和纪念价值的统一，作为景区吸睛的纪念品（图 2-9），承载着游客的怀旧情结。“这样一个地标有时成了一个标志或象征流传下来，或有意保留下来，与某人、某家族或某个城市联系在一起。”①

国外专业从事景观手绘明信片创作的设计师和艺术家，发行的景观手绘明信片较国内更为精致、美观，设计定位和设计理念较国内也更富有艺术性，为国内外游客更好、更深入地了解当地的过去与现在提供了重要的文史资料参考。这也为国内景观手绘明信片设计者开拓了思路，提供了丰富的借鉴素材（图 2-10～图 2-12）。

图 2-9　国外街头画摊上的景观文创明信片

图 2-10　老门东先锋书店销售的景观文创明信片（一）

图 2-11　老门东先锋书店销售的景观文创明信片（二）

图 2-12　水木秦淮展示的景观文创图片

① 《偶发与设计——贡布里希文选》，[英]E. H. 贡布里希 著，李本正 选编，汤宇星 译，中国美术学院出版社 2013 年版。

笔者在欧洲旅游时搜集了一些手绘和印刷有地方特色的明信片，每到一处风景名胜，都和女儿兴致勃勃观赏摆摊画家的景观手绘作品。这些专注一处风景表现的画家作品，都有不俗的表现，在构图、色彩和创意方面都有值得我们学习的闪光点。女儿创作的《大报恩寺》等作品显示了她所受的影响（图 2-13～图 2-15）。的确，国外优秀设计作品和设计理念源源不断影响、启发、革新着国内传统旅游明信片设计，使旅游明信片从内容、设计形式、设计思想及表现手法上不断得到创新。

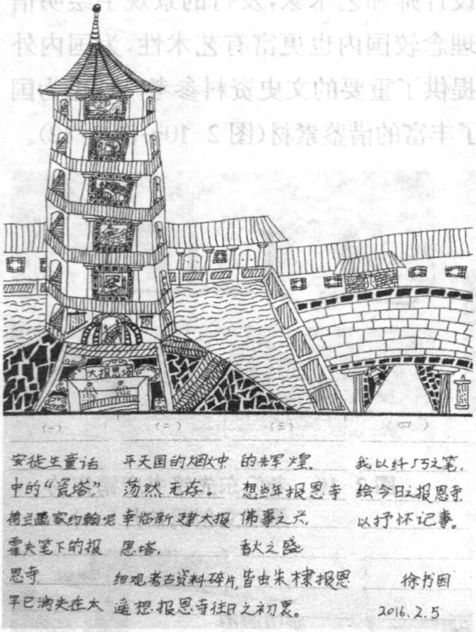

图 2-13 《大报恩寺》(徐书因)

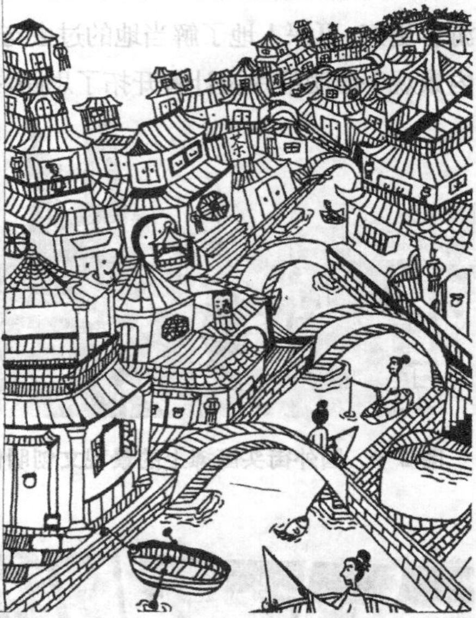

图 2-14 《夫子庙》(徐书因)

图 2-15 《莫愁湖》(徐书因)

第三章

日本传统景观手绘的发展

人文景观是历史形成的与人的社会性活动有关的景物构成的风景，包括一些历史文化的古迹，如历史古迹、古典园林、宗教圣地、民族风情、城镇与产业观光等。在古代，有些景观常为私人所有，而现代的景观则是开放的、造福公众的。亚洲园林的一个永恒主题——对自然、景观、树木和水的宗教式敬畏。

世界上所有的古代园林都分布在中亚的帽檐地带，延伸至欧洲，向东延伸至中国。对于这种现象，汤姆·特纳(Tom Turner)的假设是：园林建设的艺术起源于这一片游牧与定居生活方式交互影响的地区①。有时，园林又被称作第三自然。最古老的文本就涉及信仰、庙宇、城市、性以及园林。不过，今天所谈到的艺术的园林和古代的祭神的园林，在功能和意义上发生了变化，往日的神秘色彩有所减弱。

从地理上说，高山峡谷环绕的平原，是理想的栖居之所，中国的农耕文明对园林发挥了深远影响。人类创造力和自然的交互，在园林和景观的打造中可以窥见一斑，带有鲜明的历史环境、艺术思想和审美标准的烙印，要从宗教、哲学和艺术等深层次的抽象理念方面才能阐释。汤姆·特纳认为，西方园林设计偏向哲学，而东方园林设计偏向宗教。

① 《亚洲园林》，[英]Tom Turner著，程玺译，电子工业出版社2015年版。

而不同的信仰和意识形态往往左右着大相径庭的视角中所见证的生命意义。随着信仰的成熟，园林的设计也更加专业。

中国最早的园林设计书籍是明代计成所著的《园治》，大约创作于1631年，附图235幅，其中吸纳了中国的隐士传统，目的是打造能激发类似道教或禅宗意识与美学的场所，后来传到日本，被翻译成《夺天工》，影响了日本的造园学，从而也影响了日本绘画中的风景美学。

这里的亚洲景观手绘，是区别于现代的数字媒体制作的图像，主要指关于景观的东亚绘画，例如中国山水画、日本浮世绘等各类绘画作品，且承载东方景观的文化渊源和特征。如何发掘传统的东方文化景观美学的活性基因，为它注入新的活力，是笔者在实践中冥思苦想的问题。

第一节 浮 世 绘

浮世绘是日本江户时期兴起的一种风俗版画，主要描绘市井生活、人物百态和自然风景，表现人们对自然的亲近与对现世精神的映射，反映日本平民阶层的世俗生活与思想情感，是日本艺术的代表。

江户时代得益于德川幕府所规定的参勤交替制度，形成了全国性的交通运输系统，旅行成为一种生活风尚。各大交通干道上，每个驿站住宿设施齐全，同时为了运送人和货物而设置的出租、交换马匹与雇用临时工人的“问屋场”林立，带来了诸多便利。

普通民众竞相追逐，欣赏着四季变化的自然景观，到驿站安置后又去参观庙会祭祀活动，或是品尝当地美食，充分享受着旅游的快乐。高雄的红叶、醍醐的樱花、初雪的富士山……那种讲究空间和时间交汇刹那间的自然景观，成为日本人心中永远的牵挂。

于是，描绘风景万物的浮世绘犹如风光摄影，足以勾连起当时江户人的万千胜景与无限深情。那种对自然的感悟和对细腻的偏爱也投射至种种工艺品，小中见美，细处出趣，处处闪烁着灵动的精光。

美国《生活》杂志曾在千禧年之际，评选生活在1000年至1999年之间对全人类有巨大影响的著名人物，即“百位世界千禧名人”，位列其中的日本名人仅有一位——葛饰北斋。北斋的画法大胆吸收荷兰风景版画手法，又继承日本名胜画的传统，细心观察江户市民的生活风俗，善于从生活的角度观察自然，代表作如

《富岳三十六景》等(图 3-1)。

图 3-1　《富士三十六景》(葛饰北斋)

图 3-2　《凯风快晴》(葛饰北斋)

《凯风快晴》是《富岳三十六景》中的经典之作(图 3-2)。每年夏秋两季的清晨，由于光照与空气的作用，富士山通体红遍的景象偶有出现，蔚为壮观。画中极具张力的两道弧线简练地概括出富士山的雄伟姿态，山脚下葱茏的墨绿森林、如火焰般升腾的山峰和橘红色的山体在湛蓝天际的映衬下愈显夺目，变化有致的云层将背景推向无限深远，也使趋于平面装饰的画面透露出空间的生动。

日本小镇小布施町选中晚年在此地画过景观手绘的葛饰北斋为复兴契机，收集北斋作品，建设北斋艺术收藏和研究据点，形成了景观手绘遗产和旅游资源的良性互动，最终达成人口增长、乡村活化的目标。主要原因在于北斋文化为小布施町注入了强力的再生之源。

高云龙《日本葛饰北斋风景版画与中国潇湘“八景”画题》一文以“潇湘意象”的起源为出发点，对以运用中国古典传统文化和汉画技法创作出的具有日本本土特色的八景绘画的葛饰北斋展开研究，指出他的《富岳山三十六景》将日本八景文化推向更为多样化的发展道路。冉毅教授通过梳理史料探究了日本产生八景文化的渊源及日本八景文化愈来愈壮大的原因，重点关注“潇湘八景”在日本产生的五种八景文化形态，尤其是谈到诸多日本画家模仿绘制了大量八景主题绘画，并经历了从纯粹模仿到独创日本本土八景绘画，再到将日本浮世绘与八景绘画巧妙结合的过程。该文还探讨了日本将八景文化大量运用于园林及实地八景景观。

冉毅教授在研究中日八景诗画艺术的同时，还着重探讨了八景的诗画艺术与实景是否存在联系的问题，经过对潇湘八景及日本八景的追根溯源，认为胜景会为其风景打上诗情画意的烙印，即原风景(诗迹)→融汇于文思→诗歌，或原风景(画迹)→融汇于文思→书画的过程,也由此得出不论是潇湘八景还是日本八景均是中、日“八景图”确切地名缘起的结论。在文中还提到中日在不同文化语境下会对同一首诗产生理解的偏差,由此也会导致八景绘画的差别。

图 3-3 《神奈川冲浪里》(2021 年东京奥运会的宣传片,就是将葛饰北斋的浮世绘做成日本柔道运动员活动的背景)

图 3-4 《神奈川冲浪里》(葛饰北斋)

图 3-5 《雪景》(溪斋英泉)

由于日本的特殊地理位置,加之受中国诗画的影响,其民生风土与四季有着紧密的联系,反映在艺术作品中,尤其注重季节感的描绘。

在平安时代,贵族们以赏雪、赏月、赏花等观赏极具季节特征的自然风景为闲情娱乐,体现到艺术上,“雪、月、花”就成为和歌(日本的一种诗歌形式,受汉诗影响发展而来)或大和绘的母题。歌川广重亲眼见证了江户各处观景胜地的观赏者的审美热情和渴求,于是从当时的役人绘和美人绘中超脱出来,开创了一种新的流派:名所绘(特指描绘名川大山、旅游景点、江河湖海的风景画),和潇湘八景不无渊源。其代表作为《东海道五十三次》。这条沿海驿道是幕府时期贯穿日本东西经济文化的重要通道,从江户(今东京)的日本桥出发,中间经过五十一个驿站,最终到达京都的三条大桥,歌川广重作为随行画师,跟随着大名幕府进贡队列,以五十三次为基点,用他的天才构图和细致笔触呈现了日本古代的山川风貌、风俗人情(图 3-3～图 3-5)。

日本文学家、诗人永井荷风在《浮世绘山水画与江户名所》一文中写道："北斋的画风强烈硬朗，广重则柔和安静……北斋在他高峰期的杰作似乎并不特别体现日本情趣，反之，从广重的作品中更能领略到典型的日本风情和纯粹的乡土感觉。"可以说，歌川广重的哲学精神为东方景观美学的观念提供了一个更加崭新的视角和全新的表达方法，既不同于传统中国画，又不同于西洋画。三岛由纪夫在赞美歌川广重的浮世绘作品的一首小诗《只要毫无野心，就是优雅》中写道："我要描述一下我喜欢的一幅画……歌川广重的浮世绘，带给人庄重又丰满的饱足感，好像生活在那个时代的人，日子都好过一样。"

在广重晚年的"名所绘"中，最大的特点便是全部采用竖幅构图，类似于中国画的卷轴。但《江户百景》，没有刻意营造某种传统山水画或水墨画中的超自然理想境界，在淋漓尽致地描绘东京繁华街景和民间百态的同时，在画面中自然而然地强调出季节感。广重于1856年归隐专修禅宗，去世前他留下了一首诗作"I leave my brush in the East, and set forth on my journey, I shall see the famous places in the Western Land"。（我虽身在东方，带着画笔一路寻寻觅觅，期会西方之风景名胜）

随着浮世绘雕版和拓印技术的高度成熟，加之西方美术的传入，以及海外输入的化学颜料的使用，如德国的普鲁士蓝代替日本传统的鸭跖草提炼的蓝色，蓝色是广重画中的主调之一，他的画面里总是荡漾着一种寂寥（物哀）之感。鲜亮的色彩联袂奇趣的构图，例如更加自由地利用透视法以及日本传统的切断主体手法，尤其独创性地建立"室内生活用品"与"室外风景"的关系，营造变化多端的视觉空间效果，影响了马蒂斯的窗景画。

1829年，日本市场从海外输入化学颜料"维尔林蓝"，用这种颜料制作的套版被称"蓝拓"，被溪斋英泉广泛运用在风景画中。

19世纪的日本浮世绘引发了西方的"日本主义"文化浪潮，还延伸到了思想和宗教领域。江户时代的浮世绘艺术把日本视为与大自然和谐共生的贤者居住的世界，是理想化的乌托邦。实现了跨越东西方文化的一次艺术碰撞。

执着于空间、光、影的西方印象派大师们，在浮世绘这种相对扁平化、色彩纯粹化的绘画作品中，尤其在浮世绘风景画中找到了诸多灵感，那就是如何为自然主义的风景注入诗情画意的文化品质。大多数研究者认为"旅愁"是歌川广重风景画的主基调，因此，歌川广重又被称为"乡愁广重"。凡·高就临摹了许多浮世绘名画，其中就包括广重《江户百景》中的《大桥骤雨》和《龟户梅屋铺》，还有溪斋英泉的《花魁》等作品。他与广重隔空对话，并称赞广重的创作为"自然的宗教"。

歌川广重的风景作品(图 3-6),从题材选择和色彩配置上,都对凡·高影响至深(图 3-7),就夜空之蓝而言,由于笔触的迥异,前者之蓝引人至远,而后者之蓝扑面而来。

图 3-6 《夜赏金泽(日本本州岛中西岸港市)八景》(歌川广重,出自《雪月花》系列,1857 年)

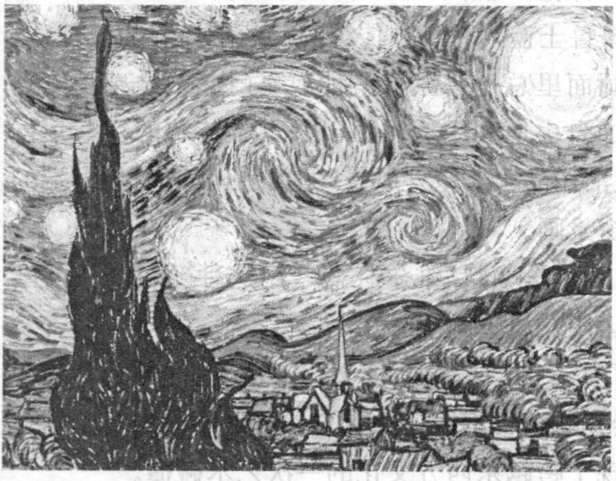

图 3-7 《星月夜》(凡·高,1889 年)

因此,19 世纪的日本浮世绘和西方近现代美术互相影响。浮世绘吸取了西方风景画中封闭的透视法则,采用严谨的透视母线。小林清亲,被誉为"日本最后的浮世绘师"。他的作品吸收西方绘画对光的表现手法,并借鉴石板和铜版画技法,用以表现东京的近代城市风貌(图 3-8)。晨曦、日暮、夜灯、雨霭,微妙的光感使传统画有了新样式。其手法被称为"光线画",善于描绘明治维新时期西化浪潮中剧烈变迁的东京景象,其地位堪比江户时代的浮世绘大师歌川广重。

西画吸取了东方绘画中的诗情画意、天人合一的内核。如果说西方人乐于再现(represent)自然光影下的栩栩如生,东方的审美则礼赞斋藤绿雨所言的"清寒的风流"与月色阑珊那般的气韵生动(图 3-9、图 3-10)。隈彦吾在《自然的建筑》一书中曾说:“我想要把这些状态原原本本地再现于建筑中去。”

图 3-8 《丸大町》(小林清亲)

图 3-9 《溧水梅花山》(一)(张春华 摄)

图 3-10 《溧水梅花山》(二)(张春华,仿浮世绘诗意)

第二节 现代日本画

无论是早先受中国绘画的影响,还是后来从西方绘画中汲取灵感,日本的绘画作品,都具有自我的价值观和民族特点。像是取材自古代传说的故事、稍纵即逝的意象(水、火、风、露珠)、对失败、死亡和神秘事物的独特理解,当然还有事无巨细、活色生香的生活场景。

现代日本画将中国文人画的传统格调与日本民族元素相结合,同时汲取西方写实法，注重装饰性，细腻地描写季节变化所产生的情趣，反过来，影响了不少中国画家，丰子恺、傅抱石和陈之佛都曾东渡扶桑留学，曾受到日本现代绘画的影响。

1921年，丰子恺怀揣着画家梦到日本东京学艺，本来走的是西洋画的路子，直到他看到竹久梦二的画册。他后来在《绘画与文学》中这样回忆：“回想过去所见的绘画，给我印象最深而使我不能忘怀的，是一种小小的毛笔画。记得二十余岁时，我在东京的旧书摊上碰到一册《梦二画集·春之卷》，随手拿起来，从尾至首倒翻过去，看见里面都是寥寥数笔的毛笔 sketch（速写）……我当时便在旧书摊上出神。因为这页上寥寥数笔的画，使我痛切地感到社会的怪相与人世的悲哀……这寥寥数笔的一幅画，不仅以造型的美感动我的眼，又以诗的意味感动我的心。”

丰子恺与竹久梦二仿佛是难觅的知音，灵魂高度契合，丰子恺对竹久梦二的画如痴如醉，“使人看了如同读一首绝诗一样，余味无穷”。与梦二的任情随性与纤细感受相似，丰子恺有着对人间世相敏锐的感知、对万事万物广博的同情，以及蕴藏于心的东方诗情和文人意趣。两者同样喜爱用画笔描绘童真的世界，都欣赏并且描画孩子为游戏而游戏的纯粹，将宇宙万物视作平等的无我，出自本心不做矫饰的真诚以及美好的孩子眼中那被美化了的成人世界，这成为他们作品中诗意与趣味的重要来源。

但他们又当然不一样，这背后有两位画者不同的情怀。梦二画的是他身处的日本那个时代，丰子恺大多取景他任教和生活过的杭州西子湖畔。丰子恺在简笔诗画一途，梦二先行，丰子恺受其启发，将平常琐事或古诗词句作成小画，而这些画一经《文学周报》刊载，便以“子恺漫画”为名风靡全国。泰戈尔曾称赞丰子恺的画：“用寥寥几笔，写出人物个性。脸上没有眼睛，我们可以看出他在看什么；没有耳朵，可以看出他在听什么，高度艺术所表现的境地，就是这样。”

丰子恺先生被称为“现代中国最像艺术家的艺术家”。他的慈悲之心，他的不凡才情，他的朴素情怀，常人难及，堪称一代大师。“丰子恺儿童图画书奖”的设立就是为了专门纪念他。丰子恺先生曾说：“我的心为四事所占据了：天上的神明与星辰，人间的艺术与儿童。”

已故的著名导演高畑勋曾与宫崎骏一起创办吉卜力公司。宫崎骏说如果没有他（高畑勋），就没法谈动画。深谙东方书画精髓的高畑勋先生，采用日本古典美术绘图技法。采用广为人知的画卷式表现手法以及墨笔式线条的运用。摒弃了流水线制作的高亮度绘法，多数使用晕染留白的东方水墨绘画风格。水墨淡彩，水粉轻染，从最细节处的晕染层叠取代西方追求线条感的基本构图，大量留白的使用，反而使得画面有更多让观众细细品味的可能。此外，高畑勋还使用了动画风景的文化、表象功能来渲染人物情绪。通过水彩和线条的强调让画面产生抽象感，实现风景的文化和表象功能（图 3-11、图 3-12）。

图 3-11　《辉夜姬物语》中的场景一（高畑勋）

图 3-12　《辉夜姬物语》中的场景二（高畑勋）

在构图方面，也不同于宫崎骏一贯的线条工整明晰、色调分明、对比强烈的欧式构图方式（图 3-13、图 3-14），高畑勋大量采用边缘模糊、晕染来表明层次，然后大量留白甚至在远景里故意模糊人物面部五官的笼统绘法，以求达到画面的整体浑然程度，秉承了传统的东方含蓄派绘画原则。在欣赏者看惯了高对比、高色彩饱和度、高清晰度的浓烈色彩作品以后，高畑勋先生让人们有一个抽身退步、追求或者说回归低饱和度、晕染对比的动画作品的机会。

图 3-13 水彩原图(宫崎骏)

图 3-14 动画景观对照(宫崎骏)

同时,他又坚持着“绘制过度”的手绘痕迹,用一些故留人为破绽的手法来强调作品制作过程的真实感。

而获得过国际安徒生插画大奖的日本插画大师安野光雅,也是一位东西方结合成功的画家,日本著名作家司马辽太郎曾如此盛赞安野光雅:“在自我的世界保持着童真,熬过风霜、世俗与岁月。”安野光雅之所以比其他艺术家走得更远则是因为他在一些同样题材的景观手绘插画中尝试融合更多更复杂的文化、预言、隐喻和思想。

安野光雅对西欧传统文化着迷,吸取了西欧风景艺术的传统。但他采用日本绘卷的形式,这和中国古代绘画手卷中的叙事性场景有些相似。渐次舒缓展开遥远的旅程,将眼中之景融入心中,以精细入微的水彩和细密的笔触作画,以线绘和染色,灵活地描绘出丰富的细节,构筑出兼具数理与诗意、中西合璧、充满童趣的“安野风格”。

在现代日本画家安野光雅的《旅之绘本》中,有大量的类似场景描绘。建筑是城市的标志,来到不同的国家,自然少不了参观有名的建筑、古迹,除此以外,乡村、古镇、街道、公园等景致都是贯穿《旅之绘本》的主要内容。以半透明的细密的手法加以描绘,给画面增加了更多的触觉感。细密画(miniature)这种源自非洲、出名于波斯的精细刻画手法,类似于当代的插画,后来被借用于典籍和《圣经》的抄本插图绘画。尺幅小,用笔多为狼毫或羊毫制成的小笔,大多是平涂手法。例如，他在《旅之绘本Ⅱ》(意大利篇)的文字解说部分，提到他在作画时，参考过中世纪手抄本装饰画①。

日本的另一位著名画家东山魁夷，也是在东西方艺术之间摆渡的成功者，他长年累月地步入荒无人烟的日本北国高原，凝神倾听天色、山姿、草木、昆虫、碎石的呼吸。他曾说："人应当更谦虚地看待自然和风景。"为此，固然有必要出门旅行，同大自然直接接触，或深入异乡，领略一下当地人们的生活情趣。他的风景流露出对自然的无常感、物衰感，被誉为"充满禅意的现代宗教画"。他如是说："然而，在我所描绘的风景里，可以说，几乎没有人物出现。其中一个理由是，我描绘的风景是人们心灵的象征。我是通过自然景色本身，抒写人们的内心世界的。"他不仅佳作不断(图 3-15)，更是文采斐然，出版《东山魁夷》Ⅱ卷，著有《和风景的对话》等散文集。他的出现令人想起吴冠中，他们都是能写能画，用文笔和画笔不断书写对风景的追问，令人景仰。

图 3-15　《欧洲的风景》(东山魁夷)

① 《旅之绘本Ⅱ》，[日]安野光雅 著，新星出版社 2015 年版。

第四章

中国传统景观手绘举要

一个特定地域的景观包括人文景观、地理景观和生态景观。三者的相得益彰，迎合了人们对定居的渴求，是人类一直以来孜孜以求的。圣经中所描绘的伊甸园，在东方通常被认为是位于苏美尔的沼泽地中的一片果园。古代苏美尔的文字记载，最早的土地规划由三部分组成：城市、园林和低地。

中国的景观折射了自然与城市间的冲突、游牧文明和农耕文明之间的冲突。佛教带来了对神像、庙宇和园林的热爱，道教强调水、岛屿和树林的意义，宗旨为了隐居和冥思。古代皇帝连接着天与地，受儒道哲学影响，崇尚山水，将山水符号化地纳入园林之中。中国古典园林，除了山、水，风和树也占据着十分关键的地位。从体量上看，古典园林可以说是皇家园林（苑）的缩小版，也可以说是盆景的加大版。

欧洲地形画相比之下更注重写实，中国山水画史其实与“实景山水”也有着千丝万缕的关系。例如，从题材上来看，“金陵胜景图”属于“实景山水”，带有地形画的特点。单国强曾对我国的实景山水做过专题研究，他给“实景山水”下了一个定义：“实景山水属于中国传统山水画中按题材而分的一个分类，它与仿古山水（以临仿古人山水图式为主）、抒情山水（取诗词以表达诗情或借山川以抒写情怀）、理想山水（营造道释神仙之仙境或虚构向往之理想境界）、综合山水（集实景与虚景于一身），共同构成山水画题材的主要类别。实景山水画的含义，顾名思义，是指以写实手法描绘真实景致的山水，其具体内容可归纳为名山大川、名胜古迹、名人园宅几个方面，其有别于其他类山水的特性可概括为真实性（客观存在，而非想象或综合）、具体性（有地点和名称，而非笼统或泛指）、写实性（准确再现山水地貌或特征，而非写意式的舍形取神）。”

除了描绘金陵的胜景图，集自然风光与人文历史于一体的新安江、杭州西湖等名胜古迹也颇受画家们的青睐，于是产生了一些地域性的画派，如以弘仁为首的新安画派、以萧云从为代表的姑熟派、以梅清兄弟为标志的宣城派。

在中国画的一些行旅题材的图画中，画家常常会用长卷的方式记录自己的出游，表现自己沿途所见的山川景物和风俗民情。相比客观性强的地形画，行旅图主要根据作者对实景的回忆和加工，但是画中的主要景观特征是可识别的。清代画家邹喆的《雪景山水图》则采用了立轴，受狭长立轴的影响，景物的布置和形态都随构图发生了必要的变化和重组，拉长了上下的空间距离，也夸张了石头城的雄奇，却艺术地展现了“石城虎踞”雄风和江防的地位（图 4-1）。该画绘于绢本之上，层层的渲染对于营造雪后的苍茫增色不少①。

图 4-1 《雪景山水图》（邹喆，1663 年，安徽省博物馆藏）

中国山水画中的记游山水画也反映了山水画家对风景名胜的钟爱和怀念。无论是从南朝宗炳的“凡所游历皆图于壁，坐卧向之”到明初王履辛苦写生而成的《华山图册》，再到后来黄山派的《清初石涛》、新安派的渐江及江注、雪庄和尚，直至梅清的《黄山图册》，《画黄山十六景》，每一幅都有题记。

坚持东方文化传统赋予的视觉偏见，将东方景观艺术的传统惯例加以延续和发展，创作出东方受众喜闻乐见的景观手绘作品。我们携带着构成主义(constructionist)所说的东方文化预制的精神模板，自觉不自觉地以自小习得的东方人的视觉审美习惯，以及对特定景观的熟悉度，来选择和编辑，抑制或轻视一些视觉信息以增强或提纯一些标志性特征。例如，中国古代文学中，赞美景观的诗词曲赋，作为对景观评估的文学动力，促成了景观文化历史的一部分，也影

---

① 《图写兴亡——名画中的金陵胜景》，吕晓 著，文化艺术出版社 2012 年版。

响着画家观看和记录过程中的取舍。

万木春认为我国发生“山水的觉醒”是在魏晋南北朝时期。“山水的觉醒”需要艺术语言作为媒介，文学语言往往先于绘画语言成熟，绘画可能是从文学中获得动力和灵感，拓展了自身的语言，至迟在五代追上了文学的“唤起”效果。山水画的语言超越了山水之表达，其本身成为艺术的对象。

将老庄思想中的理想人格与儒家入世精神的人格整合为中国情调的景观手绘。体悟山水，在绘画中融入对世界、对精神与文明、对人生意义以及现实与幻想空间的思考，始终和自然、人文、自己进行对话，赋予了东方景观手绘很高的文化格调和精神，赋予了如画主义(picturesque)以东方风情的诠释。

第一节　山水气韵

中国人把自然力量称为“气”，这种看不见的力量在世界中流转，赋予万物以形、以生发，自然于上是天空，于下则是山川树木所在之大地。因此西方艺术史学者认为，自然在中国人的生活中极其重要。

“意境”“气韵”是中国绘画艺术的本质精神所在，是传统绘画中最深层、最永恒、最具民族性的美学概念。“它是以宇宙人生的具体为对象，赏玩它的秩序、色相、节奏、和谐，借以窥见自我的最深心灵的反映；化实境为虚境，创形象以为特征，使人类最高的心灵具体化，肉身化。”①

关于“气韵”，曾被贡布里希称为“magic”，他在评苏理文的《永恒的象征符号》中认可了把西方社会中音乐的效果和中国绘画的效果做比较：“我们大部分的兴趣来自演奏家对作品主题的理解(针对西方观众可能会对一脉相承的，缺乏创造的中国山水画失望)，来自他细腻的演奏……欣赏中国绘画也有类似的情况，重要的不是作品主题的新颖，而是画家对主题的理解和他风格的特点。”②

范景中因此认为“正是为了捕捉这种气韵，无数的中国画家呕心沥血，鞠躬尽瘁；也正是为了向西方的观众解释这种气韵，我们的学者感到了语言的苍白和抗译性”③。

“气”最早出现在文论中，曹丕的《典论・论文》“文以气为主”，“养气”成了中

① 《宗白华美学思想研究》，林同华 著，辽宁人民出版社 1987 年版。

② 《中国山水画》，[英]E. H. 贡布里希 著，徐一维 译，刊于《新美术》，1991。

③ 《比较美术和美术比较》，范景中撰文，刊于《新美术》，1986。

国美学的概念。从刘勰到韩愈，刘熙载的散文美学思想都主张“养气”，指的是审美创作的构思心理。

“气韵”最早使用于音乐，蔡邕的《琴赋》写有“繁弦既抑。雅韵悠扬”。人的性情亦有韵，陶渊明诗“少无适俗韵，性本爱丘山”。气和韵原是两义，荆浩《笔法记》写道：“一曰气，二曰韵。”又有人评张躁的画“气韵俱盛”。郭若虚的《图画见闻志》提到了“气韵双高”。夏文彦《图画宝鉴》叙述“六要”：“气韵兼力，格制俱老。”“气韵”最早用于评画乃谢赫的“六法”，第一法即“气韵生动”，指的是“人的精神状态流露出的一种风度仪姿，能表现出人的情调、个性、尊卑以及气质中美好的但不可具体指陈的感受”①。

“气”代表一种阳刚之美。“韵”代表一种阴柔之美。“气”在笔墨中体现为笔力的持重或轻灵，同时也是对画面形象拟人化的概括。而“韵”则表现为笔墨节奏的紧迫或舒缓，是对画面“音乐”性的表述。“形而上者谓之道，形而下者谓之器。”（《易·系辞》）“气韵”正是中国山水画所追求的“形而上”的画外之意。

到了魏晋，随着诗性人生的发现，自然山水才合乎审美逻辑的最终被发现，“凡我仰希，期山期水”。中国山水画萌芽于晋，顾恺之的《魏晋胜流赞》就提到了山水，不过当时的山水也是人物活动的背景和配景。虽然在《画云台山记》中就谈到了山水画的构思、设色的具体内容，但当时的山水画还是概念化的。如张彦远在《历代名画记》所述：“魏晋以降，名迹在人间者，皆见之矣。其画山水，则群峰之势，若钿饰犀（节），或水不容泛，或人大于山。率皆附以树石，映带其地，列植之状，则若伸臂布指。”①这段话反映了山水画形式在其早期的必然形态。

宗炳所著《画山水序》体现了老庄的美学观念在山水画上的具体化，对后世影响极深，并提出了观察自然的方法，如“以形写形，以色貌色”，还发现了近大远小的原理。

所幸在魏晋南北朝时期出现了一批像嵇康、谢灵运那样有才情的名流，他们不仅喜好登临，而且留下大量诗、赋和书信，渐渐确立了一批描写山水的修辞表达，集中体现在《文选》和《文心雕龙》这样的经典作品集和文论中。从此我国文学中就有了山水的套话（话语），对山水的个体经验因此得以通过文学分享和品评，并保存在文学传统中，代代相传。这个过程，顾彬曾有专著说明②。

据传第一幅中国山水画为隋朝展子虔（约531—604）所作的《游春图》。此

① 《中国绘画美学史》，陈传席 著，人民美术出版社2002年版。

② 《中国文人的自然观》，顾彬 著，马树德 译，上海人民出版社1990年版。

画体现了观察自然的进步，成为唐初山水画的范本。而第一个以山水画为主的画家是唐初的李思训(653—718)，这比欧洲17世纪荷兰才出现独立的风景画和风景画家早一千多年。

初唐是山水画的起点，“山水之变，始于吴成于二李”，所谓“李思训数月之功，吴道子一日之迹”(前者是青绿的精工细作，后者是白描的一挥而就)。作为宗教画家的吴道子在山水画上有重大的独创，张彦远曾言：“吴生每画，落笔便去，多琰于张藏布色。”这种不重色彩的倾向对后世影响很大，无论在表现方法还是表现精神上都做出了变革。

到唐末，荆浩的《笔法记》是在绘画实践的基础上总结出来的，真正把中国山水画推上了画科之首，到五代、宋初，山水画成熟了。荆浩强调山水画要“图真”，又对应地提出“四品”“四势”“六要”“二病”，这是继承顾恺之的“传神论”和谢赫的“气韵论”并具体到山水画理论上的发展。此外，荆浩还提出“随类赋彩，自古有能，如水晕墨章，兴吾唐代”，对水墨山水画的发展也起了推动作用。他的理论是在观察自然并结合自己的绘画经验的基础上总结出来的。荆浩曾隐居太行山，研究自然，开创了北方山水画派。绘画史上的“三家山水”乃指关同、李成、范宽，都直接或间接地师从荆浩。李成、范宽以他的美学方法描绘关陕一带的山水。董源、巨然则是图南方山水之真。荆浩以他的绘画实践和理论“上接晋宋隋唐，下开五代后千余年中国绘画的新局面。宋之后，元代的黄公望、倪云林，明代的文徵明、唐寅等大画家都一致尊崇荆浩是山水画的大宗师”①。

山水画是中国传统绘画中蔚为壮观的大宗，但目前普遍的观点认为，唐五代以前，山水在很大程度上只是人物画的背景，在众多画科里的地位并不像现在这样突出。万木春认为，后来的山水画之所以越来越重要，其中一个主要原因是自宋元以降，山水逐渐成为文人专属的画题，在文人士大夫“出一处”(子曰：君子之道，或出或处……指君子的行为原则)相望的状态中，山水代表的是“处”，这使山水画成为我国文化阶层寄托理想、休息精神的世界，成为有文化、有身份的人的艺术。

山水画达到高峰和逐渐成熟是在宋代。郭熙写道：“若论佛道人物，士女牛马，近不及古；若论山水林石，花竹禽鸟，则古不及今。”他认为“本朝画山水之学，为古今第一”。“中唐到北宋进入后期封建社会制度的社会变异引起当时地主士

① 《中国绘画美学史》，陈传席 著，人民美术出版社2002年版。

大夫的心理状况和审美趣味的变异。"[1]"自然山水作为世俗士大夫居住、休息、游玩、观赏的环境，处在与他们现实生活亲切依存的社会关系中，更重要的是折射出深层的社会心理因素……六朝时代的'隐逸'基本上是一种政治性的退避，宋元时代的'隐逸'则是一种社会性的退避。"[1] 它们的内容和意义有广狭的不同。经历了科举的大批世俗地主、士大夫由野而朝，由农而仕，由地方而京城，由乡村而城市，自然山水成了他们"一种心理上必要的补充和替换，一种情感上的回忆和追求"[1]。山水画则应运而荣。世俗地主阶级作为剥削者和占有者，他们眼中的自然山水是理想化的，他们很难体会在自然中生存的艰辛。

从北宋后期，山水画就走向了"保守""复古"的道路。陈传席解释说"画风的成熟往往就是它的尽头"，所谓盛极而衰，物极必反。对此，郭熙主张学习传统要"不局于一家，必兼收并览，广议博考，以使我自成一家，然后为得"[2]，但他更主张师法自然，如"饱游饫看"，对各地山水作精心研究，他的理论既基于对传统的研究，更来自创作经验，在当时具有革新意义。元初自赵孟頫以来，画家特别注重师承，所谈必是某家法，元文人画又追求"逸笔草草"，不求形似，以至于忽略形象而玩笔墨游戏。明代王履因此提出"意在形，舍形何以求意"，以"庶免马首之络"，即不能生搬硬套。陈传席认为"这个观点十分重要，中国绘画经常出现这个缺点（守旧、复古），这在以后尤为严重"[3]。其主要原因应该是中国画学画必先临摹前人的方法所致，摆脱不了前人的图式看自然，怎能不守旧复古？

明代董其昌提出"南北宗"论，意在"扬南贬北"，之后北宗便"无人问津，而一大批南宗的后继者却只学皮毛，一片瘫软，全无生气，导致公式化的平庸"。清代又出现了以"四王"为首的仿古守法派，"一树一石，皆有原本""仿某家则全是某家，不染一他笔"，颠倒了图式和自然的关系，不否认审美主体的作用。艺术的最终源头还应该是自然，而不是艺术本身。

油画作为西方的绘画形式于清初传入我国，清代康、雍、乾三朝西洋传教士郎世宁等相继来华，他们因工于绘事，画意逼真被皇室征召入宫并受青睐。他们尝试用中国画的工具、材料，以西洋画的观念、方法进行创作。

邹一桂在《小山画谱》中写道："西洋人善勾股法，故其绘画与阴阳远近不差锱黍，所画人物屋树，皆有日影，其所用颜色于笔，与中华绝异。布影由阔而狭，

---

① 《美的历程》，李泽厚 著，文物出版社 1981 年版。
② 《宋人画论》，潘运告 编著，湖南美术出版社 2002 年版。
③ 《中国绘画美学史》，陈传席 著，人民美术出版社 2002 年版。

以三角量之。画宫室与墙壁，令人几欲走进，学者能参用一二，亦具醒法，但笔法全无，虽工亦匠，故不入画品。”清末林纾的《春觉斋论画》记载了“夫象形至肖者，无若西人之画”“画境极分远近。有画大树参天者，而树外人家树木如豆如苗，即远山亦不逾寸。用远镜窥之，状至逼肖”，但是“似则似耳，然观者如睹照片，毫无意味”。他们都是以中国传统美学的眼光看论西画，评价的主要标准就是“意境”和笔墨的气韵。

新美术运动作为五四运动的一个组成部分集中反映了中国美术古与今、中与西的矛盾。

康有为论清朝绘画“中国画学至国朝而衰弊极矣……岂复能传后，以与今欧美、日本竞胜哉”。他反复强调“唐宋正宗”，并希望“他日当有合中西而成大家者”。

针对中国画的积弊，徐悲鸿提出“改良论”，提出“古法之佳者守之，垂绝者继之，不佳者改之，未足者增之，西方画之可采入者融之”。他极力反对临摹《芥子园画谱》，提倡观察和研究自然。传统的形式语汇只供后人借鉴，富有新意的图式有待后人从自然中提炼，中国山水画追求“气韵”和“意境”应该是中国山水画的本质精神所在，值得继承和发扬。

蔡元培提出“今世为东西文化融合时代，西洋之所长，吾国自当采用”。

陈师曾在《中国绘画史》中提出“现在与外国美术接触之机会更多，当有采取融合之处，图在善于沟通，以发挥固有之特长耳”。高剑父和高奇峰兄弟也主张“结合论”：“我在研究西洋画之写生法及几何光明远近比较各法，以一己之经验，将古代画的笔法、气韵、水墨、设色、笔兴、抒情、哲理、诗意那几种艺术上最高的几件统统保留着，至于世界画学诸理法亦虚心去接受，撷中西画学的所长，互作微妙的结合。”

林风眠在《东西艺术之前途》中写道：“西方艺术，形式上之构成倾于客观一方面，常常因为形式之过于发达，而缺乏情绪的表现……东方艺术，形式上之构成，倾向于主观一方面，常常因为形式过于不发达，反而不能表现情绪上的需求，因此当极力输入西方之所长，以期形式上之发达，调和吾人内部情绪上的需求，而实现中国艺术之复兴。”他在实践上以西方现代的、个性的抒情传统，尤其汲取了马蒂斯的艺术精华与中国的水墨传统、民间艺术传统相结合，着重表现中国传统的精神修养及中国画的内涵、意境，影响深远。

吴冠中认为“林风眠从审美观出发探索中西艺术的结合于我最早的启示”，他自己则用时代的、比较的、发展的眼光来审视传统，寻求东方意蕴与西方现代形式的结合。

赵无极被法国著名诗人克罗德·华评为东西方文化融合的杰出代表。克罗德·华指出,“认为不同文化是对立的,东西方文化从根本上是不相容的,对这类危险的神话,赵无极是个有力的反证,他以西方油画的形式来体现中国的艺术传统和精神”。赵无极则表示“我希望在画中表现虚空、宁静和和谐的气氛,表现一种气韵”。

朱德群认为,“一个汉家之子的我,在此意识到有一个特殊使命要传达,即《易经》中之哲理的再现,两个最基本的元素,相辅相成的两个深深不惜的蜕变之具体呈现,‘阳’是热烈,光亮的象征,‘阴’是阴暗,湿润的象征,我想要融合西方绘画中传统的色彩和抽象画法中的自由形态来表现此二元素之配合而成为无穷无尽的宇宙现象”。

沙耆的画风如范景中所说是油画界“中西融合”成功的例子。沙耆曾受莫奈、凡·高、马蒂斯的影响。曾有人评论“沙耆晚年的这些作品的魅力还不仅仅在于它那耀眼的色彩,因为在那沉着痛快的笔触中,我们分明看到了中国画最内在的精神——神韵”。

苏天赐则以点、线、块、面为形式法则,利用油画颜料的干湿厚薄,以大量的写生经验为基础,表现出江南风景特有的气韵。

黄宾虹“晚年作山水(画)时,参酌了印象派的某些视觉原理,使画面显得更加浑厚华兹,扑朔迷离”①。李可染的水墨山水也受过西画的影响,他对伦布朗、印象派的外光法,都有认真研究,他画中的‘逆光法’、深重的调子、强烈对比的黑白灰,形成黑中透亮的效果。刘海粟的泼彩荷花,焦墨山水都受到西方现代艺术的影响。

上述这些画家的成功融合正是借鉴了西方艺术的形式和把握住了中国艺术最本质的精神——“气韵”“意境”。中国绘画也对西方绘画产生过影响,德拉克洛瓦、布歇、凡·高、马蒂斯的画作充满着对东方世界的神奇想象,但只是表面的理解。中国画通过日本画间接地影响了印象派,据说莫奈、马蒂斯、毕加索都曾学过中国画。西方现代艺术也开始对中国艺术之“灵魂”进行吸纳,如康定斯基、波洛克。

“中国绘画在几千年的发展中注重感情的移入,在主客观的统一中更强调主观的情绪抒发,形成了以意境为核心的特色。西方绘画进入现代以后极力摆脱

---

① 《傅雷论美术》,傅雷 著,湖南文艺出版社 2002 年版。

客观描摹的束缚，也趋向主观的表达，并注重向东方汲取灵感，这种异中之同是中西艺术能够融合的基础。”①

第二节 诗情画意

透过东方景观手绘所看到的，不只是简单的对田园牧歌的表象，而是注入了诗情画意的诠释。题画诗是东方尤其是中国景观手绘的一大特色，诗画协同成一体的景观手绘形式成为东方文人表达自身身份的途径。因此，不能忽视诗歌作为东方景观手绘的文学推动力。中国山水画受山水文学中所营造的意象启发，想象出山水画应有的画面，再从绘画语言上竭力去匹配，这或许就是画家拓展山水画语言的动力和灵感来源。

明代初期，南京画坛受浙派画家的影响，逐渐成为浙派的重镇。明代中期以后，吴门画派兴起，并且由苏州文人士大夫传入金陵，并成为主导，尤其是文徵明细秀典雅的风格。万历年间，南京本地人郭存仁所绘的《金陵胜景图》系列，以“钟阜祥云”“石城瑞雪”为首，”这两景正是具有“龙盘虎踞”之“王气”的代表，暗示着一种朦胧的金陵地方意识②。

文人园林题材绘画的渊源可以追溯到魏晋南北朝时期，唐代时开始萌芽，经过宋元的发展，到明代中后期，文人园林题材绘画进入比较兴盛的局面。明以前单纯描绘园林山水的作品，以唐代王维的《辋川图》卷最早，从宋人摹绘的王维《辋川图》卷如图 4-2(现收藏于中国历史博物馆)中，可以看出唐人对于这类作品的艺术处理特点。王维的辋川别业，建于终南山一带，位于陕西蓝田。卷中绘景物二十处，参差错落，布置于蜿蜒起伏的山水之间。画法古拙，又带有一定的描述性，对山水树石、景物构建的形象都进行了具体的描绘，可以看出画家尽量真实地反映庄园的面貌。类似的作品还有李公麟的《草堂十志图》、倪瓒的《狮子林图》等。由于这类作品在唐代处于萌芽阶段，还构不成一种普遍的艺术现象，经过宋元的过渡，到了明代吴门画派，这类作品不仅数量增多，而且世俗化倾向更加鲜明，虽然沈周的《东庄图册》基本上还是延续元人写意的山水画传统，但是有一定的创新与突破。

---

① 《生命的风景》，吴冠中 著，北京十月文艺出版社 1998 年版。

② 《图写兴亡——名画中的金陵胜景》，吕晓 著，文化艺术出版社 2012 年版。

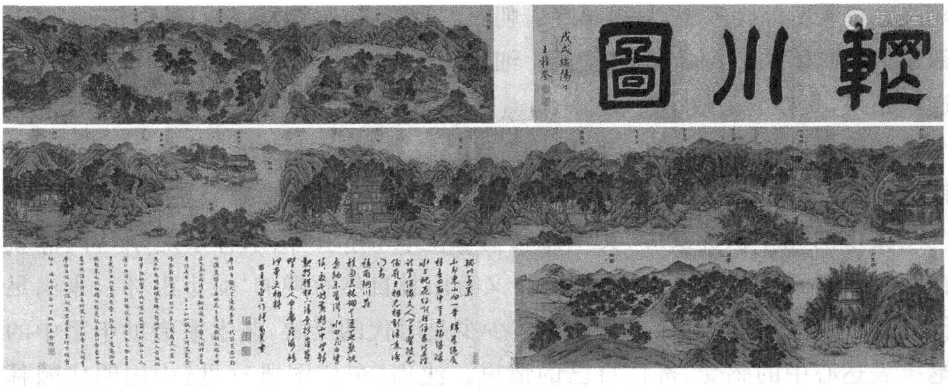

图 4-2　《辋川图》(王维)

沈周的《东庄图册》应吴宽所愿，沈周曾两绘东庄图。东庄系沈周密友吴宽之父孟融所居的庄园。“东庄”又名“东墅”“东圃”，是吴越时广陵王治吴时其子钱文奉所创建，建造历时约30年，园内“奇卉异木，名品千万”“崇岗清池，茂林珍木”，又“累土为山，亦成岩谷”，极园池之赏。当年钱元璙父子常在此宴集宾客，诗酒流连。文奉每跨白骡，披鹤氅，缓步花径，或泛舟池中，容与往来，闻客笑语，就之而饮，尽欢而散。

图 4-3　《折桂桥》(一)(沈周)

图 4-4　《折桂桥》(二)(沈周)

《东庄图册》画的就是吴宽家东庄中的景色，原24帧，明万历时遗失3帧，现存21帧(图4-3、图4-4)。沈周不仅画东庄，也咏东庄。沈周的诗画结合更多的是出于情兴所到，具有一种“静”与“闲”的艺术效果：“东庄水木有清辉，地静人闲与世违。瓜圃熟时供路渴，稻畦收后问邻饥。城头日出啼乌散，堂上春深乳燕飞。更羡贤郎今玉署，封恩早晚着朝衣。”“特意作亭知好修，石基高筑树为畴。欲承伯氏归休乐，为许他人造次游。细路短桥缘麦陇，长濠新水漫萍洲。宰公果遂南还兴，我亦滨头蚁小舟。”

沈周所处的苏州地区，至明代中期经济获得飞速发展，成为江南商业重镇，也是文人士大夫聚居之地。正如刘敦祯所说，明代私家园林的主人们“既贪图城市的优厚物资供应，又不想冒劳顿之苦，寻求‘山水林泉之乐’，因此就在邸宅近旁经营既有城市物质享受，又有山林自然意趣的‘城市山林’，来满足他们各方面的享乐欲望”。艺术多多少少是时代的反映，艺术家借助于手中的笔墨表达心中的感受，寄托自己的情思。沈周《东庄图册》(见《中国明代园林文化：蕴秀之域》)正是通过园林画这种艺术形式来表达身在闹市心想林泉的愿望。

园林作为主要题材，成为山水画中的重要部分，正是从吴门画派开始。我们可以在文徵明的《拙政园图册》和清代华趣的《山水图册》中见到《东庄图册》在题材的选择、构图、笔墨语言方面的典范作用。

文徵明的《拙政园图册》与《东庄图册》一样取法于宋元，在表现手法上，都采用园林中的景物进行构图经营，都运用园林中特有的假山、树木、路桥等来组合画面或进行空间的处理安排，都对景物进行了创造性的取舍，表现出独特的审美取向，画面富有装饰性。与其他表现园林题材的作品不同的是《东庄图册》和《拙政园图册》没有采用大山大水及人物故事为主要内容，而是对园林中的景物进行近距离的放大表现，让人既可看到园林中的整体布局，又有身临其境的感觉，对景物可触手可及(图 4-5)。

图 4-5 《拙政园图册之小沧浪》(文徵明)

上文列举了古城姑苏，接下来列举以古城金陵为背景的手绘画。清代孙温根据小说《红楼梦》所绘的一百二十回大型画册，以江宁织造府为画面背景，为《红楼梦》题材绘画史上之最。都说《红楼梦》说不尽，而在中国绘画史上，这部名著也是画家们所热衷的绘画题材，其中的人物、情境和故事都能激起画家的创作灵感。

孙温画这套画，大约在同治六年(1867年)就开始酝酿、着手，直到光绪二十九年(1903年)才大体竣工，前后有36年之久，而其中大多数画幅完成于1884年至1891年这7年之间，也就是说，这位画师差不多从50岁起一直到85岁，似乎把他的生命完全投入套画的创作中，比曹雪芹“披阅十载，增删五次”创作《红楼梦》耗费的心血还多三四倍。

孙温所绘的《红楼梦》是重彩工笔绢本画的形式，画面围绕原著的故事情节，将主要人物活动表现得细致入微，楚楚动人。图中绘有山水人物、花卉树木、楼台亭阁、珍禽走兽、舟车轿舆、鬼怪神仙及博古杂项等，几近包括全部画科内容(图4-6)。仅各种人物就多达3 000余人，主要人物采用“写真”技法，注重面部肤色肌纹之渲染，形神兼备。

图4-6 《画韵红楼梦》(孙温)

有评论指出，读孙温的全本《红楼梦》图，仿佛置身于那情景交融的生活画卷之中，栩栩如生的人物和优美动人的故事，乃至服饰打扮、生活情趣、建筑园林、民俗礼仪都得以直观呈现。

孙温所绘的《红楼梦》中以园林中观景的特色角度出发选取要表现的物象，并对景点的局部进行细致的刻画，删减多余的背景，营造出虚与实的强烈对比。这种蒙太奇式的特写镜头不仅仅停留在物象表现本身，而更注重表现作者的情感。对景物触手可及的感觉，使人的心灵和情感瞬间与山水相融，令人想起了当时的传教士郎世宁所绘的《雍正十二月令圆明园行乐图》，画面以山水楼阁为主，建筑描绘精致细腻，构图不完全按焦点透视法原则。画中点缀的人物，其服饰色彩鲜丽夺目，兼具写实和装饰之美(图4-7)。

“上有天堂，下有苏杭。”上文提到沈周之于苏州，这里聊聊丰子恺笔下的杭州。丰子恺和杭州结缘几十载，从1914年考上浙江省立第一师范到过世，丰子恺在西湖边上一次次锤炼绘画的技法，在湖边的园林里一遍遍感受美的意趣，在喧闹的街头体会人情的丰饶。可以说，丰子恺是在杭州的湖光街景中，一步步走向艺术高峰的。他常随高僧，三访隐士。在丰子恺的手绘漫画创作中，我们很轻易就能找到杭州的风景人情所留下的印迹，这是杭州给予丰子恺的天时地利，也

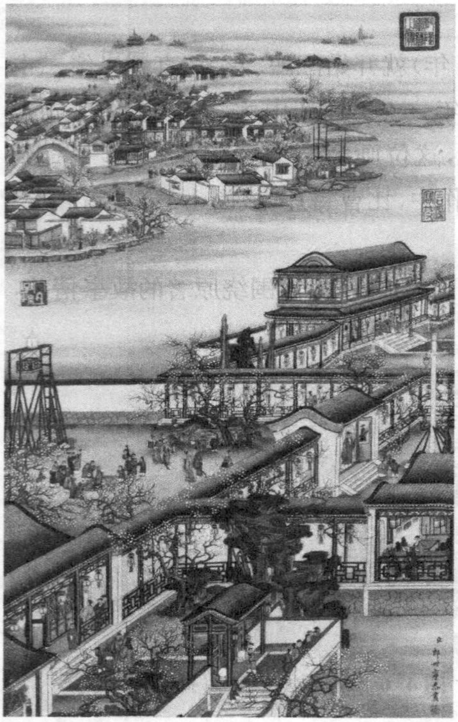

图 4-7 《雍正十二月令圆明园行乐图》（郎世宁）

是丰子恺留给杭州的珍贵记忆，更是给后人的一笔丰厚的文化遗产。

图 4-8 为丰子恺以西湖为背景所创作的手绘漫画《人民的西湖》，令人不禁想起曾经热播的电视剧《人民的名义》。无论是在正义，还是在传统人文景观的大美之前，应该是人人平等，皆能分享。

即便在今天，譬如地铁口的这些公共场合，我们依然能见到丰子恺的手绘作品，还可以借用来匹配社会主义核心价值观，既富有艺术感染力，又体现了正能量的精神导向，为蔡元培先生所提倡的“美育代宗教”提供了一个成功的范例。

葛饰北斋之于小布施町、歌川广重之于东海道、沈周之于苏州、丰子恺之于西湖等等，他们为我们开创了一个个成功的范例。如何从他们的景观手绘实践和作品中获得启发，让东方景观手绘焕发新的生命力和影响力，值得我们深思。

图 4-8 《人民的西湖》（丰子恺，约 1961 年）

第三节 巧夺天工

农耕时代的景观手绘是农耕文明的山川风物的反映，隐藏着万物有灵，即泛神论的倾向，葆有着农耕文化中那种对自然和季节变换轮回的敏感多情（图 4-9、图 4-10）。这种纯粹性是我们的时代匮乏和遗失，和向往不已的。彼时，一个纯洁的而谦逊的以最低生存标准来发展的自然世界，远不同于复杂而商业化的城市化①。人们逐渐能够欣赏山水，“山水的觉醒”是从魏晋时期开始发生，并逐渐超越对画中山水的欣赏，进而欣赏山水画的语言本身。

图 4-9 女史箴图（局部），（顾恺之，绢本设色，26.5 cm×663 cm，英国大英博物馆藏）

图 4-10 《独乐园图》之采药圃，（仇英，绢本设色画，28 cm×518.5 cm，现收藏于美国克利夫兰艺术博物馆）

① 《风景与西方艺术》，[英]马尔科姆·安德鲁斯著，张翔译，上海人民出版社 2014 年版。

在中国绘画史中，山水画的发展和造园的发展互相推动，所谓风景如画，画亦如风景。

《大英百科全书》中对园林的定义："一片培育药草、水果、花卉、蔬菜或树木的园地。"《释园》："園"，从字形上看，一片围拢里面，有建筑、池塘、树木、山石等，园：所以树果也；林：平土有丛木曰林。别称：园、囿、圃和苑。主要分类有皇家园林、私家园林、寺庙园林、衙署园林和书院园林。

在18世纪的欧洲，随着如画主义鉴赏品味的兴起，那些没有受到人工改造的自然景色也被驯服了——它同时作为艺术体验和旅行享受融入了我们的日常生活，它在美学意义上被殖民化了①。追溯东方景观手绘中，比较典型的一个案例就是兰亭修禊图，如果说图像可以证史，这个中国传统画题的演绎，折射了山水画的发展，由偏爱野生的、天然的背景向人工改造的背景的转变，由简单的图解性向复杂的视觉性的转变。

兰亭修禊正值玄言山水、玄言诗盛行时期。由唐至宋，审美趣味从人物转向山水，从对雅集事件的叙述逐渐转为对画面意境的营造和内在精神的表达。李泽厚认为宋朝有大批士大夫经考试出身，由野而朝，由乡村到城市，由地方到京城，因此诗情画意的山林丘壑是隐逸情怀和理想归宿，传递出对闲适淡泊之境的渴求，但精神意境的表达离不开对景观的营造。

南京地区古典园林发展经历了两次高峰：六朝与明清。明代文人不满足于纯粹的山水之乐，开始修建私家园林，将自然山水融于园林景观之中，更注重娱乐性和世俗性。据不完全统计，明代有130余座园林，如徐氏诸园、快园和遁园。清代则有170余座园林，如芥子园、随园和愚园。到了明清时期，出现了一些绘制在私家园林里举行兰亭雅集的图式，将私家园林作为兰亭修禊主题画的背景。

柯律格指出，中国1500年至1600年这一百年来的园林现象中"园"的概念发生了很大变化，这种特殊的人造物已经逐渐失去了生产资料、自然增长和天然孳息等与土地所有权相联系的正常内涵，而只是作为不正常的过度奢侈的消费品而存在②。从事园艺活动的社会精英已经越来越少。文人穿梭在集自然与人工之美的兰亭雅集之中，在崇山峻岭或茂林修竹之中，曲水流觞、饮酒赋诗，弹阮对弈、品茶鉴古、投壶观瀑，各得其所，怡情养性，聊以忘忧。

例如亭子的营造和表现，亭子在东方景观和手绘中具有重要的文化象征的

---

① 《风景与西方艺术》，[英]马尔科姆·安德鲁斯 著，张翔 译，上海人民出版社2014年版。
② 《中国明代园林文化——蕴秀之域》，[英]柯律格 著，孔涛 译，河南大学出版社2019年版。

意义，包含着诸多的精神意味，折射着画家的宇宙观、人生观和对待自然的态度，谐音并象征了兰亭精神。据金晟均教授在《可持续的韩国传统园林》的讲座中介绍（图 4-11、图 4-12），在韩国但凡风景优美之处，大都会修建亭子，亭景观文化传统持续了一千多年，被视为传统园林的精髓，目前全韩现存 3 000 多座亭景观。因为建亭，整体的风景获得了雅号和意义，它是一个外部开放的空间，以亭景观为中心从视觉和概念上作为整体来设计的，涉及选址、亭主体、优美的周边，还有当地居民。依山傍水而建，一般由德高望重者，或成就卓著者，或身居高位者本人，或他的后人回乡建亭，因此，亭子也成了主人的象征、家族的传承、地区的荣耀与社区的共享，并得到画家的描绘而传世。从这些韩国山水画看出，有些是普通的茅草亭，有些是建造考究的观景亭。

图 4-11　金晟均教授在《可持续的韩国传统园林》演讲中的 PPT 插图（一）

图 4-12　金晟均教授在《可持续的韩国传统园林》演讲中的 PPT 插图（二）

从明代开始就出现了可以明显看出兰亭修禊发生于一个依山傍水、建造精美的园林之中。在这样融自然和人造相得益彰的世外园林中寻得一方静谧，彰显了文人的精神追求与人格。图 4-13 为文徵明 73 岁时用青绿山水技法所绘的《兰亭修禊图》。

通过历代兰亭修禊图的变化可以窥一斑见全貌：古人比今人更重视在以山水林泉为主的自然景观中体验季节和文化。他们不仅对古人生活状态和精神进行追慕，更多的是借古人来诉说自己的志向，写文人当时的风雅生活、景观体验和对前贤们的兰亭精神的体悟。

图 4-13 《兰亭修禊图》(文徵明)

图 4-14 《春游晚归图》(戴进)

明代戴进的《春游晚归图》(图 4-14),由台北故宫博物院收藏,描绘江南的自然景象,起伏的丘陵、茂密的树木、蜿蜒的山路,局部点缀一些人造景观——亭台楼阁的场景。

在西方,理想中的“令人愉快的地方”必须是自然的,或者即使是人工营造的,也需要把自然素材作为最主要的内容,但是同时它又必须是安全的,在某种程度上得到驯服,并且与公共事务构成的外部世界相隔离。在西方的风景画中,可以看到两类人物主体的风景:一类是以牧羊人为主角的田园牧歌式的景观手绘;另一类是以隐士为主角的精神寓意的景观手绘。一般围墙是荒野和驯化的分界线。中国的景观手绘体现了“天人合一”的思想,很少出现自然和人工景观截然分割的藩篱(图 4-15)。

斯诺写道:“一想到人类将驯化整个地球,我就感到十分恐惧,在过去的五百年间,西方风景艺术已经成为表达人类对自然和文化之间力量制衡的焦虑感的晴雨表。我们已经开始认识到自然——那个‘在外面的’,那个‘异质的’东西——已经不再能永久地进行自我修复。它更像是我们曾经担心过的那个自己。当它不再向我们提供绿色空间的梦想——例如乌托邦,或者任何最人造的田园牧歌景象,我们这个时代的风景艺术就有了负罪感。”①

① 《风景与西方艺术》,[英]马尔科姆·安德鲁斯 著,张翔 译,上海人民出版社 2014 年版。

图 4-15 《松》(庞薰琹,40.7 cm×44 cm,1947 年)

第四节 卧游其中

宗炳写出了“中国也是世界上第一篇正式的山水画论”——《画山水序》,融合了儒、道、仙、佛各家的思想,最主要的是老庄的思想。他“好山水、爱远游”,“每游山水,往辄忘归”。他老年时曾叹曰:“老疾俱至,名山恐难遍睹,唯当澄怀观道,卧以游。”凡所游履,皆图之于室,谓人曰:“抚琴动操,欲令众山皆响。”①这段话道出了山水画的起源:因为对山水的喜好,才促生了山水画。

郭熙提出山水画“可望”“可行”不如“可游”“可居”,指的是精神,也就是“畅神”,是精神超越尘世的“得意”。以“玄”的眼光发展了宗炳的“远映”,继而提出山水画要表现“三远”:“高远、深远、平远。”“其作用就是把人的视力和思想引向远处。”②“远”的延伸,渐入“无”的境地、“虚”的境地、“淡”的境地,远离世俗和烦嚣的理想境界,是人的理想精神品格的象征,也是老庄的理想境界。

而贡布里希认为,随着风景画语言的逐渐形成,人们才以“如画”的视觉去欣赏它。对于画家来说,对于风景的欣赏和语言的掌握是伴随一起的,当然,山水

① 《汉魏六朝画论》,潘运告 编著,湖南美术出版社 2002 年版。
② 《中国绘画美学史》,陈传席 著,人民美术出版社 2002 年版。

画的发展随着作者注入观念的丰富和复杂，其审美功能也有所变化。高居翰认为“山水画再现了自然中的景象，人们喜欢看自然景象所以画了山水画”①，这一回答并非完全不对，却只是事实的一部分，山水画还承载着特定的功能和意义。他认为中国山水画的功能还有祝寿、赠别、劝隐，甚至还有政治意义，以及作者或观者标榜自身超凡脱俗的意义。不管其审美功能如何变化，其积极的审美意义始终如一。

圣人之道在物上体现，文人雅士通过山水的形质显现出“澄怀味象”，把对自然和生命的体悟作为终极追求。总是人生天地间，此身忽如远行客。中国文人得意时出仕兼济天下，失意后归隐独善其身，过着自给自足的田园生活。中国山水画反映了文人的生活心态和状态，归隐在自然山水中体悟玄理，感受修禊的愉悦。

东晋士人以兰亭文会的形式在自然山水中体悟，将兰亭雅集视为精神家园。他们注重选择风景秀丽的自然山川举行雅集，暂时忘却政治的困扰，远离城市的喧嚣，以悠游闲适的心态来享受大自然的馈赠。这成为后代文人对美好、高雅生活定义的标杆，并不断地追慕和再画，展现了不同时代的文人情思，在文化共性中释放出个性情愫。兰亭雅集图式从人物为主到山水为主，逐渐将兰亭修禊的精神寄寓在山水之中，体现了画家或委托者(赞助人)对先贤的崇敬和对悠游、闲适、淡然生活的向往，对人生、生命、命运、生活强烈的欲求和留恋②。而这也恰恰说明了景观手绘图式的象征性和隐喻性的拓展，映射了传统思想与时代精神，体现了人文思想、精神品格、文化内涵的转变。

这一类的中国山水画中人物与山水的关系、画面意境、文化意象等隐喻了文人画家对天、地、人的哲学思考，为人们展现了精神彼岸才存在的梦幻图景。这些特点都是和东方景观美学的定义相契合的。

然而在山水画上成就最高的还是那些“丧乱之年对政治彻底失望而主意于山水的隐逸之士”③，他们在不得志时寄情山水画，回归老庄的理想，使山水的自然美得以全面而精微地开掘和发现。这样的失意文人、隐逸之士历代都有，也正是中国山水画繁荣不衰的原因所在。“中国山水画之所以成为画科之首，也就是因为它在很大程度上满足了失意文人的独善心理。”④这些失意文人和隐逸之士

① 《中国山水画的意义和功能》，[美]高居翰撰文，刊于《新美术》，1997。

② 《美学三书》，李泽厚著，天津社会科学院出版社2003年版。

③ 《比较美术和美术比较》，范景中撰文，刊于《新美术》，1986。

④ 《“风景画”注释》，范景中撰文，刊于《艺术发展史》，1991。

以道家思想为心理依托，以山水画为观道途径，赋予山水画以复杂的精神象征意义，如高居翰所说："（在中国），自然山水是一个孕育人类事业的母体，这些事业即对精神觉悟的追求和社会关系的完善……后来绘画大都是山水画，它们越来越多地发展把这些关系（社会关系）置身于广大自然现象中的能力。其中最佳杰作则把山水再现为人类社会的规范。"①

景观手绘在传达感情和治愈心灵的过程中以何种程度扮演着表现和传达的角色，考验的是画家的智性控制力。雷诺兹在给皇家学院的第三篇年度演讲中说过："只有智力上的高贵，才能使画家的艺术品变得高贵。"而"智力上的高贵"的表征是遵照或者经训练而通晓古代经典的艺术和文学②。

人们亲近自然，是注重生活质量的反映。在19世纪的欧洲，就有花园"肺"这么一说，这是绿色生态，绿色环保的萌芽和体现。景观手绘作为自然的物质形态的肖像，也可以行使将抽象概念实体化的功能，广义而言，是一种生态主义文化的表征。它也许会将自己作为一个乡村的片段、一个框架中的副本、一个地志记录，但它也是（或可能是）一个理想世界的象征性形态，一种精神上的戏剧的传达手段。例如，葛饰北斋和歌川广重的浮世绘，融汇了江户建筑特色和日式庭院美学，将他们那个时代最和谐的景观以浮世绘的形式定格，激起了后世观者的怀旧和代入，令人感受到开放的、静谧的、美好的沉浸式地域文化场景。

如果说在西方式景观手绘中我们经常会看到华兹华斯所描述的青年人面对美景时那种"痛切的欢乐"和"炫目销魂的狂喜"，东方式的景观手绘更多显示的是对自然的理解的精神化。当然，这种评价是参考感官的、审美的和精神性的体验在一幅画中的占比和侧重。无论是从精神沉思还是休憩放松的角度，两种文化都崇尚乡村退隐的概念，西式的庄园无论从功能设计还是精神指向上都约同于中式的桃花源，确信宜居的景观对人的心理、思想和情感的积极作用。在文艺复兴早期的作家薄伽丘的笔下，连缪斯都青睐人工营造的花园景观中的隐居乐趣。

我们从景观手绘中所感受的快乐来自道德深处。在景观手绘的细节中有意识有目的地植入具有传统东方景观美学的指引，补救当今时代的异化、迷失和堕落。景观图像的表现方式努力在禁欲主义和享乐主义之间寻求一个道德判断的

---

① 《中国山水画的意义和功能》，[美]高居翰撰文，刊于《新美术》，1997。

② 《风景与西方艺术》，[英]马尔科姆·安德鲁斯著，张翔译，上海人民出版社2014年版。

平衡点。源自老庄的文人对自然的审美生活和西方圣哲罗姆的苦修式的隐居生活有相似之处，一个斋以静心，一个敛心默祷，背景都是融合了野生和驯化的乡村退隐场所。

在西方，纯粹的风景被认为不能像神圣家庭、圣人或者古代神话中的伟大英雄的画像那样，单凭自身提供精神或道德的启示。它不能提供像亚里士多德在《诗学》(*Poetics*)中所定义的那种类型和程度的智力趣味——不能灌输哲学真理。但这种功能一直保留在文学范围内的史诗和悲剧作品，以及艺术范围内的英雄主义、历史主义绘画中①。

在中国的景观手绘中，可以看到中国文人试图寻找出世和入世的平衡点，而圣哲罗姆的遗世独立往往预示着一种自我情感的极端。马尔科姆·安德鲁斯认为这种孤绝使人走上了一条艰难的钢索：虽然他使自己从人类社会的娱乐和压力中解脱，但是，一旦被孤立，他就失去了由同伴提供的对他不自觉犯错的灵魂进行检查的机会①。而彼特拉克通过自己所亲近的乡居体验，对修士的隐居做了新的更富有生机也更人性化的诠释。

在考虑景观手绘艺术时，我们要默认一系列的相关差异性：驯服之于野生、艺术之于自然、机械制造之于有机生长、复制之于原型。而如今，不断蔓延的大都市，细看之，充满机械制造的符号和色彩，渺小的个体，蛰伏在实用主义至上的钢筋水泥的森林里。马尔科姆·安德鲁斯认为：这是新的荒野，只是这荒野是由那些与自然荒野的组成要素几乎完全相反的要素构成。因此，业内普遍认为，西方风景画从本质上来说是一种城市化、商业化的文化产物，一种寻根之旅，而不是上层社会的产物。

虽然现代工业和贸易是现代城市繁荣所依赖的物质基础，但其副产品——环境污染、快节奏生活已经造成人们的物质所得不偿身心之失。笔先于行，画笔作斗士(a paintbrush warrior)。而有意味的景观手绘的收藏和欣赏则是替代性享受，这可携带的风景完成了自然被引入建筑内部的幻觉体验，这样的虚拟视窗可以拓宽我们的精神场域。

把景观手绘视作景观设计，甚至生态主义的号角，协调现代与传统、城市与乡野、艺术与自然的几层关系，打造实质化的或想象中的城市中的森林隐居场所。而越来越多的精神困扰和心理疾病，也证实了阿尔贝蒂的观点，景观手绘带来的愉悦感是一剂良药，虚拟的理想主义花园隐居场所向热症患者提供安抚和

① 《风景与西方艺术》，[英]马尔科姆·安德鲁斯 著，张翔译，上海人民出版社 2014 年版。

解脱，也向渴慕美景者提供希望和邀请。

不过，艺术不要忘了，艺术不等同于生活，而是生活的理想化、理念化。古典的田园牧歌和它在意大利文艺复兴时期的复苏，并没有记载乡村生活和劳作的真实体验，它对真实场所的描绘也不感兴趣。田园牧歌一直以来所营造的优美自然的幻象以及乡村居民的单纯形象总是受到批评。因为这种唯美的假象也会蒙蔽我们的双眼，无视生活在自然里面的困顿和残酷。一旦真实介入这样的生活，并非想象的那样完美，就像斯佛加・帕拉维奇诺在1644年提出的尖锐问题："乡村真的像今天的意大利诗人描绘的那样，是个富饶的世外桃源吗？"①

明清时期，由于文人"大隐隐于市"的思想和对自然山水的向往，私家园林十分盛行，是文人的尘世居所，也是理想的精神家园，园林雅集成为雅集绘画题材之一，文人在园林举行兰亭雅集是借古记今，隐喻了文人对自然山水、风雅生活、市隐心态以及魏晋风度的向往。

明代是"兰亭雅集图"高度成熟的时期，传承了唐代的悠游闲适、宋代的心灵寄托、元代的高雅淡泊，这些都是对兰亭修禊畅享自然山水的感怀，在时代精神与风俗的影响下，增添了娱乐化、世俗化、精神化的新内涵。兰亭雅集已经成为一种文化符号，具有象征意义，是情感、思想的组合。

自从宋朝画家宋迪画了"潇湘八景"之后，明朝初年，文人画家王绂曾以"燕京八景"入画。明中期以来，随着旅游的兴起和文人热衷于壮游，对于本地风景名胜的表现尤其突出，如"明四家"沈周的《江干十景》册和文徵明的《姑苏十景》册都以苏州的名胜为表现对象。随后，一种多景点的纪游图册在苏州盛行起来，最有代表性的作品是多达82幅的《纪行图》册，由钱谷及其学生为著名文人王世贞绘制……对于西湖胜景的描绘也较多，以孙枝描绘西湖14个景点的《西湖纪胜图》册和"武林派"开派大师蓝瑛的《西湖十景图》最有代表性②。

20世纪，欧洲现代艺术的有力冲击之一——东方艺术，其大胆概括的手法迫使以真实的错觉为能事的西方绘画得以绝处逢生，另辟蹊径。贡布里希曾云："对于中国人来说，写和画确实大有共同之处。我们谈中国的'书法'艺术，但是实际上与其说中国人欣赏的是字的形式美，不如说他们欣赏的是必须赋予每一个笔画的技巧和神韵。"③

---

① 《风景与西方艺术》，[英]马尔科姆・安德鲁斯 著，张翔 译，上海人民出版社2014年版。
② 《图写兴亡——名画中的金陵胜景》，吕晓 著，文化艺术出版社2012年版。
③ 《艺术发展史》，[英]E. H. 贡布里希 著，范景中 译，林夕 校，天津人民美术出版社2006年版。

明清时期，欧洲掀起中国风，起初，这种中国风格并没有中国意味，只是对罗马古典时代装饰风格的复兴。这些画面也影响了中国外销产品的出路，造成出口物品迎合“新奇怪诞”的趣味。在那个交通不便、旅行不发达、网络没出现的年代，国际文化交流主要通过进出口商品管窥一豹。例如通过出口瓷器上的传统景观手绘图等手工文创产品，欧洲艺术家加以幻想，设计和创作出他们表现东方传统景观和艺术的作品。

第五章

旧园新绘实践课程的模式

第一节　画前欣赏

如果说，学生们必须了解美术史，其重要的理由在于他必须了解美学的原则是如何应用于艺术作品上的。因此，人文景观手绘研究应该从具体的作品出发，在分析大量美术作品的基础之上，发现景观手绘艺术的规律。最终学生们的手绘作品应该浸润着内行般的鉴赏力、敏锐的感受力以及绘画技巧的进步。

在形式主义看来，艺术史就是风格演变的历史，每个时代都有自己特定的风格，社会与历史的条件可能影响和延缓某种风格的发生，但新的风格是不可避免的，而且新的风格都是通过伟大的艺术家体现出来的。伟大的浪漫主义风景画家代表人物有透纳、弗里德里希等。

而巴克桑达尔特别指出了艺术家的形式怎样受制于特定时代的视觉环境。视觉环境也会影响艺术家的形式选择。

曹意强在提到中国美术学院艺术史教学的开放性思路时指出："我们鼓励学生在体验艺术与自然之美的过程中，不断拓展自身视野，将世界艺术作为一个整体来学习与理解；最为重要的是，应培养学生形成独立的批判性思维与判断力。总之，通过对艺术及其历史的学习，我们期望学生能找到属于自己的求知之路，在知识探索和培养创造力的道路上不断前行。"这也是景观手绘课程每次画前欣赏的教学目标。他指出,复兴即重生,品质即创新。借古代智慧以更现代之新乃是人类不同文化的共通学术之途。

欣赏景观手绘的能力不是先天的,而是后天从文化环境中习得的。艺术欣赏是塑造我们的思维以及观察人和自然的重要力量;绘画通过给人提供审美享受,塑造或重塑着我们看待世界的方式,由此磨砺我们思维的敏感性和创造性。

但是塞尚反对因袭守旧,"反熟悉化",在1902年的一次谈话中他曾经说过:"今天我们的视觉已经有些疲劳,它负担了太多影像的记忆……我们不再去观赏自然;我们一遍又一遍地观赏图画。"他又说:"卢浮宫是一本教我们学会阅读的书籍。然而,我们决不能满足于保持我们那些杰出先驱的美丽公式。让我们进一步地去研究美丽的自然,让我们从他们的影子里解放我们的大脑,让我们按照我们自己的性情去努力表达自我吧。"①"如果我们能用一个新生儿的眼睛看这个世界。"①"描绘自然并不是复制那些物体,而是实现一个人的感觉。"①

如何推陈出新,对传统景观手绘语言结构彻底重组,寻找新的策略,形成新的语言来强化崇高,艺术家们也有自己的看法。

斯波尔丁评价罗杰·弗莱时如是说:"从社会、宗教、心理学、经济学或历史学的关系来谈论艺术通常比谈论艺术作品本身要容易……罗杰·弗莱生平经历最重要的教训是艺术就其所提供的经验来说是民主的;领会艺术含义的跳板并不是渊博的学问和丰富经验的积累,而只简单地要求面对形状、线条和色彩所构成的整体有一种开放的心境和一双敏锐的眼睛。这种方法不必包括围绕在艺术周围广泛的社会问题,对弗莱而言,一件作品在什么地方或什么时候产生只有次要的意义,并不影响作品本身所引起的审美情感。"

一、参观展览

笔者这几年承担的景观手绘课程每次课为全天,一般上午带学生参观展览,寻找启发,例如江苏美术馆、金陵美术馆、南京博物院、南艺美术馆等,这些场馆展览络绎不绝,都是我们经常找灵感找激发的场域。而这些开放的文化资源非常值得我们去鉴别、去吸收、去整合,总之,集思广益,为我所用。

狄德罗曾经写道:"看别人的画,我似乎需要一双训练有素的眼睛。"如何提

① 《风景与西方艺术》,[英]马尔科姆·安德鲁斯 著,张翔 译,上海人民出版社2014年版。

高艺术鉴赏能力呢？他接着说："你想在艺术技巧这门多么困难的学问上得到一些扎实的进步么？你和一个艺术家在画廊里走走，请他给你解释画里技巧上的术语并举例说明……否则你就只会有一些模糊的概念。要把优点和缺点放在一起互相比较，一看再看；看一眼比得上读一百页论文。"他懂得了绘画术语的含义。再请这个肯讲实话的绘画行家和观赏者一道到"沙龙"去。观赏者首先尽情地看，尽情地说。他的印象、他的评判中有错误的地方，那个艺术家时不时给他指出来，要他仔细琢磨。这样，培养了观赏者辨别美丑的能力。他又走访画家的画室，观察画家工作，倾听画家讲话，慢慢观赏者领会了画家手法上的各种难题和诀窍。

也有南京的书画名家取材南京传统景观，采用诗、书和画结合的方式创作的作品，例如书法家孙晓云和画家萧平、宋玉麟、常进、徐建明等人联袂合作的作品，如图 5-1，图 5-2，取材于梅花山、中山陵等。浦均采用多种技法绘制的《鸡鸣寺雪景图》也别具一格（图 5-3）。

图 5-1　《梅花山南望》（萧平）

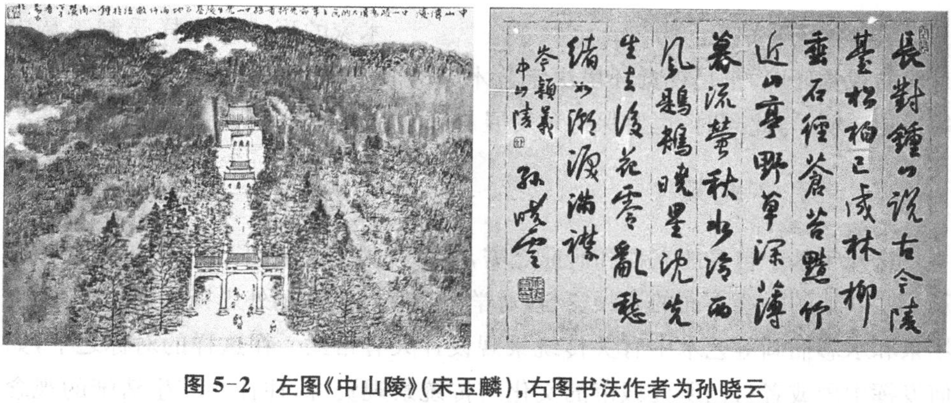

图 5-2　左图《中山陵》（宋玉麟），右图书法作者为孙晓云

图 5-3 《鸡鸣寺雪景图》(浦均)

图 5-4 《玄武湖之夏》(魏全儒)

再如图 5-4 这幅画就是在《爱上南京的一百个理由》的专题展览中看到的一幅画,作者魏全儒所作的《玄武湖之夏》,采用了水墨画的技法,吸取了绘本点景游人的形式。学生看了这熟悉的风景既觉得亲切,在独到的表现形式上,又深受启发。

巴克桑达尔特别指出了艺术家的形式是怎样受制于特定时代的视觉环境,正是视觉环境决定艺术家的形式选择。我们要善于利用周遭的视觉环境,与此同时,也要保持和发展自身的审美判断。

二、经典视频

这几年基于自身的兴趣和研究之需,笔者收集了大量的 BBC 艺术专题片以及一些其他的手绘方面的视频资料,对学生直观地认识国外影视动画动漫、舞美场景和水彩插画等艺术中有关传统景观设计大有帮助。在这样的对标之下,如何发挥中国或者自己所处城市的文化与传统景观资源,往往会产生清晰的观念认识和实践思路。

三、图像资料

景观手绘风格形成的过程是一个漫长且复杂的过程，没有任何一本书可以告诉你全部的操作。

建议去图书馆或者绘本馆或者图书市场看大量的正在卖的图书。因为这些图书代表着正时新的市场需求。所以你可以从里面找到甲方喜欢的元素。但是书海茫茫到底哪些才是你最重要的学习目标和方向呢？选择你自己最心动的就是自己最喜欢的。当然这些你喜欢的图书里面只有你自己可以驾驭的才是你真正需要的图书。

艺术创作永远是传统与个人的关系实验。这几年基于自身的兴趣和研究之需，笔者收集了一些欧洲传统景观方面的中英文书籍。其中有大量的经典园林实景与设计图，充分欣赏这些传统景观的创作意图和形式法则，对培养学生在传统景观的个性创作方面大有裨益。只有科学、艺术地表现传统园林景观，作品才会有较高的价值。

第二节　寻遍金陵

德塞都区分过“地点”(place)和“空间”(space)，“因此，城市规划中几何学意义上的街道，只有当有行人行于其上时，它才能变成空间”。而空间隐含着“行动”的意味，而“行动”又需要“主体”通过“亲游法”(touring)去实施它①。

追溯历史，或许会给我们带来莫大的启发。追溯往昔的杰作，考察这些杰作是从什么地方生根发芽、开枝散叶的。南京金陵美术馆关于金陵画派的一段文字介绍如此写道：“金陵作为江南首府，南都的风姿，历史的悠久，山川的秀丽，赢得了诗人画家不绝的歌咏描绘。文化的昌盛，经济的繁荣，生活时尚的风流，与书画相关行业的便利，富商大贾和书画鉴藏家的存在，使金陵具有磁铁般的吸引力，不但孕育出一大批本土画家，也聚集了来自各地的艺术家。或文人画家，或职业画家，或半文人半职业画家……多种艺术思潮交相辉映，各派画家过往相从，切磋交流，使金陵成了时代潮流的汇合处，呈现出丰富多彩的多元化局面。”

丹纳认为是民族的性格和特性决定了艺术的某些特点，也构成了艺术发展

① 《中国明代园林文化——蕴秀之域》，[英]柯律格 著，孔涛 译，河南大学出版社 2019 年版。

的原始动力。对于种族形成的原因，他更多地强调地理环境和自然气候。他认为种族的特征是由自然环境造就起来的，当然也受社会文化观念、思潮制度等社会环境的影响，而种族的特征又体现在民族的精神文化上，成为民族精神文化原始动力的一个部分。丹纳的这种观点可以部分地套用在金陵画派的形成与发展上。

樊波教授在《江苏书画高原应当产生高峰人物》一文中历数道："当唐人在诗文中吟诵江南时，其实北方已然产生了雄浑峥嵘的山水画风，五代至宋，荆（浩）、关（同）、李（成）、范（宽），就是这一画风的代表人物。但几乎是同一时期，董（源）、巨（然）却以美妙的笔调，悠远的意趣绘就了'一片江南'，当宋代大书家米芾以'不装巧趣''平淡天真''峰峦出没''云雾显晦''溪桥渔浦，洲渚掩映'之词描述这一江南画风时，他以及其子米友仁也以'米点山水'为这一画风平添了一脉风韵。从而与北方画风并峙对鼎，秋色平分。这是继王、顾之后再次崛起的江南书画高原和典范式的人物。而这个高原正是在江苏，缩小一点讲，就是在金陵南京。"

樊波认为这是一个以老庄哲学为思想底蕴的文艺之脉，是一个以秀美、雅致、风流为格调的书画胜地，是一个烟雨迷蒙、峰峦出没、水墨见韵的一片江南，也是任凭时代风云变幻而气脉不绝的文化高原。

柳堉约于 1687 年在一段题跋中写道："以金陵人藏金陵图画，即索之金陵佳手笔，亦一时盛事也。古人云：'唯有家山不厌看'，虽从太白'相看两不厌'中化出，然自然有妙义，淡而古旨耳。"由此可见，当时金陵人收藏描绘金陵胜景的作品已成为一种潮流①。

有些放情山水、怡情丘壑、畅怀达意的手绘之作，能激发观者观其笔墨，想其风采，甚而按图索骥，乘兴而至，怀古思今，畅意抒怀。董其昌曾云："朝起看云气变幻，可收入笔端。吾尝行洞庭湖，推篷旷望，俨然米家墨戏。又米敷文居京口，谓北固诸山，与海门连亘，取其境为潇湘白云卷。故唐世画马人神者，曰天闲十万匹，皆画谱也。"②

在当时的画家樊沂所作的《金陵五景图》（现藏于上海博物馆）卷后有题跋道："自吴筑石头城至六朝以后，相沿定都于此，踵事增华，山川人物奇秀，遂甲天下。后人游览凭吊，意尚未尽，至有绘图以志其胜者。历代名手所在不乏，终不如以此地之人写此地之景，始得其真，披览之暇，可当卧游，与一切揣摩形似者乃大别矣。"①后文还列举和点评了一些画家的作品。文中提到一对非常关键的概念：得其真与揣

① 《图写兴亡——名画中的金陵胜景》，吕晓 著，文化艺术出版社 2012 年版。

② 《容台别集·画旨》，《四库全书存目丛书》集部第 171 册，[明]董其昌 著，齐鲁书社 1997 年版。

摩形似者，造成这种结果的关键取决于画者的体验是深度沉浸式还是浮光掠影式。

南京作为繁盛的六朝古都，地处江南的核心位置，融自然景观和历史文化为一体。如从唐代诗人杜牧的名句“南朝四百八十寺，多少楼台烟雨中”中不难看出，南京拥有众多的名胜古迹，是一座街巷肌理完整、历史文脉可寻、历史遗存丰富的古城。南京的美景渐渐演化为“金陵四十景”“金陵四十八景”，成为明末清初金陵画家创作的重要题材。在明清之际的特殊时空中，这些作品大多具有深刻的社会文化内涵①。

不妨将石涛所说的“搜尽奇峰打草稿”，换成“搜遍金陵打草稿”。对自然而言，风景是一种动态的再现，对艺术而言则是视觉的再现。要将风景转化成有趣的形式，才是艺术。

从表现手法上来看，如龚贤、柳堉、戴本孝都是文人画家，他们的画以写意为主，虽与实景有一定联系，但并非写实之作。而吴宏、陈卓、樊圻，他们所画均从实景中来。陈卓主要师法唐宋传统，创作工笔人物和青绿山水，运物造景非常接近现实，擅长画山水楼阁，树木山石的形态多含自然之色，没一丝一毫的笔墨修饰①。

龚贤中年以后回到南京，最初在钟山西麓王安石的故居“半山园”短住，后来迁居城南长干里一带，因厌此处喧闹，最终于 1667 年在幽静的清凉山麓虎踞关建瓦屋五间，自谓“半亩园”，培植花草竹木，以卖文、卖画、课徒为生，创造了“白龚”和“黑龚”两种画风。他笔下的清凉山与其他如朱之蕃和高岑等画家笔下的清凉山大异其趣。

石涛晚年也创作了不少“金陵胜景图”，其中《清凉台图》就是表现龚贤晚年隐居的清凉山。画中自然景物和人造景物相得益彰。

以南京这个城市作为“旧园新画”有什么意义或价值呢？卢海鸣在发表于《中华读书报》上的一文《南京学”研究的三个维度》中颇有远见地提道：“南京是我国四大古都之一，也是国务院首批公布的全国历史文化名城之一，山水城林浑然一体，传统人文景观星罗棋布，享有‘六朝古都’‘十朝都会’的美誉。自公元前 472 年越王勾践命令大臣范蠡在今中华门外的长干里修筑越城，南京迄今已有近 2500 年的建城史。在波澜壮阔的历史发展进程中，南京形成了丰厚的历史积淀和独特的地域文化，在中华文明史上写下了浓墨重彩的篇章。著名文史学家朱偰先生写道：‘文学之昌盛，人物之俊彦，山川之灵秀，气象之宏伟，以及与民族患难相共、休戚相关之密切，尤以金陵为最。’”

---

① 《图写兴亡——名画中的金陵胜景》，吕晓著，文化艺术出版社 2012 年版。

长期以来，虽然有关南京的各类作品层出不穷，但是，学界对于南京优秀传统文化尚缺乏全面、系统、深入的研究，南京文化的精髓尚未得到充分的挖掘、整理和弘扬。在党中央、国务院大力倡导传承弘扬中华优秀传统文化的背景下，以家国情怀和全球视野为基点，创立一门独立的“南京学”学科体系，聚合各界力量，整合学术资源，提升南京文化的研究高度，拓展南京文化的研究广度，加大南京文化的研究深度，增加南京文化的研究温度，彰显南京文化的独特魅力，既是建设“创新名城，美丽古都”南京的现实需要，更是传承弘扬中华优秀传统文化，为中华民族伟大复兴提供历史借鉴、精神动力和智力支持的应有之义。

要善于把城市的这些地标在人们心里不断增长的意义和不断增长的旅游潮流联系在一起，打造出传统景观文创手绘产品。贡布里希认为，究竟地标是否使我们想起过去，或者想起现在，都是无关紧要的。关键是把它们都变成了某种崇拜偶像。

挖掘传统景观手绘训练中智性的价值，通过对中国主要是南京本土传统景观的手绘，熔铸创意、诗意和画意于一画之中，具有当下和历史双重意义。因为真正的艺术作品是通过审美创造而体现人类的智性，其中之一便是历史的智性，即图像载史、图像证史的功能。

金陵虽然具有众多的名胜古迹，但一直未对之进行系统的精选与品题。直到明洪武年间，从昆山寄居金陵的史谨首先在《独醉亭集》中仿宋代以来“潇湘八景”的方式品题了“金陵八景”：钟阜朝云、石城瑞雪、龙江夜雨、凤台秋月、天印樵歌、秦淮渔唱、乌衣晚照、白鹭春波。这些品题融汇了人文景观和自然景观。

文徵明也在游历金陵后画过《金陵十景册》，可惜画已佚。顾起元曾在《懒真草堂集》中颇有微词地点评道：“往见文太史徵仲写金陵十景，美其妍媚，郁纾之致掩映一时，惜不能尽揽古今之胜。”①

到了嘉靖中期，受吴门画派影响的南京文人画家盛时泰（1529—1578）便品题了“金陵十景”，分别为：祈泽寺龙泉、天宁寺流水、玉泉观松林、龙泉庵石壁、云居寺古松、朝真观松径、宫氏泉大竹、虎洞庵奇石、天印山龙池、东山寺蔷薇。万历二年（1574）南京书法家余梦麟在他的《雅游篇》中选出了“金陵二十景”：钟山、牛首山、梅花山、燕子矶、灵谷寺、凤凰台、桃叶渡、雨花台、方山、落星岗、献花岩、莫愁湖、清凉寺、虎洞、长干里、东山、冶城、栖霞寺、青溪、达摩洞①。

而万历年间的状元朱之蕃告老还乡之后，寄情于山水诗赋，着意家乡的山水名胜，一心为至朱元璋“始符千古王气而龙盘虎踞之区”的帝王之都的金陵标景

① 《图写兴亡——名画中的金陵胜景》，吕晓 著，文化艺术出版社 2012 年版。

物，彰形胜，存名迹。更“搜讨记载，共得四十景，属陆生寿柏策蹇浮舫，躬历其境，图写逼真，撮举其概，名为小引，系以俚句，梓而传焉”，且谦虚自嘲道：“虽才短调庸，无当于山川之胜，而按图所径，足寄卧游之思。”他最后自勉道：“因手书以付梓，人题数语以弁首简贻我同好用矣。”而这也就是周亮工所谓“景各为图，图各为记，记各为诗”，最后编成《金陵四十景图考诗咏》。这“四十景”成为后世作金陵景物图咏的蓝本。版画绘制的每处胜景上对于重要景物都以榜题形式标明，对各景点的历史传承进行了细致的考证，每图一记，不仅具有导览的作用，更重要的是奠定了后代对这些胜景记录的基础，并且不断被沿用①。撰写《图写兴亡——名画中的金陵胜景》的作者吕晓认为陆寿柏深入景区观察后的表现，开创了金陵画家以较为写实的手法表现家乡风物的先河，深刻地影响了清初金陵画家的山水风格。但陆生骑毛驴乘小船躬历寻访的图现已不知下落。

到清初，“金陵八家”之一的高岑又绘过《金陵四十景图》，周亮工为这部图册写了题跋，回顾了“金陵山水，旧传八景、十景、四十景，画家皆图绘”的历程。高氏这一组金陵景物图后来刊入康熙《江宁府志》（图 5-5）。

图 5-5 《金陵四十景之鸡笼山》（高岑）

大约在乾隆年间，“金陵四十景”发展成为洋洋大观的“金陵四十八景”。还能看到一种清代宣统二年（1910）刊行的南京人徐上添所画《金陵四十八景》图

① 《图写兴亡——名画中的金陵胜景》，吕晓 著，文化艺术出版社 2012 年版。

册，1990 年，南京古旧书店曾据旧本影印出售。其所列四十八景目录如图 5-6。每幅上各有简短题记，介绍景点来龙去脉。据说民国年间还曾流传一种彩色的《金陵四十八景图》，如今亦无所见了。

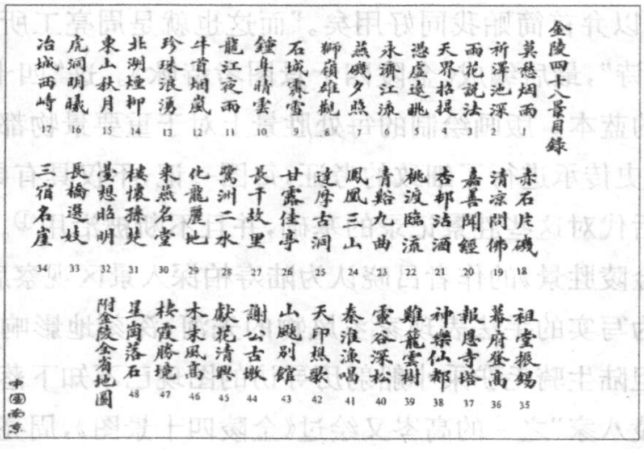
金陵四十八景目錄

莫愁烟雨 1
祈澤池深 2
雨花說法 3
天界招提 4
憑虛遠眺 5
永濟江流 6
燕磯夕照 7
獅嶺雄觀 8
石城霽雪 9
鍾阜晴雲 10
龍江夜雨 11
牛首烟嵐 12
珍珠浪湧 13
北湖煙柳 14
東山秋月 15
虎洞明曦 16
冶城西峙 17
赤石片磯 18
清涼問佛 19
嘉善聞經 20
杏邨沽酒 21
桃渡臨流 22
青谿九曲 23
鳳凰三山 24
達摩古洞 25
甘露佳亭 26
長干故里 27
鷺洲二水 28
化龍麗地 29
來燕名堂 30
樓懷孫楚 31
臺想昭明 32
長橋選妓 33
三宿名崖 34
祖堂振錫 35
幕府登高 36
報恩寺塔 37
神樂仙都 38
雞籠雲樹 39
靈谷深松 40
秦淮漁唱 41
天印樵歌 42
山飈別館 43
謝公古墩 44
獻花清興 45
木末風高 46
棲霞勝境 47
星岡落石 48
附金陵全省地圖

中國南京

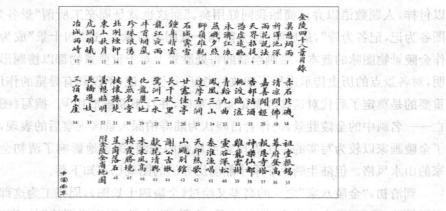

图 5-6 《金陵四十八景图》目录

此外，《金陵四十八景图》中竟然有“长桥选妓”这样的品题，后来又出现类似的“长桥艳赏”，这种不登大雅之堂的市井秽事，都被世人津津乐道，和明中晚期文人雅士狎妓之风盛行有关。

从上文的品题和选景可以看出，因为当时长江天堑阻隔，景点偏重在江南，江南又偏重在城内。今人从这些遗存的景观手绘作品中，有些依然可以按图索骥，找到实景。

朱自清写过一篇《南京》，开篇便说道：“南京是值得留连的地方，虽然我只是来来去去，而且又都在夏天。也想夸说夸说，可惜知道的太少；现在所写的，只是一个旅行人的印象罢了。逛南京像逛古董铺子，到处都有些时代侵蚀的遗痕。你可以摩挲，可以凭吊，可以悠然遐想；想到六朝的兴废，王谢的风流，秦淮的艳迹。这些也许只是老调子，不过经过自家一番体贴，便不同了。”

图 5-7 《鸡鸣寺秋景》(张春华)

这里的自家一番体贴，便是作为匆匆过客，要自己用眼观，用心悟，用情感，用笔绘。当代景观手绘者用自己的笔触，在传统人文景观中留下自己独特的脚印和烙印，让人感受到鲜活而隽永的在场感(图 5-7)。

第三节 情境手绘

绘画包含两个因素：主观与客观、情与景。艺术家主观世界的思想、感情，与客观世界的美相交融，是引发创作的根本条件。景观手绘要“以形媚道”，作为画家首要任务就是要“观道”，而后“得道”，再“媚道”。

景观手绘者，唯有努力与自然有持续和密切的接触，并且以哲学高度和科学深度，去理解其运作方式，融注于画中，才能使自然不可磨灭，使后世睹画思景，珍之藏之。景观手绘画家的作品折射了他与环境的关系，这些作品形成的拼图，记录的是画家的连续经验，是画家浸入主题的感觉过程。

郭熙主张学习传统要“不拘于一家，必兼收并览，广议博考，以使我自成一家，然后为得”，在师法传统的基础上更要“心师造化”(姚最)，或“外师造化，中得心源”，郭熙主张“饱游饫看”“所经之众多”，对各地山水作精心研究。

文艺复兴以来，素描成为快速记录对周围世界认识的手段，独立成为艺术那是后面的事。通过这种练习，艺术家的形象记忆库储存了大量的干货和精华，在模仿对象方面类似于照相机的功能，但是又不同于相机，素描将自然万物转化为轮廓线条之类导入记忆，内化为心智。

达·芬奇说过：“绘画是自然界一切可见事物的模仿者，绘画的确是一门科学，并且是自然的合法的女儿，因为它是自然所生。”①这里不是指对自然的完全模仿，有时画家会将现场的写生要素组合在一起，以期达到理想美的表现。例如达·芬奇创作《最后的晚餐》时，为了恰如其分地画出使徒们的表情和动作，不是靠摆拍模特，而是在街头用速写捕捉了大量的人物动态，再整合到主题的情境中去。

自然界对所有人是免费开放的。达·芬奇在《论绘画》一书中劝诫学画者：你平时要多留心观察，尤其是你没时间画的时候，你要好好揣摩身边的对象，这些思考都会反映在今后的画面中……作者能从沉浸式的景观体验中获得怎样的意趣，我们对于自身以及同环境之间关系的感觉就会反映在我们对这类图像的反应上②。那么观赏者就能从他的艺术中获得怎样的想象和乐趣。

达·芬奇看着自己绘画的手——关注其行为，明白对它的要求、期望，并出

---

① 《西方画论辑要》，张弘醒、杨身源 编著，江苏美术出版社 1998 年版。
② 《风景与西方艺术》，[英]马尔科姆·安德鲁斯著，张翔译，上海人民出版社 2014 年版。

自自己的直觉——他长期对其进行持续的探求。他意识到，素描是他观察、感知事物，与外部世界发生关系并对其施加控制的方式①。达·芬奇不仅对外部事物富有敏锐的观察，更重要的是，他常常反思自己的练习和体验，这种持续不断对记忆的觉察，又加深了他对形象创造的理解。在这样有效的智性训练积累基础上，画家对自己的创造能力变得越来越自信，认为自己可以模拟出自然万物的千变万化，几乎等同于上帝之手。

立普斯认为审美中的移情现象由两个基本方面构成：一是审美主体把自己的情感、意志和思想投射到对象上去；另一个是对象本身是由线段、色调和形状等所构成的空间意志，能使审美主体的内在意识向它转移。在手绘过程中，这两种活动是交替出现的，引导着画家去完成一件作品。

马尔科姆·安德鲁斯那种室内—室外的二元性，决定了风景的构成是一种在驯化的场所中所不可能达到的感觉，这种物理—美学的形式，混合了对有机活动做出的精密科学观察和美学转译。

拉斯金强调"那种忠于自然本身的热切、虔诚、深情的绘画探索的必要性，以及崇高性"，那种风景的真实特征只能得到一种艺术家的识别：那种艺术家必须首先将自己置于那个特定的场景中，其次，带着某种敬畏的感觉去理解那个特定风景的地理构成，以及时间、气候和人类行为是如何共同作用于物质的。换句话来说，艺术家必须从智力上和感情上非常密切地了解这个特定的风景②。

一旦走到画室外面，景观手绘的作者面对物质环境的不稳定性，以及它的性情和面貌的喜怒变迁，就有了更高的警觉。加之，我们这项课程的试验：以现实的景观为出发点，现实元素在完成稿中的占比不超于50%，其余都需要作者想象，或者从其他资源中寻求灵感(图5-8)。

李可染指出，有些人出去写生，贪多求快、浮光掠影，匆匆忙忙只勾一些非常简略的轮廓，记些符号，回来再以自己的习惯、作风来画，这样难免把作品画得千篇一律。顶多只在构图上说明是某某地方，不能深入对象、真实地反映生活。因为客观事物千变万化，以山水画的主要表现对象自然景物来说，有春夏秋冬、风晴雨雪、朝霞暮霭……变化无穷无尽。写生时应当每一笔都与生活紧密结合，画出来还是自己固有的面貌。我认为写生的主要目的是加强对客观世界的认识，能踏实认真画一张，比随随便便画十张要得益得多。

---

① 《素描精义》，大卫·罗桑德(David Rosand)著，徐彬、吴林、王军译，山东画报出版社2007年版。

② 《风景与西方艺术》，[英]马尔科姆·安德鲁斯著，张翔译，上海人民出版社2014年版。

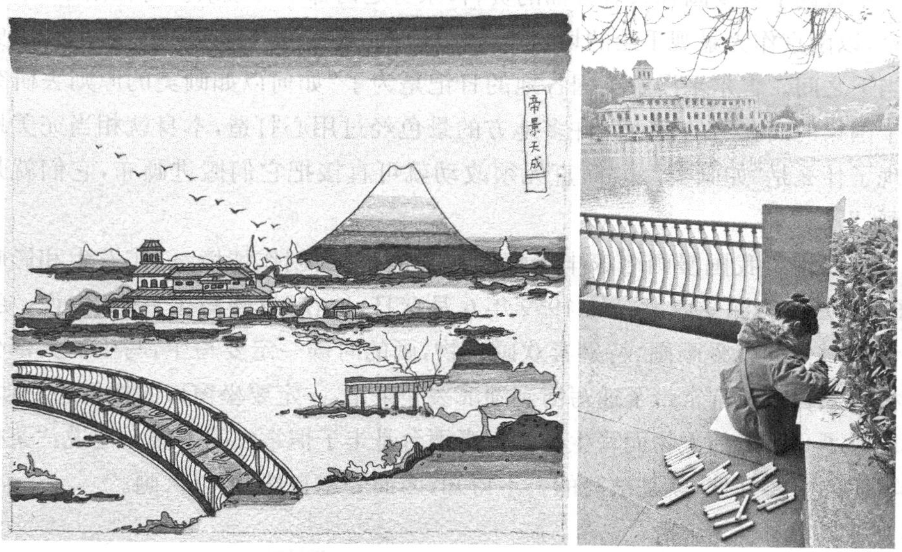

图 5-8 《帝景天成》(学生在帝景天成写生场景及作品)

因此李可染先生认为写生能力并不能解决一切。在写生过程中,随着对客观世界新的发现,应力求有新的艺术语言、新的表现方法、新的创造,这样会不断促进创作的意象和表现力、感染力,促进创作风格的形成和发展。这是情境手绘中画家需要进行的“头脑风暴”。

塞尚也在他屡遭沙龙落选的打击之后回到家乡埃克斯,他以充满探索和研究的眼光观察自然,创造了一个与自然相和谐的平衡,并说:“我成为画家,在自然面前更清醒。”

英国形式主义美学家克莱夫·贝尔(Clive Bell,1881—1964)在讨论塞尚的重要性时指出,他(塞尚)毕生不断努力去创造在他的灵感到来的时刻他所感觉到的东西的形式。毫无灵感的艺术观念,即公式化的绘画观念,在他看来本来就是荒唐可笑的。他一生的真正任务不是绘画,而是独立和自救。值得庆幸的是,他只能用绘画为我们做到了这一点。任何两张塞尚的画都一定会从根本上有所不同。这便是为什么整整一代本来并非同一的艺术家都从他的作品中吸取了灵感的原因。这一新型运动的第二个特点是从塞尚那里沿袭下来的,对于被看作是本身的目的的东西的兴趣。在这一点上,我所指的不过是投身于这一运动的画家们自觉做一位艺术家的意志。其特征就在于自觉,即立即扫除设置在他们自己和事物的纯形式之间的一切障碍的自觉。

不管读了多少园林景观方面的资料，亲身走访都不可或缺。身在南京，学在南京，以南京作为景观手绘的切入点，可以散淡形骸，可以野逸身形，游走在历史与当下之间。吉尔平漫游英国各地的日记是为了“如何以如画美的原则去研究一个国家的面孔”，的确欧洲许多地方的景色经过用心打造，本身就相当完美地呈现了什么是“如画美”。“简直无须改动就可直接把它们搬进画布，它们就是绘画。”①

曾以手绘我国漫画名家丰子恺创作为例，谈到创作情境，创作发生和影响(图 5-9)，令人深受启发。如 1959 年 6 月 9 日，他在《杭州写生》一文中说：“我从青年时代起就爱画画，特别喜欢画人物，画的时候一定要写生，写生的大部分是杭州人物。我常常带了速写簿到湖滨去坐茶馆，一定要坐窗口的栏杆边，这才可以看了马路上的人物而写生。”湖山喜雨台是丰子恺常去的茶楼。他说：“茶楼上写生的主要好处，就是被写的人不得知，因而姿态自然，可以入画。”

图 5-9　《衍园课子图》(丰子恺)

浸润在西湖的晴雨风雪、四时旖旎之中。这些生活情境成为他的创作灵感，创作和生活互为滋养，实现了一种良性互动，成为世人所爱所喜所向往的画中理想和生活理想。

第四节　作 业 点 评

作业点评包括从整体到细节，从空间到意境，从肌理美感到畅神畅想，既是总结也是导向。通过集体点评，对于景观手绘艺术作品做出艺术性的判断，引领

① 《摹造自然——西方风景画艺术》中《穿越风景的如画之美——18 世纪末英国风景画与欣赏趣味的变革》一文，赵炎 撰，上海人民美术出版社 2018 年版。

学生认识怎么是一件审美的创造物，如何努力达成。

景观手绘品评语言的逐步完备，使得景观手绘够资格成为人与自然间交流的媒介，建立起人与环境之间的联系。可以树立一定的标准，作为今后教学实践的基础。

当然，作业点评虽然针对当堂学生的景观手绘艺术作品发表评论，主要以老师的审美判断为基础，但老师的一己之见也应该建立在坚实的理论的基础上。如课堂点评能做成简单的沙龙的形式，激发同学们讨论的热情和兴趣，这些点评意见将对学生后续的手绘创作起着正强化的作用，思为行之先，落笔之前的思考，会成为内心积聚的能量。

19 世纪法国批评家朱利安认为，没有实践经验的人不能对绘画作品做出精确的评价，也就谈不上公正与否了，所以，他曾建议拉・封丹应该“尽可能多去沙龙展览，这只会是一件好事情，因为通过那里不同的公正的并且有眼光的人，可以补充他所缺乏的知识”。

可见，授课老师要从事理论和实践两方面的研究，才能抓住创作指导的要点（图 5-10）。因为艺术评论包括两个因素：技巧与意趣。评论不仅要精通技巧，还要通晓那种属于思想的因素，或意趣，即“主题、激情、性格”。

图 5-10　学生校园写生，左为水彩，右上为白描，右下为实景

笔者这几年基于自身的兴趣和研究之需，收集了大量的浮世绘风景画方面的英文书籍。浮世绘中吸取了不少东方元素尤其是中国的，包括文学的、哲学的、景观的和绘画的等等，通过借鉴和学习，重新发掘和运用东方传统景观设计的活性基因。

文艺复兴时期，阿尔伯蒂和达·芬奇给艺术家们定出种种规则，指导他们的创作。阿尔伯蒂所著的《绘画论》、达·芬奇所著的《论绘画》，让我们知晓，理论先行，经验总结，都不可或缺，可以催生出一派艺术繁荣。

第六章

旧园新绘实践课程的实操

按照康德的原则，任何脱离了直觉的概念都是空洞的，任何脱离了概念的直觉都是盲目的。一种美学如果不去吸收具体的艺术创造成果，则不过是智力的游戏，而绝不是科学也不是哲学。

传统景观手绘是作者与对象之间的博弈，是不断构思、落笔和修正的过程，既要注重瞬间的偶然，也要推敲形式的丰富。一旦构思萌生，可能往大脑这个匣子里面存入与问题有关的大量资料信息，让其在里面发酵。即使是大师创作，也是来源于平时的细微观察和用心积累，是一个量变到质变的过程，是从深广厚实的信息资料积蓄之上得到的灵感迸发。

第一节　创意激发

达·芬奇在《比较论》里提道："实际上，画家首先在脑子里把握宇宙中存在的一切——无论这一切是作为本质、表象还是想象存在，然后才在画布上表现它们。"[1]意大利语 design 这个词，指的是在纸面或画布上通过素描表现手段将创意转化为可视的图像，从达·芬奇现存的、包罗万象的手绘草图，可见他的创意

① 《艺术与人文科学》，范景中编选，浙江摄影出版社 1989 年版。

火花是如何燎原的。

如果说西方美学史上的“摹仿论”之争中，摹仿美的优劣取决于与原本的对比。那么理想美的成色取决于朝向理念的提纯程度。

中国山水画家追求的意境非常高，有空灵、韶秀、烟润、苍古、清逸、浑莽、荒寒、萧疏等多种。如不“意居笔先”就很难达到。“意”只有先得之于心，才能在绘画创作中应之于手，以意使法，法为意用，心手合一，意中之象通过笔墨挥洒于纸上，成为高于自然、形神兼备的艺术形象。一件艺术作品的层次或结构可以分为三层：感知层、形象层、意韵层。其中意韵层最重要也最不容易把握，主要来自绘画主体的精神活动，是画家情思和自然景致交融的结果。

庄子认为心智的自由是艺术家形成审美心胸和发挥创作个性的重要条件，而要取得心智的自由则必须达到“心斋”，也就是屏除一切功、名、利、禄的欲念，使心境达到虚、空、明、净。

宗炳创作山水画前先要“澄怀味象”“夫以应目会心为理者，类之成巧，则目亦同应，心亦俱会，应会感神，神超理得”，然后“以形写形，以色貌色”“嵩华之秀，玄牝之灵。皆可得之于一图矣”。

王微指出要“岂独运诸指掌，亦以明神降之”，这需要先“横变纵化，故动生焉，前距后方出焉”。他本人如《宋书 · 王微传》所述“微少好学，无不通览，善属文，能书画，兼解音律”。姚最提倡“立万象于胸怀”“学穷性表，心师造化”“冥心用舍，幸从所好”及“渊识博见”。《山水松石格》提出“格高而思逸”，作者首先要思想高逸，作画的格调才能高逸。吴道子作画，有时要观将军舞剑以壮其气，“即毕，挥毫益进”。王维在《山水论》中写道：“凡画山水，意在笔先。”张彦远认为“意存笔先，画尽意在，所以全神气也”。荆浩在《笔法记》中提出“六要”，“一曰气，二曰韵，三曰思，四曰景，五曰笔，六曰墨”“思者，删拔大要，凝想物形”“景者，制度时因，搜妙创真”。郭熙则认为“自然列布于心中，不觉见之于笔下”①。他认为山水画能否达到“林泉高致”的境界主要就是画家的“所养”扩充与不扩充的问题。他自己“余因暇日，阅晋、唐古今诗什，其中佳句，有道尽腹中之事，有装出目前之景……境界已熟，心手相应，方使纵横中度”①。

宋代的郭若虚曾云“自始至终，笔有朝揖，连绵相属，气脉不断，所以意存笔先，笔周意内，画尽意在，像应神全。夫内自足，然后神闲意定，则意不竭而笔不

---

① 《宋人画论》，潘运告 编著，湖南美术出版社 2002 年版。

困也"①。黄庭坚指出"陈元达千载人也。惜乎创业作画者，胸中无千载韵耳"。他还认为"一丘一壑，自须胸中有之，笔间哪可得"。董其昌认为"读万卷书行万里路，胸中脱去尘浊，自然丘壑内营"，目的在于"意气"的培养，而不是技巧的修炼。

清代的郑板桥写道："总之，意在笔先者，定则也；趣在法外者，化机也。"指的是先立意，但也要根据画面需要和笔势灵活变动，胸有成竹和胸无成竹是辨证的。布颜图指出"意之为用大矣哉！非独绘事使然也，普寂万化一意耳。夫意先天地而有，在《易》为几，万变由是乎出。故善画必意在笔先。予使意到而笔不到。不可笔到而意不到；意到而笔不到，不到即到也。笔到而意不到，到犹未到也"。

宗白华的审美哲学正是"境与神会，情景交融"。黄宾虹认为"古来画者，多重人品学问，不汲汲于名利；进德修业，明其道不计其功。虽生平身安淡泊，寂寂无闻，遁世不见知而不悔。旷代之人，得瞻遗迹，望风怀想，景仰高山，往往改移俗化，不难而几于至道"②。这对于当下浮躁的艺术界，尤其具有"醒世"意义。林风眠提倡"研究西方艺术，整理中国艺术"。这句话还可以延伸为研究传统艺术，整理手绘艺术。这是两条探索艺术的平行路径。

丹纳认为"艺术家需要一种必不可少的天赋，就是艺术家在事物面前必须有独特的感觉，事物的特征会给他一个刺激，使他得到一个强烈而特殊的印象"③，指的就是"意象"，这种敏锐的视觉捕捉能力正是艺术家的天赋所在。

一、以小见大

艺术的表现如何在平凡之中实现不平凡的艺术史超越性？当然不能依赖对大自然机械的仿造，而必须通过美化或理想化，遵照把视觉价值处理得富有表现力的那些条件。因此，事实上当一个艺术家在心里把他单纯的表现转变成富有表现力的空间价值时，他的这种表现是对整个形式世界的表现，让双眼所见的一切都化成了精致的视觉语言。

如何以小见大？在中国画论中，从意境上来看，早有相关的阐述，"咫尺之图，写千里之景，东西南北，宛尔目前"，要求画面做到"收敛众景，发之图素""囊

① 《宋人画论》，潘运告 编著，湖南美术出版社 2002 年版。
② 《黄宾虹》，王鲁湘 著，河北教育出版社 2000 年版。
③ 《艺术哲学》，[英]丹纳 著，傅雷 译，广西师范大学出版社 2000 年版。

藏万里,都在阿睹中"①。

就"虚"而言,老子的"有之以为利,无之以为用""有无相生"之论,虚实相生,体现于山水画主要就是"计白当黑",即空间上的虚,山水画中之虚,白意指的是烟、云、雾、气、水。王微《叙画》曰:"以一管之笔,拟太虚之体。"又云:"夫言绘画者,竟求容势而已。"

《山水松石格》有语云:"景愈露愈小,景愈藏愈大""水因断而流远"。

张彦远认为"夫画特忌形貌采章,历历俱足,甚谨甚细,而外露巧密""所以不患不了,而患于了;既知其了,亦何必了,此非不了也,若不识其了,是真不了也"。他指出了绘画的完成与未完成在形与神表现中的矛盾。绘画要意犹未尽,以有限表无限,以虚代实,以未完成达完成,总之,讲究概括、含蓄、凝练。

趣味之微妙乃是传统中国画的特色,宋元小品绘画尤胜。

希尔德布兰德认为我们必须把大自然看作在向我们展现感受某物体的一切可能的变体,而不是给我们看事物本身。因为我们可能获得的形式观念只不过是整体的一个方面,我们从不同视知觉比较中概括出来的一个方面。

在小幅的画中,同样要重视画面的构境研究,甚至更要注意画面的联系特性,因为小画的构图一目了然,小画也往往靠构境制胜。一个有限的景框,却定义了无边的风景。在构图上如何取得事半功倍之效?例如运用了典型的左右推阔法则,从而使画面拥有巨大的容量,得以将繁华城市中的建筑群落、川流车马、各色行人、花草树木、鸟兽虫鱼和浩渺江河——总之天地之造化都囊括于统一的俯视空间框架之中。

意大利的风景画范例是侧面布景、三重距离、三色序列,适合丘陵地形的英雄史诗风景画。而荷兰的风景画家无视这种经典风景画的结构策略,他们根据荷兰的地理特征,发展出了一种大相径庭的、适合海景和平原的全景风景画,以广阔的风景视角和巨大的天空见长。没有遮蔽物加深的前景,没有渐亮的中景,没有退晕的远景。思维特兰娜·阿尔帕斯评论道:"对表面和广度的强调是以牺牲体量感和完整性为代价的。"

自然是确实的、关联的,我们可以大胆地寻求不同形态之间的类推特性,比如宏观微观上的平行关系,也是一种非常有效的表达方式。达·芬奇就对这种类推对比的实验兴致浓厚。

① 《中国历代画论》,周积寅著,江苏美术出版社 2013 年版。

小道至繁，大道至简。即便小幅的作品中也潜藏着统一而独具个人风格的规律和法则，这个规律和法则体现了画家独特的空间意识和时空表现特质。

较早的两幅独立风景画，其形制都是小尺幅的。达·芬奇所作的《阿诺河谷的风景》(图 6-1)，和丢勒早期的一幅水彩风景《威尔苏·匹尔克》(图 6-2)很相似，描绘的是高地上的风景，表现了早期文艺复兴时期绘画在空间上的雄伟抱负①。

图 6-1 《阿诺河谷的风景》(达·芬奇)

1473 年 8 月 5 日，一位 21 岁的年轻艺术家决定画一幅美丽的托斯卡纳风景画。在 1473 年的那个夏日里，达·芬奇在把面前的风景画到纸上之前，显然做了很多事情，由此产生的这幅画——《阿诺河谷的风景》成为艺术史上的一个里程碑——风景首次成为艺术家表现的中心主题。

图 6-2 《威尔苏·匹尔克》(丢勒)

在这幅画中缺少了人物。但达·芬奇掌握了透视法的使用，画面表现出了空间深度。达·芬奇还掌握了手势线条的运用——最明显的例子就是他画背景中的树木和山的阴影。达·芬奇的速写，确切的完成日期是 1473 年 8 月 5 日，这是达·芬奇所有作品中最早的速写。这也标志着艺术家第一次把他的注意力集中在自然世界，即使是一幅朴素的风景画。

① 《素描精义——图形的表现与表达》，[美]大卫·罗桑德(David Rosand)著，徐彬、吴林、王军译，山东画报出版社 2007 年版。

但是，罗斯金在《现代画家》中为透纳辩论时，曾经抨击了将风景形式和特征概括化、理想化的学术传统，这种传统往往以牺牲细节的精彩为代价，反而流于平庸。

而但凡具有革新精神的艺术家，都有不俗的理念，例如克利和石涛都追求原创性，避免重蹈覆辙。

如何进行直觉的深拓，我们可以学习克利。对克利而言，“直觉是绝不可能被替代的”。双手因训练有素的肌肉记忆，以至“熟练的双手往往比头脑知道得更多”①。“作品不是法则，而是超越法则。”

石涛也说过类似的话：“至人无法非无法也，无法而法，乃为至法。”②如果说石涛的中年之变是笔墨上（克利是形式的博采众长）的蜕变，通过文笔和画笔的勘探，晚年才产生了精神层面的不断蜕变，经历数次“化古为新”后，笔笔都遵从于唯一的“真我”之心，一种无法用任何流派和风格来定义的“法自我立”，也就是“无法之法乃为至法”③。同样，克利的自创性（autonomy）也太高，以至于对他作品的阐释变得非常复杂，但正是这种自创成就了这位伟大艺术家不同凡响的独特。

2016年，笔者在巴黎旅行的时候，参观蓬皮杜艺术中心，适时巧遇克利的特展，这场展览几乎囊括了克利毕生的经典制作，画幅不大（晚期的略微大些），也不喧嚣张扬，它们难以归类，却又饱含浪漫的反讽，画面中呈现出令人震撼的多样性生态。他的灵感来源如此广泛：从地毯编织到日月星辰，从木偶到儿童画，从五颜六色的花坛到空中俯瞰的旷野，从原始艺术到非西方文化。不同历史语境中的视觉元素，都成为他的灵感和符号之源，他以一种普世的价值，一种万物有灵的关怀，更以一种漫画的形式，重新阐释历史，“我现在应该再奋斗，主要是去抗拒那阻挡我开发一己原创天资的禁令”①。

如吴冠中所言，石涛的革新在于他提出了“一画之法”，就是竭力主张每次根据不同的感受创造相适应的绘画技法，顽强地抗拒着审美疲劳。他认为作画的着眼点是激情喷发与整体构成，不拘泥于局部笔墨的“干净利索”，不可谨毛失貌④。李可染先生对石涛的这番观点深以为然。

张大千20世纪30年代，游历黄山，画了12幅小品，以他当时着迷的石涛野

---

① 《克利的日记1898—1918》，[德]保罗·克利，雨云译，重庆大学出版社2011年版。

② 《吴冠中——我读石涛画语录》，吴冠中著，荣宝斋出版社2004年版。

③ 《石涛：五十岁后遇到更好的自己》，杜汭撰文，刊于《北京青年报》，2017年5月16日。

④ 《吴冠中卷——皓首学术随笔》，吴冠中著，中华书局2006年版，第231页。

逸的风格为基调，融汇了他所说的“写生要认识事物的理、情、态”。画面既古意盎然，又生机盎然。

怎么才能将所看到的人文景观理想化和典型化？如何才能在尺幅之内展现千里之遥，令人回味无穷？画作虽小，更需要巧思。古人说：“向纸三日。”就是说对着白纸多多构思，最好是对象在脑子里已经形成一张画的时候再动笔。

庄弘醒老先生在一次访谈中强调，水彩画虽然是小画种，却具有大气象。早年受过江浙和上海文化熏陶的他，通过水彩画找寻岁月的流痕，营造出至高的江南人文世界，“江南情怀”成了庄弘醒在水彩中独特表现的契点。庄老先生利用水彩特有的肌理效果，让画面诗意盎然，让影像边界模糊，一切都影影绰绰，恍恍惚惚，以此来渲染岁月的消逝与江南的灵性。这些形式与内容的完美融合，更增加了作品的魅力(图 6-3)。

图 6-3　水彩画(庄弘醒)

笔者的景观手绘作品也多以水彩绘制，水彩画的丰富性和偶然性，总能给我带来意想不到的绘制乐趣，我曾用水彩试验，以形和色的正形和负形幻化出远逝的意境(图 6-4)。

图 6-4 《云南小景》(张春华)

二、以点出新

学习中国画必先“传摹移写”,即临摹古人的画,造成了中国绘画史上常常由于缺乏形式创新而出现的复古守旧运动。过于追求“神”,而忽视“形”,“论画以形似,见与儿童”。林风眠认为“但由于形式之不发达,反而不能表现情绪上的要求”①,西方风景画重写实,在造型法则上着力寻求,“常常因为形式之过于发达,而缺乏情绪的表现”①。在这层意义上中国山水画和西方风景画是可以互鉴的。

衡量一个艺术家是否伟大,关键在于其是否创造了新的风格。一个艺术史的阶段也是以某种独特的风格为代表,如起源时期的发生,成熟时期的鼎盛,没落时期的衰败。然后,新的风格诞生,新的时期开始。我们虽不能对学生的创新抱过高的期望,但凡有一点点创新的萌芽,都是值得大力激赏和助燃的。

景观手绘艺术表达的任务当然不全在于对事物表象的模仿,那么如何以点突破,有别于对象呢?弗莱认为“本能生活”是实际的生活,是行动、生存和奋斗,它专注于正确或错误的思想,与我们性格的伦理部分密切联系。与此相反,“想

① 《现代美术家画论 作品 生平——林风眠》,朱朴 编著,学林出版社 1996 年版。

象生活”是观照的、有目的的，摆脱了每日生活的压力，远离道德问题的烦扰，依照一个美学价值的系统而运作。至于艺术，如弗莱所指出的，“是想象生活的主要功能”。自然提供给精神的是一堆不附带目的的无特色的刺激，通过想象生活所创造的艺术是有组织的、有结构的和有目的的。

景观设计师在做设计时一定要考虑到人的情感需求、精神需求，只有这样才能达成“以人为本”的设计。作为景观手绘者，在画框的范围内创造的就是一个假想的空间（而不是一段亚麻布和几笔抹在上面的矿物颜料），形式的表现力就是由这些基本因素在画面空间中的位置和相互关系来决定的，形式在画面上的空间关系便是形式结构。

马尔科姆·安德鲁斯认为风景画并不存在于它所表现的事物本身，而是依赖以一种全新的关系，一种重新调整的来龙去脉来对那些事物进行部署①。好的艺术，意料之外，情理之中。

现实只是一个起点，不是终极目的。我们应激发学生想出并画出不规则和新奇的场景。贡布里希强调：“不用说，一个艺术家想让玩弄形状的做法引导着他走到这种幻想境界的哪一步为止，这始终是跟气质和趣味大有关系的。”

想象力是一种将感觉、梦幻和思想等对立因素融合成一个统一整体的能力，对多元内涵进行组合和建构的能力，是一种创造力。埃德蒙·伯克（Edmund Burke）认为，人的心灵本身拥有一种创造的能力；这种能力或者体现在按照感官接受事物的秩序和方式来随意再现事物的形象之中，或者以新的方式，依据不同的秩序将那些形象结合起来。这种能力被称作想象力；而且所谓机智、幻想力、创造力之类也都列于想象力之内。

超现实主义倡导者布列顿认为真正的创造只有通过自动写作技巧才能得到发挥，由此，推断前意识的视觉状态的能力得以加强，才能不断完善自我。格式塔心理美学认为，艺术形式与情感意蕴之间的关系本质上是一种力的结构的同形关系。

化凡俗以非凡，熔平常以新奇。我们平常熟视无睹的东西，透过这些初出茅庐学生的作品让我们重新注意到了；我们日常看惯了的东西，在这些学生稍显稚嫩的笔下，我们仿佛从未见过，是第一次凝视。康德所说的“无功利的审美”在他们心中还一息尚存，在给我们提供审美享受的同时改变了我们观看世界的方式，这是最需要教师的慧眼发现和鼓励并推动的最可贵的艺术品质。

---

① 《风景与西方艺术》，[英]马尔科姆·安德鲁斯著，张翔译，上海人民出版社2014年版。

比如当年林风眠以伯乐之举保护赵无极成了艺术史上的一段佳话。在杭州艺专(今中国美院)学习时,年少叛逆的赵无极因不喜欢国画教学的临摹方法,当场从潘天寿的课堂里跳窗离开,考试时在试卷上涂了一个大大的墨团,题上“赵无极画石”。潘天寿愤怒地向校方建议开除赵无极,而林风眠则对潘好言相劝,宽容了赵无极的“叛逆”之举。赵无极赴法后,林风眠还建议学校为赵无极预留了一个教授的位置。1979 年,林风眠应法国政府邀请到巴黎办画展。赵无极把许多散居在世界各地的老校友邀到巴黎,庆贺老校长的画展开幕。赵无极说:“没有林校长,就没有我的今天。”后来这位叛逆之子在巴黎“重新发现了中国”,从不讳言对北宋山水名家范宽、郭熙的仰慕,并从他们垂范美术史的经典中获取创作的养分,成为中国有国际影响力的少数几位画家之一。

天马行空般的克利通过坚持不懈地在自我创造和自我毁灭之间辩证回旋,浪漫式反讽(romantic irony)在艺术本身,以及艺术的极限,尤其是人类的状态(human condition)方面,创建了一种自我反思的对话交流,包括他对两性关系、社会观,以及作为一名艺术家的思考。这种深层的哲学思考,同时也伴随着他的表达技术方面的试验(图 6-5、图 6-6)。克利深刻的名言:“我是通过画美的敌人(漫画,讽刺画),来为美服务。”[①]在对这个世界深层次的再评估中找到了他的表达,以及凝视的方式,从克利初次闯荡慕尼黑到他最后的岁月中,我们都能看到这种熟悉的元素。吴冠中的作品也有类似的风格(图 6-7)。

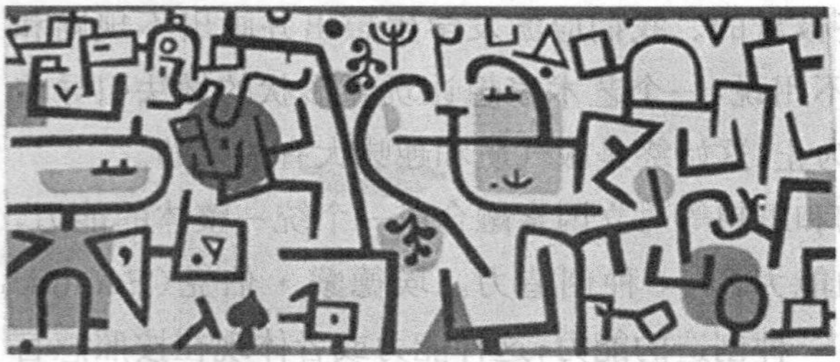

图 6-5 《富岛》(克利)

图 6-6 《尼森山》(克利)

① *Paul Klee—The Exhibition*, Centre Pompidou 2016 年版。

图 6-7 《沧桑之变》(吴冠中)

三、插画为宜(佳)

拉丁文"illustraio"是插画设计一词的来源,最初,插画是在书籍中辅助文字进行说明,衍生为英文的"illuminated",本义是"照亮"。中世纪由它装饰的书,即 illuminated manuscripts。范景中将之翻译为"泥金手抄本",他认为其灿烂如天堂的光芒,有种无与伦比的美,倘若突然出现在人们眼前,往往是让人先心动惊艳,继而又心静庄严,难以忘怀。抄本代表了中世纪的主要特色,即通过有序的图式化图像(ordered schematic images)把画面安排得清楚直观,它用纯粹的装饰性方法安排人物和形状,让祭坛画耀眼的金色和闪亮的蓝色、彩色玻璃窗鲜明的红色和浓重的绿色,以及盾徽和旗帜各种艳丽的色彩在手抄本的页面上浮动、闪烁,传达出神圣的超自然的观念。

课堂上学生的景观手绘作品一般画在 16K 大小、有 10 来个内页的风琴本上,有点类似于手卷中国画,但笔者希望通过 10 来张课堂作业的连续组合,形成一个主题和风格连续的结课创作,当缓缓打开时,能如中世纪手抄本一样光芒四射。

而"绘本"这个词来源于日本,绘本和图画书的英文翻译都是"picture books",根据百度百科,图画书就是绘本。

插画和西方的描述性绘画有千丝万缕的渊源关系。罗杰·弗莱认为,描述性绘画包括一切宗教画、历史画和风俗画,这是西方传统绘画的基本方式,与文学性、情节性内容和戏剧性的处理手法密不可分,人们看到的是对于某个生活片断的解释,或对某个历史场面作文学插图式的说明;到 19 世纪下半叶,这种创作方法受到普遍怀疑,问题的焦点在于艺术所要表现的是什么?

传统的插画比较富有文学气息。插画扭转了欧洲文化传统中艺术创作的衰弱形式,将插画结合到景观手绘中来,以避免纯绘画所造成的空洞的形式主义。现代插画的借鉴顺应了时代发展潮流,更注重平面效果和形式构成以及风格特色，刻意和纯绘画拉开距离。

乌斯托夫斯基在《金蔷薇》中表达了他的看法：童心和傻气是艺术天才的特征。放弃传统绘画中的轮廓描绘、模型塑造、明暗对比，感觉需要新的维度，不再受制于体量、空间和空间位置。

如何由单纯的水彩风景写生进入水彩景观手绘插画的形式创意？安野光雅的插画从来没有脱离写生，其周游意大利、英国、美国、西班牙、丹麦、中国和日本及中欧地区，并将所见所闻升华为艺术创作。他的风景写生作品为插画创作提供了精彩的范本。在《旅之绘本》系列中（图 6-8），他将插画写生化，尤其是写生插画化，在自然主义的模仿和童心童趣的理念之间找到了折中点和平衡点，却比单纯的风景写生更富有创意，更自由，更活泼。

图 6-8　《旅之绘本》系列（安野光雅）

（一）景观手绘如何区别于风景水彩画

传统的水彩风景写生画往往是一种忠实于现实细节的誊写，一种真实场景的记录，类似于 17 世纪荷兰发展起来的地志画。这些当时被称为小风景画的作品，主要描绘"小郊区"的边远乡村景色。在这一类写生作品中，受传统绘画的影响，我们的视觉探究往往着眼于景观的形态、轮廓、材质以及光影变化的审美乐趣和感官体验。

绘本中的景观手绘插画，手法来源广泛，如受现代设计和构成的影响，尤其受个人化的先锋实验影响，表意体系和语汇方式呈现丰富性、开放性和多样性特点①，因此与水彩风景写生迥异其趣。水彩风景给予画面的自然与模仿的维度

① 《画里话外 1》，陈晖、[法]苏菲・范德林登、[美]伦纳德・S. 马库斯 主编，南京大学出版社 2019 年 5 月版。

偏重，而插画的景观给予文化和创意的维度偏重。2010 年林格伦纪念奖获得者——比利时童书作家凯蒂·克劳泽在谈到她的绘本创作的时候说道：“我不是一个单纯的记录者，这不是我选择的路。我会让这些东西进入或占据我的身心……只有这样，画才会变得有力量。”①

图 6-9 为安野光雅在《旅之绘本Ⅴ》（西班牙篇）中的一幅，描绘的是西班牙安达鲁西亚地区的卡塞雷斯小镇风光。这幅小镇美景似乎受到现代构成的影响，醒目的红瓦白墙绿植，体现了红和绿这对补色，以及三种色在明度上的黑白灰的构成关系，几何形状的屋顶和墙面貌似统一，仔细看，其实富于变化。

图 6-9　《旅之绘本Ⅴ》（西班牙篇）（安野光雅）

图 6-10 为吴冠中先生所作的《水乡行》，这两个画家很相似，酷爱全世界各地旅行，推崇创作式写生，都很高寿，都能画能写。这两幅画虽然一幅是彩色一幅是黑白，但是有异曲同工之妙。吴老描述这一类的江南屋创作时，说道：“最早吸引我画江南屋是由于其黑块和白块的组合美……星罗棋布中着力于结构之美。”②

图 6-10　《水乡行》（吴冠中）

庄弘醒老先生在一次访谈中提出，实际上“认知”很重要的一点就是“认己短，学他长”，而“学他长”不是在水彩画中学

---

① 《画里话外 1》，陈晖、[法]苏菲·范德林登、[美]伦纳德·S. 马库斯 主编，南京大学出版社 2019 年 5 月版。

② 《吴冠中画作诞生记》，吴冠中 著，人民美术出版社 2010 年版。

他长，水彩画跟水彩画学实际上是"近亲繁殖"，我们更主要的是向当代很多成功地从传统走向现代的油画家或者国画家学，只有从那里吸收营养才能弥补一个边缘画种的短板。以水彩为媒介的景观文创手绘可以像庄老所说的那样，汲取其他画种之长。

在这里，笔者重点补充的是学习插画的表现方式。庄弘醒于20世纪60年代到70年代从事多种绘画门类的人物画和连环画的创作经历，也让他的作品呈现"叙事风格"。他曾从苏联文学的插图作品中汲取了图文相济的"情节性"表现灵感，并从插图、连环画作品的创作中体悟到艺术与文学的相关性：将文学的叙事性与可读性融于艺术创作，使得作品有了时间的维度，加强了精神空间的纵深感。

在教学中以水彩景观手绘插画课程覆盖一些单纯的水彩风景技法或写生课程，有助于激发学生的童心，调动学生的兴趣，培养学生的创意，有助于他们更好地适应目前各种插画市场对人才的需求，更容易转换其他设计行业。如出版物配图、影视海报、游戏内置的美术场景设计、绘本、漫画、贺卡、挂历、包装纸等多种形式，还可以延伸到现在的网络及手机平台上的虚拟物品及相关视觉应用等。当然，水彩景观手绘插画家并非仅凭借自己的审美趣味，也会受到市场需求、出版要求、流行因素、时尚风格，尤其是广大的读者反馈的影响，这也是绘制者与受众之间互动的结果。

"构成绘画的真正内容不是单按照它们的外在形状和并列关系来看单纯的自然事物，如果是这样，绘画就会成为单纯的临摹；而是渗透到一切事物里去的自然界活泼的生命，正是这种生命的某些特殊情况与心灵的某些情调的同情共鸣才是绘画在描述自然风景时所应生动鲜明地表现出来的。"[①]类似的观点也曾经被现象学家梅洛-庞蒂声明：世界不是一个实在论意义上的客观世界，它终究是一个被知觉的世界。

一切多余的思考都不如想象更能赋予画面与众不同的艺术效果，而插画家往往在一个童真的视角内建立起要素的等级排布，以使其成为一个错综复杂又返璞归真的视觉真实和想象布景的混合物。这个提炼和组织形式过程是烦琐的，景观的确切特征缩减为制图符号，但是给人既视感是轻松活泼的。

按照欧洲地形学的观点，乡村领土被认为是城市的景观，如何集合不同地域的自然风光与极富特色的人文建筑于一画？例如，丢勒的木版城镇风光画《纽伦堡纪事》，周围环境的景观作为自然背景服务于肖像画的主体——城市，而环境

① 《美学》(上)，黑格尔 著，商务印书馆2009年版，第261页。

则被理解为城市领地中的一部分。而田园画则需要借助宗教或历史或神话主题来渲染[①]，丢勒这类题材的木刻插图，因背景含有德国小镇的景观，在当时的德国以及他所游历的意大利大受欢迎，弥补了虔诚的教徒同时又是热爱风景艺术的收藏者，尤其是那些富有而忙碌的商人阶层，由于城市化和商业化没有太多时间到远处旅行的需求。

相比之下，纯绘画水彩景观手绘插画呈现出丰富的质地、非焦点式自由多变的构图、不拘泥于现实的有机形式，风格化的特征为画面增加了独特的美学价值。其装饰格调，使得它的视觉编码比单纯的风景写生水彩画更富有形式感，更值得玩味。它错综而优美的点、线、面的运用，展现了一个来自自然又妙趣横生的画面空间，更能诠释诱人尘世的一场白日梦境。安野光雅将自己的书房命名为“空想书房”，自称“空想犯”，以一种充满童趣实质又富含智性的方式创造插画世界。

安野光雅在《旅之绘本Ⅵ》(丹麦篇)(图 6-11)中，不仅借助童话王国般的建筑色彩，更借助安徒生童话渲染景观，穿插了很多经典的安徒生童话场景，趣味十足。

图 6-11　《旅之绘本Ⅵ》(丹麦篇)(安野光雅)

19 世纪法国美学家儒弗瓦认为在艺术作品的欣赏中，知识渊博的人比一般人感觉到更多的东西，因为如果欣赏者熟知艺术制作的手法并善于反思，就会清楚摹仿与理想的区别并从理想中获得愉悦，故而这一类人会更加青睐理想，而普通欣赏者则更青睐摹仿。这段话点明了智性上的优势有助于获取层次更加丰富、意味更加深长的审美愉悦。

这番话也可以借来解释水彩景观手绘插画和水彩风景写生给人带来的愉悦感的悬殊。水彩景观手绘插画前者将世界童趣化，看似简洁其实不简单。周国平认为“童心和成熟并不相互排斥”。插画作者要通过实操的磨炼将单纯的慧心

① 《风景与西方艺术》，[英]马尔科姆·安德鲁斯著，张翔译，上海人民出版社 2014 年版。

转变为一种成熟的创作智慧。兼童心和成熟的水彩景观手绘插画，能意味深长地激发人的童趣与童心，重拾对世界的好奇与好感，更新耳目以迈入对自然的探索和发现。

这番话也回应了17世纪法国学者帕斯卡尔所说的："智慧把我们带回童年。"老子所说的："复归婴儿乎。"孟子也说："大人先生者不失赤子之心。"《圣经》里说："你们如果不回转，变成小孩子的样子，就一定不得进天国。"我们无法真正地穿越时光，回到童年，但是我们可以在水彩景观手绘插画中重温童年的美好梦境。

以弗洛伊德为代表的精神分析学就认为艺术不应受理性的打扰，以潜意识的回归和自由的联想进行输出才是艺术创作的最好方式。法国哲学家柏格森的直觉主义思想认为心理时间是将过去、现在和未来相融合在一起的，是有效且真实的。

（二）符号化的景观元素

英国形式主义美学家克莱夫·贝尔在讨论审美问题时认为，人们只需承认，按照某种不为人知的神秘规律排列和组合的形式，会以某种特殊的方式感动我们，而艺术家的工作就是按这种规律去排列、组合出能够感动我们的形式。

仅仅对自然进行客观的或感性的简单摹仿，无法揭示出构成理想的高级秩序之美，水彩景观手绘插画需要在水彩风景写生的基础上，经由弗莱所称的艺术即"表现性构形"的提炼，形成符号化的的语言，它们之间的关系引发了写生与创作的问题。艺术应当"如其所是"地摹仿自然，还是"如其所应是"地摹仿自然？艺术所摹仿的自然，在自然里是否实有其物？套用巴托的术语，"美的自然"究竟是自然的还是超自然的[①]？

欣赏自然的变幻，从中辨识其性质、属性、主题抑或人格上的精微之处，或者洞悉何等的形式、轮廓、比例应当归属怎样的表现与和谐，诸如此类，仅仅靠一双肉眼的外视觉是不够的，必须依赖所谓的内视觉的精神感官，依赖想象以及更加复杂的智性。钻研自然的一般法则以及令诸个体有所不同的多样性，通过幻想和智性对自然进行符号化的改造。

相比较水彩风景写生而言，水彩景观手绘插画中的景观表现应该具有明显的风格化，提炼出的符号化的景观元素，形成开放包容的象征体系。这些符号由

① 《"理想"之变：19世纪法国美学中的摹仿问题》，张颖撰文，刊于《首都师范大学学报（哲学社会科学版）》2020年，第1期。

原本熟悉的形式中抽离出来以其他某种面貌重新组合，进而产生了崭新的景观语境。

19世纪末20世纪初，绘画中的时空观念和形式构造随着时代的发展和进步一直在变化和创新，尤以现代主义时期的变化发展最为迅速和令人惊异。其中立体主义之父塞尚通过上下左右的变幻摇移，搜集各个方位得到的视觉印象，将其集中于一张画面之中，使之产生时空错位的感觉。

而之后的现代主义画家如毕加索、米罗、克利和夏加尔在形式的出新方面则有过之而无不及，他们都或多或少受到过儿童画的影响。画家不再注重对某一对象或情节的逼真刻画，而追求形式世界的有机性。契里柯曾说，所谓的形而上绘画就是将现实伦理打破，使画家的心理世界从中挣脱出来。要使艺术真正的不朽，就必须完全跳出人的界域，通常的理智和逻辑损害了他，在这个方式里，它将接近梦和孩童的精神状态……①。

他们作品中那些符号与元素看似是无逻辑关系的随意并置与组合，但其实每个视觉符号或元素之间都有着隐蔽的关联性以及暗含在其中的哲学意味。作为回馈，他们的天马行空的革新形式又大大地激发了现代插画家的形式试验，来跳脱自然主义。

在他们的画中，实际生活中不同空间、不同维度、不同时间以及不可能同时存在的事物并置在一起，使其融合在经过重新构造的虚幻世界中，这种想象的异度时空拥有令人着迷且震撼的视觉效果，对现实物象重新进行建构与改造，打破原有的逻辑认知，使其产生时空之间的差异性，这也就对应了时间与空间的多重表达形态。

如何创作出富有启示性的水彩景观手绘插画作品？运用奇妙官能以开启想象思维认知的能力。符号化其实是设计感的硬核，源自画家对各种能接触到的图式千锤百炼的匠心。可辨识的风格化的符号是艺术家反复试验和创新的结果。

符号需要笔触来表现，但笔触不等同于符号，符号化是对对象的简化和概括，只有与自然形成有效的匹配，才能产生强烈的美学吸引力。

图6-12为波斯画家 Kamālud DīnBehzād 所作的细密画。图6-13为安野光雅在《旅之绘本Ⅳ》(美国篇)所绘的场景。两幅画中人物的动作和神态相当神似，都十分流畅。

---

① 《欧洲现代画派画论》，[德]瓦尔特·赫斯著，广西师范大学出版社2002年版。

图 6-12 细密画(Kamālud DīnBehzād)

图 6-13 《旅之绘本Ⅳ》(美国篇)(安野光雅)

因此,真正的景观手绘插画,能以画家的"童心"与"幻想"(出自安野光雅)的视野统摄起自然主义、如画主义、地形学和装饰主义等几方面的特性,最终创造出超然于现实世界的抽象视野。

(三) 戏剧化的生命体(人或动物)作为点缀

提起景观手绘插画中的点缀,我们不妨看看中国绘画史上著名的图解性品题——"兰亭雅集图",早期人物为主,背景为辅,到后来,画家越来越重视对"兰亭雅集图"中山水景色部分的描绘,甚至出现了人物只以点景的方式存在于画面,做点题之笔,绝大部分的笔墨都在刻画山水林泉、亭台园林、审美明确的人物的周边景观。

在 17 世纪富有创新意识的荷兰风景画家卡雷尔·凡·曼德的著作中,提到传统表现主旨的图式和惯例:前景是大树的树干来限定;显著区分却又流畅连贯的层次退晕,诠释达·芬奇的空气透视法;正在愉快地从事着田园牧歌式或者与乡村农业有关的活动的人物。典型的"前景"树干、牧歌式的爱情、安静的羊群……这样的图式几乎在数不胜数的风景画中演绎。

相对于纯粹的风景画中而言,景观水彩插画中的景观需要主旨的介入,它是自然、景观和生命体的混合体,需要叙事性要素或特征来支持画面,形成画面的视觉吸引点。这也是令人感到抚慰和安全的要素。这里就涉及插画的文本问题。文本是童话也好故事也好,甚至无字书、自编书也好,例如安野光雅就善于机智诙谐地翻新旧有的故事，为老故事、老景观、老物件注入新生命。

罗尔斯顿指出："环境的出现伴随着有机体的存在，这些有机体被世界所包围并与世界相对抗……环境对于生物来说是具有重大意义的通行领域。"可见，戏剧化的风景画作需要一个托辞，诗是有声画，画是无言诗。绘画史上不少擅长描绘景观和生命体（人或动物）并存的多样化和戏剧化的画家都是插画师的范本，比如勃鲁盖尔在描绘富有地域和民族特色的风土人情方面无人能及，而另一位北方画家希罗尼穆斯·博施，则是魔幻主义插画的祖师爷。

安野光雅《旅之绘本》中的生命体（人或动物）和画中富有地域特色的景观之间建立起一种丰富的互动。画家认为，与"通过文字去认识、学习"相比，"自己去发现、思考"更重要。画中生命体的运动轨迹也连接成了画面的时间轴线。而景观是趣味化的生命体（人或动物）的活动周边。细读可见，《旅之绘本》中主线是暗喻着作者身份的戴高帽的旅人的形象，他划着船从海上来，换乘当地的马匹，然后骑着马行走在欧洲等地的大街小巷，这代表着本作品的行动线索。另一个经常出现在场景中的画家形象，以欧洲旧式绅士装扮，在油画架上作画，喻示着作者的西方艺术文化情结……①

在日本，也曾有读者问安野光雅："《旅之绘本》一个字都没有，怎么给孩子读?"他是这样回答的："当人站在山上看一个很美的景象，景象里有很多很多的东西：城堡、树木、花草、鸟儿、蝴蝶……可是这些景象并不会一一加上文字，大树的旁边不会标示'大树'，城堡的旁边也不会写着'这是城堡'，可看的人依然会觉得高兴和赏心悦目，而且孩子自然而然就会跟着说出这些东西的名字。"

这种读画体验如贡布里希所言："激起旅游者想象力的是一种理想。他是我们从文明的扫荡中逃出的难民，他在寻找所谓地方色彩。如果所有'当地人'仍然穿着传统服装、永远跳民间舞蹈，而且还向他敬献当地菜肴和饮料，他会更加欢喜。"②

景观元素除了有名的建筑、古迹，乡村、古镇、街道、公园等景致都是贯穿《旅之绘本》的主要内容，小到某个建筑，大到一座城市，无不凝聚着当地的历史和文化积淀，体现出不同国家各异的风土人情。图 6-14 左侧为安野光雅所作绘本，加入了一些中世纪而不是现代的出行人物，更契合建筑的建造年代，图 6-14 右侧为与绘本对应的摄影图片。

---

① 《浅析安野光雅的〈旅之绘本〉系列作品》，符文征撰文，刊于《艺术科技》2013 年第 11 期。

② 《偶发与设计——贡布里希文选》，[英]E. H. 贡布里希 著，李本正 选编，汤宇星 译，中国美术学院出版社 2013 年版。

图 6-14　绘本与摄影图片对比

日本著名作家司马辽太郎盛赞安野光雅“拥有文艺复兴的心灵，对世间万物永远好奇”。他以创新的技术和独到的绘画思想对抗着理性和现实，接受并兑现了潜意识中童心和幻想的召唤。以漫长一生的探索和创新为读者呈现了一个真正意义上的艺术家成长的过程。

安野光雅所作的《旅之绘本Ⅲ》(英国篇)图 6-15 中，可以看到许多出自莎士比亚戏剧中的人物。而《旅之绘本Ⅳ》(美国篇)中的历史名人就更多了，如华盛顿、林肯、莱特兄弟、爱因斯坦、马丁·路德·金等等。其他如意大利篇、中欧篇的水彩景观手绘插画，也是以历史名人点缀。这对于受众来说，既富有艺术性，又富含知识性。

人类在进化过程中，一直在以一种高级动物性的方式来适应风景的吸引力，文明景观置身于蛮荒的原野，形形色色的人置身于有秩序的、休闲情调的景观之中，仿佛是自然风景的一部分。透过安野光雅《旅之绘本》一扇扇画面之窗，我们洞窥这一地域生灵的传记性生活史。他发掘了以人为主的生命体在自然界中所处的位置的思考，例如关于当下和历史的关系、文明与自然的界限，带给读者的是一种整体文化体验。

图 6-15 《旅之绘本Ⅲ》(英国篇)中莎士比亚戏剧中的人物

显然，安野光雅给我们提供了一个范式，把自己对景观的体验感和趣味化的生命体(人或动物)统一为一个有序且和谐的统一体，套用肯尼斯·克拉克评价康斯太勃尔的作品的赞语：“一种对平静和乐观的景象作出的永恒感人的表达。”难怪 1984 年颁发给安野光雅的安徒生奖授奖词这么写道：“他的创作极富传奇性，却能吸引各国欣赏者普遍的共鸣和喜爱，是一个具有惊人才华的知性艺术家。”

华兹华斯感叹：儿童是成人之父。儿童文学与浪漫派有千丝万缕的关系。天真和浪漫也是很难达到的艺术境界(图 6-16)。

图 6-16 《朝天宫》手绘与摄影图片对比(邢谦玥)

袁宏道在《叙陈正甫〈会心集〉》中写道：“夫趣得之自然者深，得之学问者浅。

当其为童子也，不知有趣，然无往而非趣也。面无端容，目无定睛；口喃喃而欲语，足跳跃而不定；人生之至乐，真无逾于此时者。孟子所谓不失赤子，老子所谓能婴儿，盖指此也，趣之正等正觉。”

在袁宏道看来，兴趣似乎与年龄和经验成反比，“迨夫年渐长，官渐高，品渐大，有身如梏，有心如棘，毛孔骨节俱为闻见知识所缚，入理愈深，然其去趣愈远矣”。所以，如何返璞归真，保持童心未泯，也是景观手绘必修的一门课程。

第二节 诗意融汇

倘若作品脱离自然的意义，其艺术智性便无从产生。通过对外在刺激和内在涵养进行整合性建构形成的能力，在象征性和隐喻性两方面进行拓展，映射传统思想与时代精神，体现人文思想、精神品格、文化内涵的转变。

一、历史感

在观赏中国的传统山水画时，只要你凝神静心，就会感悟到画面中荡漾着的富有历史感的意境，仿佛穿越到古代，与古人同游。

意境乃载“意”之境，“意”的含义衍变有“神、道、气韵、灵、真、诗意”，主要指的是人的主观感情在形象和笔墨上的投射。只有通过“以形写形，以色貌色”的笔墨，画出“气韵生动”的形象，营造出情与景交融的艺术境界，才能令观者移情、畅神。“意境”的主要表现特点是“简”“远”“虚”“静”等。这在中国传统画论中早有论述。

《淮南子》中写道：“夫形者，生之舍也；气者，生之充也；神者，生之制也；一失位则两者俱伤矣。”“以神为主者形从而利，以形为制者神从而害。”

顾恺之强调“以形写神”。宗炳在《画山水序》中提出“山水以形媚道”。王微在《叙画》中认为山水“本乎形者融灵”。谢赫提出“六法论”，这是中国艺术美学上的第一次系统总结。第一法即为“气韵生动”，主要指人物的精神风貌，是顾恺之“传神论”的发展。

荆浩在《笔法记》中提出，山水要“图真”，“真者，气韵俱盛”。他将顾恺之“传神论”延伸到山水画上。

宋代晁补之“遗物以观物，画写物外形”的观点就是说作画应超然物外，以物寄情，创造第二自然。北宋梅尧臣认为“状难言之景如在眼前，含不尽之意，见于言外”。南宋严忌认为“言有尽而意无穷”。苏轼评论道:“味摩诘之诗,诗中有画,味摩诘之画,画中有诗。”他认为文与可画竹能“无穷出清新”,其关键就是“其身与竹化”。

到了宋代,随着文人画的兴起,传神的含义逐渐由传对象的神转到了传主体的神,不光在“形象”上求气韵,更在笔墨上求气韵。意境也从“无我之境”转变到“有我之境”。

石涛在《画语录》中写道:“山川使予代山川而言也,山川脱胎于予也,予脱胎于山川也。搜尽奇峰打草稿也。山川与予神遇而迹化也。”

潘天寿认为“艺术以境界美为极致”“中国画以意境、气韵、格调为最高境地”。

傅雷致黄宾虹的信中写道:“故前函所言立体,野兽派在外形上大似吾公画作,以言精神犹逊一筹,此盖哲理思想未及吾国之悠久成熟,根基不厚,尚不易达到超然象外之境。”①

贡布里希发问:“显然,中国优秀绘画不是依赖程式,而是依赖于对程式注入写什么别的东西、方式,这别的东西到底是精神,是力量还是生机或生动感呢?”②作为西方学者他很难明白中国绘画艺术的这种美学特点,他用“魔法”(magic)来概括这些质量标准。

丹纳认为“越是伟大的画家,越是能把他本民族的气质表现得深刻”。“意境”正是中国山水画中最具民族性的东西,中国的风景画应该体现这种美学特点,而这最终也体现了中国自老庄以来的朴素自然观。

金陵风骨,其命惟新。历史上文人雅士,书画名家,纯净高洁的风骨,散落在南京城的日常:一方水土,一砖一瓦,一草一木,隐形潜行在六朝古都细碎的角落里,既是历史底色,也是城市灵魂,滋养着投身在他怀抱中的人。

基于南京人文景观的手绘,承载着城市文化的意义,不仅指示着本土生活或旅游过的观看者,同时也有助于推动城市认同的历史化进程。一个地理区域的文创,意味着文化建构在此时形成。发掘传统景观的魅力,与之相生的景观图像生产构成了一种“对于城市的想象”。

(一) 崇高

自然的进程也可以被赋予英雄主义的伟大。丹纳认为“最高的艺术品所表

---

① 《陪画散步》,司马无疆 著,河北教育出版社 2002 年版。

② 《中国山水画》,[英]E. H. 贡布里希 著,徐一维 译,刊于《新美术》,1991。

现的便是自然界中最强大的力量”①。

在不可控的自然力面前，那些超乎人力的野蛮和狂暴，会令人感到“一种令人感到愉快的恐怖”，就连无神论者也会产生敬畏的信仰。伯克写道：“我所知道的任何一个崇高之景都是某种力量的变形。”这一切可以隐喻神性的、君主专制的和父权的。因此，崇高是一种不可抗拒的引领和推动，是自然界的冰山一角而已。伯克列出的作为崇高源头的要素有隐晦、巨大、无限、困难和力量等等，形式有暴风雨、火山、地震和雪崩等，藏有古生物化石的原始洞穴属其中一种。达·芬奇描述过洞穴对他的吸引力，既畏惧又充满吸引力一样，他也曾以神秘的且崇高的洞穴为背景画过一幅《岩间圣母》。

在自然界的原始野性面前，绘者常常感到语言表述和视觉表达上的无能为力。马尔科姆·安德鲁斯认为，这种无能的感觉是人类面对崇高时的关键体验。崇高题材的景观手绘和如画主义的题材是相对的，是更高级别的体验。

人类从游牧生活转向定居，确立边界、建造房舍、打造园林，均是奠基式行为。在生养孩子和建造园林时，我们以最深刻的方式与自然交互，体验着创造、成长和变化。因此，源于生存意志的信仰，对于生育和园林创造的影响是久远而深邃的，在亚洲尤其如此。同时，信仰也为园林注入了一股魅力，让设计诞生于当地环境及普世观念，诞生于独特的与普遍的，诞生自古代和现代世界②。在如画主义的题材中，画面的边缘处常常有牧羊人，这是农耕时代的人物标识。

但是，宗教并非某种可以看到的东西。的确，世上存在可见的庙宇、法会和宗教艺术，但其中的意义，则要经由与这些外在形式对应的人们的内在生活，去把握和了解。要了解历史园林，没有比去认识园林创造者们的“期望和情感”更好的办法了②。

关于崇高的主观状态，马尔科姆曾引用康德的原话：“在自然界中那些我们习惯于称之为崇高的东西中，不存在任何因素导向特定的客观原则以及与之对应的自然形式，相反的，它处于混沌状态，或者最率性、最无规则的杂乱和荒芜中，假如它表现出了广博和力量的迹象，自然就首先激发出崇高的感觉来。”③

关于风景画的主题，马尔科姆曾引用17世纪末，罗杰·德·皮勒(Roger de Piles)在《绘画基本原理》一书中所作的相关定义：“在众多不同风格的风景画作品中，我会把自己限定在这两种中：英雄史诗式的(heroique)，以及田园牧歌式

① 《艺术哲学》，[英]丹纳 著，傅雷 译，广西师范大学出版社2000年版。
② 《亚洲园林》，[英]Tom Turner著，程玺 译，电子工业出版社2015年版。
③ 《风景与西方艺术》，[英]马尔科姆·安德鲁斯 著，张翔 译，上海人民出版社2014年版。

的(pastoral ou champetre),所有其他的风格其实都是这两种的混合。”①安·伯明翰指出:“自然的、普遍的图像语言正是18世纪和19世纪早期的绘画指南所追求的乌托邦梦想。”②

西方风景祭坛类的绘画作品所蕴含的崇高,往往以令人敬畏的自然形式和力量体现,仿佛一种宗教显圣的力量,凸显人类的渺小。让人直面自然力量的危险,但又是侥幸保持距离的,具有一种劫后余生的喜悦。那些追寻崇高题材的风景画家某种程度上也是冒险家。

西方艺术史学者认为,中国山水画的经久不衰,正是体现了人们谋求平静的渴望,尤其在连年征战时,乡野之地陷于崩塌,民不聊生,哀鸿遍野乱世景象,激发了像宋朝李成这样的画家们。他们渴望建立新的社会秩序,并通过新的艺术形式,维护官方的意识形态,但是又超越了皇家的宣传教化目的。他们的思想体现了一种追求和谐秩序的普世价值观。从11世纪开始,山水逐渐成为绘画的主题,并逐渐自成一体并深入人心。

图6-17　《晴峦萧寺图》(李成)

图6-17为五代时期李成所作《晴峦萧寺图》(绢本淡设色,纵111.4 cm,横56 cm,美国堪萨斯城纳尔逊美术馆藏)。从画下端的日常人间百态往上看,越上升,意境越高远,认识随自然景物的深度加深,不禁让人去思考:自然是什么?万物表象之下又是什么?宇宙真正的动力是什么?涓涓细流和悬崖峭壁之间会有怎样的对话?观赏者能从这样的对立和谐中读出所企盼的幸福和平静。

中国山水画和西方风景画的审美境界之差异,如宗白华所说:“中国人和西

---

① 《风景与西方艺术》,[英]马尔科姆·安德鲁斯著,张翔译,上海人民出版社2014年版。

② [英]安·伯明翰,《系统、秩序及抽象:1795年前后英国风景画的政治》,载W. J. K. 米切尔编,《风景与权力》,杨丽、万信琼译,译林出版社2014年版。

洋人同爱无穷空间，但此中有很大精神意境上的不同。西洋人站在固定视点，由固定角度透视深空，他的视线失落于无穷，弛于无极。他对着无穷空间的态度是追寻的，控制的，冒险的，探索的……中国人对这无穷空间的态度却是如古诗所说‘高山仰止，景行行止，虽不能至，而心向往之。’”①

中国山水画的意境也正如宗白华所说："用心灵的俯仰的眼睛来看空间万象，我们的诗和画中所表现的空间意识，不是像代表希腊空间感觉的有轮廓的立体雕像，也不是像那表现埃及空间感中的居中的直线甬道，也不是那代表近代欧洲的伦布朗的油画中渺茫无际追寻无着的深空，而是‘俯仰自得’的节奏化的音乐化了的中国人的宇宙感。"①这是"力线律动所构的空间境"。

"中国画是动荡着全幅画的一种形而上的，非写实的宇宙灵气的流行，贯彻中边，往复上下……中国画上画家用心所在，正在无笔墨处，无笔墨却是飘渺无倪，化工的境界……这种画面的构造植根于中国心灵里葱茏絪缊、蓬勃生发的宇宙意识。"①

正如贡布里希所说："中国的宗教艺术较少用来叙述关于佛教的中国导师的传说，较少宣讲某条个别的教义……跟中世纪所用的基督教艺术不同，而是用艺术辅助参悟。虔诚的艺术家开始以毕恭毕敬的态度画山水，不是进行什么个别的教导，也不是仅仅当作装饰品，而是给深思提供材料。"②

文字诞生于公元前 3500 年，最古老的文本设计信仰、庙宇、城市、性以及园林，神祇、国王、园林及神圣景观之间的关系一直延续了下来，一直到 19 和 20 世纪，思想者和设计者们开始脱离宗教，转而应用科学来分析世界的本质，这一点发展出了抽象的园林设计风格，也打造出了少数杰作，但带来了大量"没有灵魂"的无趣场所③。

我们要从景观手绘艺术中找回黄金时代人类与自然的和谐，弥补人与自然的分裂，以回归古典的田园牧歌，回归和谐的自然主义，回归兰亭修禊图中的理想之境，来矫正"堕落的当今时代"。这种自然的回归蕴含着一股治愈的力量，以及对理想主义的自然之美的窥探。

（二）怀旧

在古代世界，园林被视为容纳神灵、上帝、国王和神主(God-Kings)的神圣场

① 《宗白华美学思想研究》，林同华 著，辽宁人民出版社 1987 年版。
② 《中国山水画》，[英]E. H. 贡布里希 著，徐一维 译，刊于《新美术》1991。
③ 《亚洲园林》，[英]Tom Turner 著，程玺 译，电子工业出版社 2015 年版。

域的布局。人类介入园林，始于生存供给之需，而在当代世界，园林更多地承载着艺术体验的价值。随着工业文明的发展，景观手绘大有可为之处，在于通过画面引领观者对往昔时代和农耕文明的代入感。

作为中国的风景画应该体现本民族的特色，借以西方丰富的形式体系，再沿袭中国山水画重在表现“意境”的路子探索风景画的新图式。

山水画对宋朝当时由野而朝、由农而仕、由地方而京城、由乡村而城市的大批世俗地主士大夫具有一种心理上的补充和替换的意义，这正是图像作为代用品的神奇意义所在，也是中国山水画市场如此繁荣的重要意义所在。

中国封建社会数千年农耕式的生产方式，决定了人对自然依赖与神往的关系，即使在城市繁荣发展的宋朝以后，山水画的地位似乎更加重要起来。帝王将相狩猎用的猎苑，农夫樵夫耕作的田园，再到归隐的中国文人墨客的诗画，世人可以看到，自然从生产中解放出来了，这使得把自然当作审美对象成为可能。

情绪的发生是因为人与物交互的过程和效果，人与物的联系以及物品使人产生的回忆都是很重要的。比如一些纪念品，其物品本身只是知名建筑、名画等的复制品，艺术上的价值微乎其微，但纪念品存在的意义以及它的深层价值源于它能唤起的回忆、联想和情感，触物生情。借创意手绘，写兴亡之感，引发对历史和人文的深度思考，对当下和未来都具有意义。

古人云：“唯有家山不厌看。”如果崇高指的是人类在自然景观的威力之前的无能为力，尤其是体量和尺度方面对人肉体和思想的裹挟，那么怀旧则反映了人类对往昔生活的美好怀念。

从古代田园风景画的一瞥，如乌托邦式的无忧无虑且自给自足的乡村生活，让我们体悟了那种远离城市、宫廷和政治生活压力的避难所的珍贵。例如山林水泽中的一个弯腰耕作的农夫、一个背柴或砍柴的樵夫、一叶扁舟上的渔夫、一个登高望远的路人、一个林间骑马射箭的猎人、一座亭子里品茗或对弈或闲读的书生，这类作品某种意义上成了一座桥梁，是后工业时代田园风情的延续，是往昔与当今的连接。欣赏这类作品可以感同身受早期的基督教隐士和文艺复兴时期的人文主义者那种田园隐居生活所提供的孤独感和精神上的净化。

例如，文徵明写于 1509 年的《游吴氏东庄题赠嗣业》说明了咏赞祖产这一类主题的一度盛行①。

明代文人的崇古、摹古的审美意趣，对兰亭雅集的追摹与崇敬之情，通过绘

① 《中国明代园林文化——蕴秀之域》，[英]柯律格 著，孔涛 译，河南大学出版社 2019 年版。

画、书法、吟诗等形式表现出来。"兰亭雅集图"承载着对传统兰亭精神的文化情节，呈现出多样性和丰富性，表现文人的意趣，寄托文人理想，唤起文人的思古情怀，以富有古意古韵的绘画来追溯兰亭精神。明代文人渴望能够读懂古人的情感和精神，以画绘之，似乎可以超越时空与古人进行对话，并达到古人的思想高度。兰亭雅集更符合明代文人在崇古、寄情山水的审美需要，是文人向往的生活方式。

南明的灭亡带来的哀伤与落寞，不仅记载在孔尚任的《桃花扇》中《哀江南》的一类描写中，也反映于明代遗民龚贤的隐逸创作中。文字如实的描述和记载，能震撼心灵，促使人以史为鉴；而图画的如实记载，可能会使人深陷泥潭，在不详的图景中恶性循环，难以自拔。

西方浪漫主义风景画，偏爱废墟一类的题材，体现了对往昔的思考，有借古开今之用义。

马尔科姆在《风景与西方艺术》一书中引用了克里斯多佛·伍德对风景画的兴起所提出的令人反思的解释："出现在西方的风景艺术本身就是现代损失的征兆，这种文化形式只有在人类与自然最原始的关系被城市化、商业化以及科技发展打破之后才会出现。用一种简单的方式来表述就是，对于人类仍'属于'自然的那个时候来说，没有人需要画一幅风景画。"①

荷兰人看到 17 世纪的风景画和战争风情画，就会联想到帝国昔日的辉煌，这些风景画作品超越了审美的意义，成为昔日共和国在经济、军事和文化方面令人引以为豪的关联。在这种背景下，连"纯粹的"地志画都会被英雄主义化。

在"为什么要保护历史建筑"的这个议题上，贡布里希援引了拉斯金的一段话："唯一能够取代森林与田野的，只有古代建筑的力量。不要为了那些形式拘泥的广场、绿荫栅栏的人行道，或繁华的大街、四通八达的码头而放弃这种力量。城市的骄傲并不在于这些东西。让老百姓去搞这些东西吧；但要记住焦虑不安的高墙内，当然总会有人要求在墙外信步，随意浏览异地风光。"②

卢梭式的对简单田园生活怀旧的情绪，曾经影响了 18 世纪末英国一小部分知识分子的有意识选择，影响了英国民族主义在文化方面的变化。那种自然秩序的神话，代表了城市化和工业化之前的世界。而不断扩大的文化差异感，是它的魅力所在。

---

① 《风景与西方艺术》，[英]马尔科姆·安德鲁斯 著，张翔译，上海人民出版社 2014 年版。

② 《偶发与设计——贡布里希文选》，[英]E. H. 贡布里希 著，李本正 选编，汤宇星 译，中国美术学院出版社 2013 年版。

而传统景观中人的情感维度，广泛地反映在文学、绘画等艺术形式中，我们熟悉的老环境，一如我们的精神母体，也如贡布里希所剖析的那样："技术进步和我们环境的急剧变迁使得过去对我们更为可贵。我觉得似乎有一种法则，称为'补偿法则'，变化越快，对永恒的要求就越大。如果没有那些留在我们心中的印象存在，那些'随意浏览'的印象，那么我们就会有一种异化感，一种恐惧，威胁我们的心理平衡。"①拉斯金也因此呼吁："温柔体贴地、恭敬虔诚地、坚持不懈地这样去照顾爱护它，让我们一代又一代在它的阴影里繁衍生息。"① 作为景观手绘艺术家，如何将这种对往昔的怀旧情结，以隐秘的方式体现于对前人形式的研究之中？以形成启发后学的艺术之链。

贝聿铭在青年时期，就已经体会到关于"家庭"的真正含义，也"逐渐感受到并珍惜生活与建筑之间的关系："儿时记忆中的苏州，人们以诚相待，相互尊重，人与人之间的关系为日常生活之首，我觉得这才是生活的意义所在。"而穿梭在狮子林、西花桥巷，假山中的山洞、池塘、石桥、瀑布，这些传统中国文化的印迹，更让他意识到，建筑创意是人类的巧手和自然的共同结晶。

后来，受过多年西方教育的贝聿铭，仍旧认为："我在中国度过了吸收能力最强的少年时代，因此有种中国性，深深地留在我的身上，无论如何也很难改变。我仍是一个十足的中国人。"有一批怀同样心愿的画家以他们的身体力行的实践为我们开辟了梦回江南的可能性，例如林风眠、吴冠中、赵无极、朱德群、苏天赐等。

笔者当年去西班牙巴塞罗那旅游，前往蒙特塞拉特山朝拜黑脸圣母时体会到了这种氛围和心情。我们在古城面前睹物思情，直接与历史对话，将往昔跟某个历史事件联系起来。"白发渔樵江渚上，古今多少事都付笑谈中。"

"古城的诱惑力不是几个怀旧的审美家的发明。每年都有数以百万计的旅游者用他们的双足或车轮来投票，他们拥挤在布鲁日和萨尔茨堡的、丁克尔斯比尔和圣吉米尼亚诺的狭窄街道，或拥挤在托莱多和圣米歇尔山，使那里应接不暇。尽管城堡雄踞其上、教堂的尖塔又使其引人注目的这一群房屋毫无规划、毫不卫生，却似乎给这些来自大都市的避难者提供了他们所尊重和欣赏的东西。"①

我们的记忆会神化一个地方。"这种神化感与我们的虔诚相对应。英语中

① 《偶发与设计——贡布里希文选》，[英]E. H. 贡布里希 著，李本正 选编，汤宇星 译，中国美术学院出版社 2013 年版。

虔诚一词 Piety，起源于拉丁词 Pietas，其拉丁原意不仅仅有虔诚心的意思，它还包含对父母、对家庭和对祖国的忠诚。而虔诚首先表现在对宗教传统的态度。神圣的殿堂圣地、殉道者的陵墓、历史的遗迹与古代的风尚，都是虔诚的对象。”①无论是神圣的殿堂，还是异教的大厦，其宏大威仪似乎可以震慑千古。

早期英国的风景画被称为“地形画”，以水彩为主，目的是为了描绘贵族庄园或某处土地的样貌，在艺术门类中地位不高。相当于今天旅游景区的纪念品、手绘明信片之类。

时趣与古风如何兼得？追逐传统的古典美学是否就站到了主流艺术美学的对立面呢？我们时常对此深思。

漫长的历史发展过程中，地处江南的南京景观，融自然风光和历代古迹为一体，相得益彰，成为南京城市的自然、历史和文化的合体象征。以此为根据绘就的一幅幅《金陵胜景图》寄托过多少南京走出的游子对家乡名胜古迹之思，对古都金陵的怀古意向。

六朝肇始的书画气韵如晚唐张彦远在《历代名画记》所述：“江南地润无尘，人多精艺。”但是对于金陵胜景的表现，文学早于绘画，李白多次游历金陵作诗近百首，其中《登金陵凤凰台》：“凤凰台上凤凰游，凤去台空江自流。吴宫花草埋幽径，晋代衣冠成古丘。三山半落青天外，二水中分白鹭洲。总为浮云能蔽日，长安不见使人愁。”六朝遗迹，古都金陵从此成了怀古伤咏之地。此后的诗人刘禹锡、朱存等人延续了金陵怀古的情调和形式。

朱之蕃所作的《金陵图咏》中的《金陵四十景》，一般左页为考证各景点历史沿革的图记和诗咏，右页为画，一般是从实景中提纯而来，可以说是图文并茂的地理志，彰显明显的地域意识，尤其适合怀古追远。

石城和钟山、天印、秦淮这几处景点，都是有金陵王气的象征。石城霁雪是“金陵四十景”中非常重要的一景。石头城是现在南京石头城公园的鬼脸城。因地势险要，一边为江，一边为山，东吴国君孙权最早在此筑城，将此处山石堑断，借势修建城墙，形成陡绝壁立的关隘。诸葛亮称之为“石城虎踞”。明末清初，长江改道至十数里之外，秦淮河流过石头城外，成为护城河的一段，但仍可通船，并建有石城桥与河外相连②。

图 6-18 手绘的是六月合欢花盛开的时节笔者经常到此散步所见的风景，总

① 《偶发与设计——贡布里希文选》，[英]E. H. 贡布里希 著，李本正 选编，汤宇星 译，中国美术学院出版社 2013 年版。

② 《图写兴亡——名画中的金陵胜景》，吕晓 著，文化艺术出版社 2012 年版。

有一些路人牵着宠物狗遛狗或晨练。回家后凭回忆和图片整理而成的一幅作品。画秦淮河的水借鉴了浮世绘的蓝色渐变的手法，突出近处盛开的一棵鲜活的合欢花，映衬布满弹孔的石头城山体和城墙，石头城的山体貌似沧桑的老人面孔。

图 6-18 《石头城花开》(张春华，2019)

上面右边三幅小画描绘的是每年六月份，在鬼脸城的秦淮河段都会举行龙舟大赛，从五月份就开始训练，一直持续到六月底结束。每次训练，两三龙舟，沿着航道鼓声震天，加油呐喊不断，参赛者奋力齐划，激情四射引路人驻足围观。恍惚间，鬼脸城周围仿佛又变回了三国时期硝烟弥漫的兵家必争之地。

（三）如画

在理查德·佩恩·奈特的文章《关于趣味原则的分析性考察》对普赖斯的批判中，追寻“如画”之旅，就是对于艺术（绘画）感觉——一种能够彰显教养和艺术品位的能力——的推崇和体验过程①。如画的伊甸园和阿卡迪亚才是凝固的尘世欢愉。它传达出一种永恒的图景，不关乎时间和变化，在一代又一代画家的想象中演绎和延续。

从西方国家的文明发展历程来看，在工业化时代，提倡自然之美的思想和面向自然的文化时尚活动非常有必要。伴随着工业革命的快速推进，与“城市化”相对的“郊区化”反映出自然主义文化趣味的流行，这种趋势既是“如画”美学趣味的流行对大众产生影响的结果，从一定程度上也是景观手绘的发展契机。

18 世纪末，在英国兴起的寻找“如画”的旅行活动有着多方面的来源，拿破

① 《摹造自然——西方风景画艺术》中《穿越风景的如画之美——18 世纪末英国风景画与欣赏趣味的变革》一文，赵炎 撰，上海人民美术出版社 2018 年版。

仑战争期间(1793—1815),从法国前往欧陆最近的路线封锁近20年,英国文化人士将此困境转为开发境内旅游的契机。

威廉·吉尔平在18世纪末发表了一系列漫游英国各地的日记,兼具图文并茂的美学论述与实地导览。他亲身示范以水彩描绘风景,引领了一股"如画之旅"("picturesque tourism"也翻译为"如画游"或"画境游")尤其是中产阶级的社会风尚。在他的带动下,前往荒郊野外的旅游成为优雅的寻找"如画"之旅。通过吉尔平的游记可以发现,寻找"如画"之旅其实已经成为一种创造"如画"之旅,这种创造无论是实际的(画出图像)还是想象的(通过"克劳德镜"观察)都已经与绘画实践密不可分了①。

通常人们会将"如画"与欧洲上流社会的壮游(The Grand Tour,也翻译为"大旅行")传统联系在一起。壮游是自文艺复兴以来在欧洲贵族子弟中普遍开展的培养见识与丰富阅历的游学传统。在这个过程中,贵族子弟对于自然的欣赏趣味也就逐渐被培养了起来;而对于艺术家而言,游历学习也是积累绘画素材的重要契机,这一点在透纳那里颇为明显,因为他的不少风景画素材都来自旅行①。

的确,旅行者们依然旅行,寻找如画的美景,探索地球上更遥远的地区,体味那尚未受到"有点令人讨厌"的划一规整的污染的异国传统景观。而"乌托邦式的计划不管它多么诱人,怀旧的情思不管是多么可以理解,都不能抵挡社会现实的巨大压力"。所以"只有在悠闲的观望之中,人们才能欣赏其美""欣赏那些传统的如画的景象"②。

我们在旅行中常常会发现那些似曾相识的画面感,他们仿佛是某个风景大师的作品一瞥,普桑,洛兰、透纳或是萨缪尔·帕尔默……这种条件反射般的发现令人神思荡漾。陈丹青曾在《再见吧,速写》的访谈中说道:"人其实是不太清楚,他站下,然后把面前看见的景画出来,是什么驱使他在做。我在回想我自己(画)的风景,尤其是我在西藏那些穷街陋巷画那些小角落,我当时只是觉得它很美,但是我想真的有一个深层的原因,它有点像在逃避,罗兰·巴特在《明室》里面写到,他先拿出一张中世纪的小城过街楼的照片,注解说:'这是我想象当中我愿意在这度过一生的地方"。相信很多人有这样的同感和审美冲动。我们在选

① 《摹造自然——西方风景画艺术》中《穿越风景的如画之美——18世纪末英国风景画与欣赏趣味的变革》一文,赵炎撰,上海人民美术出版社2018年版,第101页。

② 《偶发与设计——贡布里希文选》,[英]E. H. 贡布里希 著,李本正 选编,汤宇星 译,中国美术学院出版社2013年版。

择景物和定位风格的时候，会不由自主地调动大脑中的图像库存，将这种切身的体验和熟悉的风景画惯例相匹配。

如画主义景象是画家们苦苦寻觅和热衷表现的风景主题，以投喂这一类的收藏家和爱好者。有的画家为了寻求理想的景色而四处旅行。18世纪晚期，“如画主义鉴赏品味偏爱那些无法被碰触的、远离艺术世界和人造世界的自然景象——它热爱那些意外发生的结果、时间力量和有机生长的轨迹，它赞美那些异质的、野生的、自发的东西。随着如画主义的鉴赏品味的兴起，借助17世纪意大利和荷兰绘画中的美丽风景范本，不断吸收和复制其在绘画和园林设计中所偏爱的素材，渐渐地，那些奇异的和野生的景象就变得越来越被大众熟知和习惯。于是，那些没有受到人工改造的自然景色也被驯服了——它同时作为艺术体验和旅行享受融入了我们的日常生活，它在美学意义上被殖民化了①”。

马尔科姆·安德鲁斯认为，地方风景画既崇尚古老的、如画的、被人遗忘的乡村景象，又崇尚繁盛的新共和国中那些与众不同的风景特征的呈现，他们是荷兰财富的源泉和历史的象征——那些为广阔的土地开垦项目提供水源的无处不在的风车，那些被漂泊的田野，那些挤满贸易船只的海港，那些被细心经营的新运河，还有那些在多年的政治和宗教独立战争中成为西班牙军队的牺牲品的古老的农场和荒废的城堡。海景画、战争风情画在17世纪前几十年中迅速发展普及①。

18世纪的英国，如画主义的理论家极力主张一种具有更大自由度的园艺，改良过去意义上的强加式的园艺设计来创造的“第三种自然”，他们更加尊重自然形式的自由有机生长，只是以明确的方法细微地修饰，并且更加推崇由时间和偶然因素塑造风景的方式……使其在风景营造的愉悦感方面，能够抗衡和超越人类建造的任何最精致的花园①。

以“如画”之旅为代表的自然风光游和直白可识别的风景绘画图像语言的流行都是一种新的流行文化，对于过去风景画叙事传统一定程度地放弃反映了这个时代出现的一批新的社会阶层在文化趣味和生活方式等方面的改变②。18世纪中后期的英国城市中的居民，尤其是中产阶级，便直接进入自然、欣赏自然成为新的社会风尚。

理查德·威尔逊（Richard Wilson）被称为英国第一位真正的风景画家。他

---

① 《风景与西方艺术》，[英]马尔科姆·安德鲁斯著，张翔译，上海人民出版社2014年版。

② 《摹造自然——西方风景画艺术》中《穿越风景的如画之美——18世纪末英国风景画与欣赏趣味的变革》一文，赵炎撰，上海人民美术出版社2018年版。

在意大利学习多年，他的风景画取法于意大利和荷兰的风景画传统，在他的画中不乏克劳德·洛兰和雷斯达尔作品的影子，但他最重要的贡献在于他有意识地将古典主义风景画传统与英国本地风光结合起来，开创了英国本土风景画的发展道路。18世纪60年代到70年代威尔逊创作了一批表现英国古典园林和乡村别墅的风景作品，在当时是非常受欢迎的画作。这对于提升社会公众欣赏自然之美的趣味有着很重要的影响，也影响了之后的一大批风景画家的创作①。

在“如画”术语最初的推动者威廉·吉尔平那里，“如画”有点类似入画，指某处景色或人类的活动适合画下来。吉尔平在撰写于1768年的文章《论印刷品》(*An Essay Upon Prints*)中，首次提到这个术语：“这个术语表达了那种适合绘画的特殊之美。”②他这样描述在车厢中观赏英格兰湖区的风景：“一系列色彩鲜明的图画连续地从眼前滑过。它们都仿佛是想象中的画面，或者梦境中的美妙风景。形式，还有颜色，都以最明亮的样子展示出来，在我们面前掠过。如果它们恰如与一幅转瞬即逝的美好。”

吉尔平开创了如画主义，在他而言，如画主义的采风，不只是单纯地考察和描绘乡村地貌，而是把对自然景象的描述适应到人造景观的原则中去。

在吉尔平之后的追随者尤维戴尔·普赖斯(Uvedale Price)——作为一位令人尊敬的高贵的伯爵，对如画趣味的推崇也意味着对过去理想时代的怀念。在那个没有工业化和新兴阶层出现的年代，社会等级制度的秩序井然与未经改造的理想自然风景完美地融为一体了②。因此，“如画”是面向过去的，在它对废墟、荒原、哥特、乡村与浪漫的审美情绪中又总是带着一丝淡淡的忧伤，它既是对过去的缅怀和纪念，也在传播和时尚化的过程中生成了新的趣味，构成了对过去的挑战和颠覆②。

19世纪早期，在法国也兴起了如画主义的时尚潮流以及“如画法国”的风景向导。多种多样的展览活动促使了法国郊区游的热度。艺术、历史和建筑密不可分，三位一体。

贝聿铭回忆道：“我是到了后来，才意识到以前在苏州的时光让我学到什么。回顾起来不得不说，没错，那段时间影响了我，让我知道人与自然可以互补，而不是只有自然。人的手与大自然结合之后，就成了创意本质。”

---

① [英]马尔科姆·安德鲁，《寻找如画美：英国的风景美学与旅游，1760—1800》，张箭飞、韦照周 译，译林出版社2014年版。

② 《摹造自然——西方风景画艺术》中《穿越风景的如画之美——18世纪末英国风景画与欣赏趣味的变革》一文，赵炎 撰，上海人民美术出版社2018年版。

由于罗马这座古城在中世纪倾圮，断壁残垣便成为往昔辉煌的无声的见证人："Roma quanta fuit ipsa ruina docet"（就连这些废墟也显现出罗马是多么宏伟）。难怪，废墟后来成为浪漫主义画家情有独钟的题材。古堡和废墟，在透纳等人的笔下，往往具有不寻常的象征意义。

图 6-19　《古罗马皇宫》（王维新，56 cm×76 cm，2014）

拉斯金曾经风趣地把罗马平原风景形容为"一个国家的墓地"，据此推理，一个城市的风景也是埋葬着这个城市的过往。景观手绘讲述的人类故事要紧密地联系在这特定的场所特征中，所谓其人往矣，其韵犹存。

图 6-20　《天使堡晚霞》（王维新，54 cm×74 cm，2014）

王维新的水彩语言奠定了中国水彩的新高度，在意大利亚平宁半岛上以一个激动而又清醒的异乡者的身份，描绘出了壮丽深沉的水彩风景（图 6-19～图 6-21）。因此，我们要认清绝不是简单地反映自然和生活，而是在他一生中走进自然，走进生活，观察、感悟、理解，并在学习和思考过程中，得到精神上的提升，从而形成他自己最原始的艺术积淀，而这种积淀最终厚积薄发，表现出他自己的情感、

图 6-21　《威尼斯水巷》（王维新，51 cm×65 cm，1990）

思想、技术的融积物——形成只具有他个人灵魂的具有真正核心价值的独一无二的作品，而我们今天需要的正是这种独立独行的最基础的原始积淀。

作为一个国家的整体打造，自然和人工、现代化的城市景观和新农村景观都彰显了国家整体的活力和繁荣。如何在景观手绘中加以艺术化的处理，在17世纪的荷兰和罗马的田园风景中，城市景观好像是和如画主义违背的，往往被巧妙地处理成模糊的远景轮廓。

二、存在感

德国19世纪著名雕塑家和艺术理论家阿道夫·希尔德布兰特认为，我们与视觉世界的关系主要在于我们对其空间特性的感觉。没有这种感觉，要在外部世界中确定方向是绝对不可能的。

自然是生长和衰败力量的集合，是能量守恒运动和交换的场所。画家以一定的参与度和体验感来体悟和表达自然物质排列组合的风景，挖掘一种近乎共生的亲缘关系，重建传统景观中人的情感的维度。

马尔科姆·安德鲁斯认为风景是一个活着的环境，而不是“自然的死尸(nature morte)”，身处这个持续变化着的有机体，我们个体的感知怎么去积极应对自然物质的变化无常的戏剧化行为？

达·芬奇认为人在乡村景观中的存在感体验，是替代性的诗歌和绘画无法比拟的，有精彩的描述为证：

“哦，人哪，是什么引诱你离开你在镇上的家，离开你的父母和朋友，跨过山脉穿越河谷来到了乡村，如果不是自然世界的美丽，考虑一下，这种你只能通过视觉享受的美丽，那又会是什么呢，如果在这一点上诗人想要与画家竞争，那么你为什么不带着诗人对这样的风景描述躲在家里，躲开太阳照射在你身上的炙热呢？那难道不是更方便、更省力的做法么——既然你可以待在一个凉快的地方一动不动地等着生病？但是你的灵魂就享受不到这种穿过你的双眼——你的灵魂的窗户——直抵深处的愉悦感了，它就感受不到那些明媚空间的反射，它就看不到那么多用五颜六色为双眼谱写和声的花儿，也看不到所有其他向双眼展示自己的事物了。”①

韦伯的两次志业演讲中，揭示了现代世界最深刻的困境，可以称为“知识与信仰的分裂”，这是一个具有经典意义的难题。在整个20多世纪，西方思想界反

① 《风景与西方艺术》，[英]马尔科姆·安德鲁斯著，张翔译，上海人民出版社2014年版。

复探讨、争论不息的许多主题，包括现代人的心灵危机、虚无主义、相对主义、政治决断论，以及极权主义的起源等，都与这个重大难题密切相关。

生命还有终极价值吗？对此，韦伯做出了冷峻而又寄托深远的回应。这种回应，在今日精神荒凉的现代世界，尤予人启迪。

我们欣赏一幅景观手绘作品时，很难避开不去考虑艺术家塑造的形象的心理维度。将自己置于自然力的运动中，并以这种切身体验指导景观手绘的构建，是一种艺术家和自然世界关系的新发展。

（一）偶发

贡布里希在《偶发与设计的抗争》一文中谈到建筑时对“希腊式建筑的健全法则”表示了敬意，又试着提出观点：“建筑师有时也应该利用一下偶发因素，我相信画家的眼睛总是在注意捕捉它们；跟随这些偶发因素的引导并改进它们，总是胜过一味地遵循规划。”①

每个人都在自己的认知层面发现美，景观手绘是经过了组织和划定的画框，通过有限的暗示，来实现一个独特的视野。不再满足于传统艺术那种简单的愉悦或者得到道德的益处，而是要揭秘那些无法形容、难以表达的风景特性。

以水彩语言表达的景观手绘，更大的灵活性使画家能够抓住短暂消逝的天气效果和天气变换，也将画家捉摸不定的心情融入画中。因此不同于自然主义的摄影技术那般，情境手绘追求的是观察者对自然场景的主观联系，传达的是生命过程中的偶发。

往往偶发的表现，通过打乱和重构在图像表达上的“自然和理性的语法”，才能为图像化的“景观”提供一种风景形式的新维度。

阿尔诺·卡萨格尼（Arnaud Cassagne）在《透视法则实践论》中一语中的地指出艺术家直觉的重要性：“那些注定要形成一幅图画的景物组合，应该在一瞥之后就能够轻松地领悟到。”①

克利认识到“自然应该在绘画当中重新诞生”。他惯于细致入微地从自然中发现秘密，然后透过创造的心灵，将复杂的有机形态酝酿发酵，提炼转化为最基本的形态。“我觉得我迟早会获得某些像样的东西，只是我必须不从假设入手，而从具体的实例开始，无论这些实例是怎样的微小。对于我来说，从这些细小的事开始是非常必要的。”

这里所提及的情境手绘，不是对于著名景观的照相写实般的记录，而是对于

① 《风景与西方艺术》，［英］马尔科姆·安德鲁斯著，张翔译，上海人民出版社2014年版。

浪漫主义可能性的一瞥。我们每次抬头或转头看风景时，都无法保持一个完全相同的角度，每次抬头或转头，都会添加一些视觉信息，它总会影响观察对象的形状、布局，以及相应的透视图像。传统画家可能会反感这些“变量”，想要让人耳目一新，更应思忖如何有效地利用这种活性的“变量”来增加画面的趣味性？

以自我突破的思维，摆脱理性思考的控制，对秩序、连贯性和结构组织方式的颠覆，脑海中所有的暗流涌动最后都定格在为什么组织并落实成这样的画面？此情可待成追忆，只是当时已惘然。随机和偶然的发挥，源于灵动之思，是急中生智，是得意忘言，是无法复制的美，是中国南宗文人画的精髓所在，是超现实主义的解构和重构。

陈醉指出：“一个常惯的结论就是中国艺术是传神的重写意，西方艺术是科学的，重写实。自然，这种基本把握，总体上是正确的……他们是个实数，我们是个虚数；他们是精确数学，我们是模糊数学；他们重物质，我们重精神；他们侧于分析的，我们偏于综合的；他们偏于理智，我们偏于感情；他们侧重形而下的，我们侧重形而上的……中西交流，相互影响，首先一方面是取人之长补己之短。另一方面是知己知彼之后，反其意行之，扬己之长，避人之短，立足于自身特色的发挥。”①当他的意识在漫游时他的手所绘出的形象，成为特定时刻文化情绪的一种记录和表征。游走在规范的边缘或另一面，看似不按常规出牌，但恰恰是那些反“规范”打开新的视角，内心的眼睛，特异的感悟，创作出情理之中、意料之外的佳作。

如何激活潜在的灵性？景观手绘的创作中，会遇到各种坎，各种坑，不是每每靠理性能解决，需要应变思维。往往百思不得其解，神不知鬼不觉地顿悟了。追根问底是一种常态，惊鸿一瞥就在瞬间，走投无路便将错就错。所以，坚持越过一道道坎，后面就是更高更新的境界。

不善于做白日梦的艺术家不是好艺术家。梦境也是接近最真实的潜意识的一种活动，达·芬奇惊讶于夜晚所想象到的形象的清晰程度，他早就发现了超现实主义的主张：“为何梦境中，借助想象力，眼之所见竟比清醒时的还要清晰？”②

虽然，有些风景名作的原型的确具有如画美的特点，例如，我们今天看到的凡·高笔下的阿维尼翁、莫奈笔下的地中海，已经成了热门的旅游打卡景点。但是，自然景观并不总是尽如人意。有些旅客慕名按图索骥寻找的景点和画家的

① 《中西审美比较》，陈醉撰文，刊于《美术观察》，2002。

② 《素描精义——图形的表现与表达》，[美]大卫·罗桑德(David Rosand)著，徐彬、吴林、王军译，山东画报出版社2007年版。

作品很难匹配，那是画家为了让自然景观变得"如画"，而对实景进行了改造。"在需要的地方增加山峰高度，虚构树木和前景，甚至改变河水的流向。"[1]这种苦心经营的篡改往往显示画家的即兴，这也是景观手绘真正区别于风景摄影的地方。

手的运动，在某一时刻的精确位置，凝聚成永恒。正如保罗·克勒所说："活动的线条独自漫步，自由行动，漫无目的。"《韦氏新大学词典》（*Webster's New Collegiate Dictionary*）中关于涂鸦的解释是："一种在某人的精神集中于其他事情时漫无目的，或多或少有点心不在焉的书写或描画。"[2]

达·芬奇的素描模式是一种智性模式。画家希望更多地了解世界，于是找到了一种办法，不仅能满足这种需求，而且使其变成了可能。这种书写的技巧，带着特别的强烈和坚韧，超越了图像的能量，探索得更深。这种根本上的触觉，通过笔触进行探索，试图把握住所表达的事物。素描的实现过程带有对现实的试探，通过笔画的累积而成形。不论是金属笔尖的或钢笔的，都提供了一种带有视觉提示的线性图案[2]。

图 6-22 中的三幅手绘画为南航艺术学院 18201 级学生刘亦可的手绘作品，每幅画中都有一个黑色的背影，有点贾科梅蒂的雕塑意味，他是谁？如一个闯入画中的不速之客，又仿佛是孤独飘荡的幽灵，又或是作者自己在画中的替身介入？

图 6-22　有小黑人的手绘风景（刘亦可）

作者在画中第一次加入这个小黑人时，出于现场的偶发，或许她的确看到了这样一个深色的背影在眼前晃过，加到画中之后起到了意想不到的点缀效果。在点评作业的时候，我强化了她这一点睛之笔的意味和价值，后来的几幅画中，

① 《系统、秩序及抽象：1795 年前后英国风景画的政治》，[英]安·伯明翰著，载 W.J.K.米切尔编，《风景与权力》，杨丽、万信琼译，译林出版社 2014 年 10 月版。

② 《素描精义——图形的表现与表达》，[美]大卫·罗桑德(David Rosand)著，徐彬、吴林、王军译，山东画报出版社 2007 年版。

她有意识地把这个 logal 继续贴入画中。

（二）拾趣

肯尼斯·克拉克预言：“继续风景画的最大希望在于感情误置的发展，和把风景用作我们自己感情的焦点。”①

视觉世界是一个出发点，是景观手绘的材料源泉，自然界是整个结构的母题。趣味基于画者的感觉和情绪而不是信仰和主张。但画者并不是在作画之前，就一眼洞穿，可以看到了整个结构，而是像科学试错法一样，在作画的过程中不断调整物象之间的关系，是对象内在含义（实际上是画家本人的独特感受）的一个不断呈现的过程。

景观手绘中最难以捕捉的是变化活力，它是画家“神遇而迹”的结晶，最终目的是创造一种意象之美。经过对客观事物的认识、认识、再认识，不断深化过程，那些有机物质形式彰显了特定的自然力量规律，对反映自然的原始力量形式的搜寻，成了拾趣。那些反映了自然能量的图案、韵律和形状，正应了那句：“夫趣得之自然者深，得之学问者浅。”《庄子》指出“言者，所以在意，得意忘言”“可以言论者，物之粗也；可以意致者，物之精也”。

18 世纪末追寻“如画”之旅的风尚并非吉尔平一人之功，而是有一大批人共同为这股时尚风潮的兴起贡献了自己的力量：他们创作风景画作、撰写文章、出版游记、探讨“如画”……他们的身份主要是艺术家，包括画家、雕刻家，除此之外就是贵族收藏家、古物学家、地质学家等等。总之，寻找“如画”之旅绝非一件非常轻易的事情，既需要有特定的文化艺术修养，同时也要有必不可少的经济支撑。于是，在‘如画’之旅兴起的背后，还隐藏着国家和社会在那个快速转变的时代中所发生的现实和情感方面的复杂变化。隐藏在“如画”背后的信息是多元化的，甚至从“如画”这一观念发明之初就蕴含着复杂和矛盾的文化问题，交织着艺术、自然、美学、国家和社会的多重关系②。

当时的如画之旅都要带上如下几样装备：日记本、速写本、水彩颜料以及克劳德镜，不少旅行者都会在旅途中创作一些小风景画，随后作为插图在自己的游记中出版。

而时至现代，在风格创新方面包豪斯的大师级老师克利富有成就。他不仅

① 《风景画论》，[英]肯尼斯. 克拉克 著，吕澎 译，四川美术出版社 1987 年版。

② 《摹造自然——西方风景画艺术》中《穿越风景的如画之美——18 世纪末英国风景画与欣赏趣味的变革》一文，赵炎 撰，上海人民美术出版社 2018 年版。

在包豪斯培养了大批人才，也是20世纪最富有诗意、最有创意的艺术家之一，穷其一生都在不断地自我重塑之中，探索材料、色彩和形状之间的奥妙。画风从抽象到隐喻之间流转，由观念描述转入视觉，从人物转入大自然与历史，乃至于纯艺术的追求；他借由象征来传达艺术理念，即便在有些式样和技巧的探索上初有成效，也绝不会留恋不前，为后世画家树立了一个崭新的典范。

1912年左右，克利对立体主义产生了兴趣，但他违反了立体主义的教条。任何断开平面和重新组织平面的立体主义的严肃技巧都逃脱不了他那冷嘲式的智慧，甚至以儿童素描来嘲弄立体主义不够生动的人物解构。克利画中的块面构成不如法国立体主义的那么集中，层次没那么分明，更像散开的有机细胞①。但在克利往后的作品中渐渐显示出更加明确的绘画结构和理性设计的形式处理。

1897年，毕加索的现实主义画风就曾受到了象征主义影响，他之后的创作不满足于现实的对象，总是试图以主观的强烈感觉加以篡改。克利1913年左右在慕尼黑看过毕加索的大型展览，1932年在苏黎世的美术馆，克利又欣赏了毕加索的回顾展，他发现了毕加索画面中的"超现实主义"成分，深受启发。

因此，克利迷恋儿童画，就不以为奇了。儿童是游戏的化身、游戏的精灵、游戏的天才，大致有两个缘由，其一，克利一直保持赤子之心不泯灭，迷恋视觉元素之游戏和视觉元素之谜，如王阳明所言："大抵童子之情，乐嬉游而惮拘检，如草木之始萌芽，舒畅之则条达，摧挠之则衰痿。今教童子，必使其趋向鼓舞，中心喜悦，则其进自不能已。譬之时雨春风，沾被卉木，莫不萌动发越，自然日长月化。若冰霜剥落，则生意萧索，日就枯槁矣。"②

"化石、洞穴、山区地层、原始动植物、神圣之石的集合物、无法破译的岩画，所有这些，都若有所指。"①克利不只是挪用，更是诙谐地改编，通过各种做旧的手法（磨损、撕破、模制和侵蚀等）来暗示时间之手的效果。因为"所有的法则都是铺垫，为了不期而遇的繁花盛开（Laws should only be seen as bases for future flowering）。"

除了线条，对于克利而言，色彩也是一种活力的表现，"不知在色彩的国度里，我是否能走得同样远"。如何让色彩在"遥远的意志"的引导下达到自身的一种完善？他利用丰富的媒介和技法来进行色彩试验，可以在麻布、帆布、纸板、金属箔及其他织物等多种材质，甚至使用沙粒、麻线等材料制作丰富的内在肌理，

---

① *Paul Klee—The Exhibition*，Centre Pompidou 2016年版。

② 《道不尽的幼儿教育》，李庆明撰文，刊于《教育研究与评论》2017年，第4期。

也经常采用喷绘、刀刻、冲压、蚀刻、上釉等技术，来建构和表征他独特的理解和感觉，使作品变得更加厚重沉稳。不同的材质和记忆，营造出克利才有的独特效果①。克利的综合材料的创作手法启发了现代绘画，尤其是插画的创作，澳大利亚插画家珍妮·贝克(Jeannie-Baker)利用各种随手可得的材料做艺术创作，其插画书《镜像》和《生生不息》中的景观用了综合材料，使书中景观呈现出丰富的层次感，突显了材料的触感。

克利一生致力于独创，可谓举世无敌。唯独毕加索，他潜在心理上一直暗暗憋招，试图在艺术探索上与他颉颃。他们的绘画实验精神和丰富的表现手法，值得我们在景观手绘的创新探索中效仿。

（三）我见

观察者置于绝对的中心。对画者来说，首要任务是观察，努力从整体上把握所有物体相互间的关系，这种关系是引起一个画家创作此件作品的动机。如何在变幻无穷的自然界和纷纭扰攘的尘世中恪守自己的天真？

中国山水画的意境如宗白华所言："艺术家以心灵映射万象，代山川而立言，他所表现的是主观的生命情调与客观的自然景象交融互渗，成就一个鸟飞鱼跃的、活泼玲珑、渊然至深的灵境。"②"人类这种最高的精神活动、艺术境界与哲理境界，是诞生于一个最自由最充沛的深心的自我。"②

南朝文学理论家刘勰(xié)在《文心雕龙》中把作家创作个性的形成归结为"才""气""学""习"四个方面。前两者关乎纯真之眼，后两者关乎后天习得，如何巧妙地平衡两者的关系？

王微指出："以图画非止艺行。成当与《易》象同体。"他把图画的地位提高到和圣人经典相同的地位，图画和功能自然就不言而喻了。"夫言绘画者，竟求容势而已。且古人作画，非以案城域，辨方州，标镇埠，划浸流。本乎形者融灵。而动变者心"③，山水和山水画因为"融灵"，必然有一种动变之势，是作者意识之流的定格。

姚最"开后世绘画写心之法门"提出"心师造化""立万象于胸怀"，进一步强调了画家主体在山水创作中的决定作用。又言"夫丹青妙极，未易言尽，虽质沿古意，而文变今情"。绘画的内容可以沿用古意，但艺术形式要随着个体和时代

① 《克利与他的教学笔记》，[德]保罗·克利 著，周丹鲤 译，曾雪梅、周至禹 校，重庆大学出版社 2011 年版。

② 《宗白华美学思想研究》，林同华 著，辽宁人民出版社 1987 年版。

③ 《汉魏六朝画论》，潘运告编 著，湖南美术出版社 2002 年版。

的变化而变化，要创新。如石涛所言“笔墨当随时代”。

但中国山水画的发展史上曾出现过两次复古运动。画风的成熟往往会导致这种现象。五代宋初山水画成熟达到一个高峰以后，众学者争相临摹，如郭熙所言“齐鲁之士，惟摹营丘；关陕之士，惟摹范宽”，米芾在当时以反传统的角色出现，大胆废除“祖宗之法”自创一家（“米点山水”“云山图”）。另一次复古是以清初的“四王”为代表，对此，石涛提出“法我自立”“受与识，先受而后识也”，对后世追求创新的画家影响很大。

赵无极在杭州艺专授课时指出：“绘画不仅是画的问题，重要的是观察方法的转变，就是要用自己的眼睛去看，不要用别人的眼睛去看，也不要用自己以前的眼睛去看。要知道，你们并不是技巧上的问题，而是观察出了问题……在我看来，从 16 世纪起中国画就失去了创造力，画家只会抄袭汉代和宋代所创立的伟大传统。中国艺术变成技巧的堆砌，美和技巧被混为一谈，章法用笔都有模式，再也没有想象和意外发明的余地。”

曹意强在与约翰·奥奈恩斯教授、尼古拉斯·彭尼教授就“纪念贡布里希 110 周年诞辰国际研讨会”商讨议题时，提到三个关键词及他们的逻辑关系：“心灵—艺术—价值”。艺术是塑造我们的思维以及观察人和自然的重要力量；绘画通过给人提供审美享受，塑造或重塑着我们看待世界的方式，由此磨砺我们思维的敏感性和创造性。

艺术家之所以为艺术家，是因为他比别人具有更敏锐的洞察力，更惯于辨别事物的本质。我们的注意力和兴趣不仅在人类身心的复杂性，顺着这颗好奇心，延伸到了与人类自身具有同等复杂度和丰富性的自然环境的探知中。只有具备感觉的精细，善于捕捉微妙的关系，分辨细微的差别，才能以色彩、笔触等造成一个有意味的总体。《文心雕龙》设《通变》篇，专谈继承与创新，认为“变则其久，通则不乏”。

立普斯认为移情按其性质分为“实用的移情”和“审美的移情”两种，前者是在实际生活中，看到某种悲伤的表情或欢乐的微笑而令我们感动的同情；后者只有在摆脱了实际的利害感、进入纯粹的审美观照以后才会产生。他从三个方面界定了审美的移情作用的特征：① 审美对象是一种受到主体灌注生命的有力量、能活动的形象；② 审美主体是观照的自我；③ 主体和对象相互渗透，融为一体。他还提出了“审美的摹仿”，指人在聚精会神的观照中忘了自我，使意识完全进入被观察的对象，人与物的对立消失，人从对象的运动、姿态、部位及形式中以类似的方式感受到自己的活动，从而产生紧张、轻松愉快等感觉和冲动，从而在无意中摹仿了对象。

丹纳这样形容中世纪艺术,“特征印在艺术家心上,艺术家又把特征印在作品上,以致他所看所描绘的事物,往往比当时别人所看到所描绘的色调更阴暗”。

菲德勒认为自然的内在真实和秩序,实际上是艺术家主观活动的结果。他坚持认为艺术家不是自然的模仿者,应该是具有敏锐的艺术感受性和理智分析力的形式创造者。艺术的内容不是具体的房屋、树林或人物,而是艺术家怎样感受这些对象的问题。

因此,马尔科姆·安德鲁斯认为:风景艺术的真实性,并不是对“自然”本身的临摹,而是对主观反应的再现。它总是包含了一个与所选环境做出持续直接接触的过程。手绘艺术在手绘者的认知边界中,随着对图像的探究达到了对景观更进一步的体验,成为迫使新奇事物转变为安全的熟悉事物进程中的一个重要的要素。

一件艺术品,显而易见属于一个总体,就是说属于作者的全部作品。艺术家本身连同他所产生的全部作品,也不是孤立的。有一个包括艺术家在内的总体,比艺术家更广大,就是他所隶属的同时同地的艺术宗派或艺术家家族。

在一些同样题材的景观手绘中尝试融合更多更复杂的文化、预言、隐喻和思想。将重要的生命力注入历史,将手绘者个人的体验注入人文景观中(breath some sort of vital life force into history)。每一个个体都在自身的发展原则中揭示上帝设计的一部分。对景观的解剖式研究实则对应于人类对自身的新认识。因此,风景从一开始就是人文与自然客体融合的概念,而非自然景物本身。作为人与外界的接口,是人对自然景物的描写,也是人内在凝视的呈现①。

正如瓦萨里所言,绘画者通过素描往头脑中填满优美的意象,并学会想象自然万物,而无须亲眼所见。琴尼尼就意识到了画家的想象具有原动力。画家必须将想象力和手的技巧结合起来,才能见人所之未见,绘人所之未绘②。

“真正的艺术家”是“诚者”,《中庸》曰:“诚者,物之终始,不诚无物。”“唯天下至诚为能化。”曾国藩指出:“诚于中,必能形于外。”曹意强认为创新是艺术的生命,真诚是创新的本源。对艺术的真诚,是真正的艺术家的品质,是铸就艺术价值的先决条件。画家用细微的心灵感受和灵敏的双手捕捉到了转瞬即逝、永远不可复现的存在之美。石涛在他的《远尘章》中也疾声呼吁:“人为物蔽,则与尘交。

---

① 《摹造自然——西方风景画艺术》中《穿越风景的如画之美——18世纪末英国风景画与欣赏趣味的变革》一文,赵炎撰,上海人民美术出版社2018年版。

② 《素描精义——图形的表现与表达》,[美]大卫·罗桑德(David Rosand)著,徐彬、吴林、王军译,山东画报出版社2007年版。

人为物使，则心受劳，劳心于刻画而自毁，蔽尘于笔墨而自拘，此局隘人也。”①

克利不断“进行着某种精神的发展”。“目前最重要的其实不是如何画得成熟，而是如何做个成熟的人，或至少成为一个独立的人。做你生命的主人，乃是所有改进表现方式——不论是绘画、雕刻、悲剧或乐曲——的必要条件。不仅要支配你的实际生命，更要在你的内心深处形塑一个有意义的个体，并且尽可能培养成熟的人生观。”②正是这种恳挚的意向促使他如米罗的自我宣言一样，“所有这些纯粹在心灵中的创作终会叩响他人的心灵”③。

不仅像塞尚说的“绘画，其实就是在用画笔思考”，他还经常借助文笔思考。文心与画思，二者都是克利用以追问艺术世界的奥秘，但他的绘画绝非文学的注脚，而是以各自之长寻找“人类感情源泉”的工具。所有的追问，如果有答案，都浸淫在他追问的痕迹中。

刘洵，著名插画家，其作品获“丰子恺儿童图画书奖”等大奖。刘洵生活在南京，画中风景主要取景于南京街头，图 6-23 中貌似颐和路民国别墅区的绘画作品，采用彩铅和水彩结合的手法，令人怀想起当时莫奈和华沙罗所描绘的巴黎街头。在我们每日穿梭、司空见惯的老街巷，作者却能发现美的眼睛，挖掘出这些日常所见的艺术美感，融入自己的插画创作中去。

图 6-23　刘洵风景水彩和彩铅结合绘法作品选

① 《吴冠中——我读石涛画语录》，吴冠中 著，荣宝斋出版社 2004 年版。

② 《克利的日记 1898—1918》，[德]保罗·克利 著，雨云 译，重庆大学出版社 2011 年版。

③ 《长短相形——中国水彩艺术论文集》中《米罗的超现实诗画与图像学分析》一文，蒋文博撰，中国美术学院出版社 2017 年版。

第三节 画意有致

丹纳进一步阐释,“摹仿”艺术所复制的是现实世界的“关系”或说“实在物的逻辑”——“事物的结构、组织与配合”。丹纳认为,当物在艺术家手中经过改动而与其头脑中的“观念”“相符”时,表现出事物的支配性的特征,该艺术品就是“理想”的了。作品带来愉悦感的满足度则随欣赏者的比较行为而生发的,对艺术家的摹仿意图、智慧和难度等因素的洞悉程度,受欣赏者的文化水平、主观趣味等因素影响。

希尔德·布兰德认为艺术的表现要显得强烈而自然,就必须具有符合我们对形式最一般概念的那些基本效果,就要排除大自然所呈现的令人眼花缭乱的复杂性。艺术的表现不能只是对大自然机械仿造,而必须遵照把视觉价值处理得富有表现力的那些条件。因此,事实上当一个艺术家在心里把他单纯的表现转变成富有表现力的空间价值时,他的这种表现是对整个形式世界的表现。

曹意强认为,艺术的自由,如同其媒介的限制一样,也是一把双刃剑。诚如题材和形式的必要限制,于庸才是藩篱,于天才则是突破之机缘,自由是艺术创作的前提条件,但绝非作品审美价值的保障。毫不夸张地说,当今画坛出现的某些问题恰恰滋生于没有节制的自由。放弃现实的参照,从绘画到绘画,或从图像到图像(包括依赖照片),是如今普遍的问题。

马蒂斯教别人时总是说:新呀,新呀,要新!什么是新?不是那种表面效果的新,而是通过深刻观察思考之后,才把你引到一条新的道路上去。

就如希尔德布兰德所认为的,艺术家只懂得种种艺术规律是不够的。这种规律必须活在他身上,成为他思想的一个组成部分,伴随并且制约着他的知觉和表现的每一个观念。一切艺术训练、一切艺术想象的修养都仿造这种从自然需要中演化出来的规律。

无论是中国山水画还是西方风景画都经历了漫长的风格演变史,“在这一演变中,描绘自然景色的语汇的成型,是和把自然看作是景色的能力的获得同时发生的”①。两者大致都经过了从以题材内容为主到以表现形式为主的变迁。

正如贡布里希所说:“认识的过程也就是用心中的图式与自然不断比较、不

① 《“风景画”注释》,范景中撰文,刊于《艺术发展史》,1991。

断调整、不断修改的过程。对于艺术家来说，他理解自然的图式主要来自传统，来自他那个时代的风格。他凭借他对其他艺术作品的经验来对照自然，并在不妥之处加以修改，这就是艺术风格变化的根源，因此整个艺术史可以从'制作'与'匹配'的角度做出解释。"[①]可以说中国山水画和西方风景画的发展史，就是图式和视觉之间互相派生的历史。当原有的图式阻碍了视觉发现的时候，保守和复古就出现了；当视觉对原有的图式提出质疑，便催生新图式的产生。在今天，当图式体系形成，博物馆艺术高度成熟之后，寻找新图式就是东西方艺术共同面临的难题。

关于山水和其再现对象的关系，董其昌早有精辟见解："以(蹊)径之奇怪论。则画不如山水。以笔墨之精妙论。则山水决不如画。"[②]这里的笔墨不只是狭义的字面的理解，应该是广义的绘画语言及表征。

观看不是一个被动接受的过程，之所以画家比寻常人更善于欣赏景观，很大程度上是因为他能不断从景观中搜寻和发现画意——也就是他所掌握的绘画语言特征，然后再通过作品呈现他的观看方式。

在实践中，我们力图打破景观效果图的概念化、景观手绘艺术的盲目性，整合两者的优势，将其所受的设计训练用到景观手绘上，结合插画的趣味，形成一个有机且开放的景观意境。

作品的精细程度，体现个人品位和风格的独立性。就是说消费者买了一个东西希望这件商品符合自己的审美观念从而体现出自己的一些风格。同样景观文创也要考虑市场和甲方的需求。有插画师通过分析市场研究发现，土气是任何商品卖不出去的罪魁祸首。也就是我们通常说的，俗病难治。

在画面中制造一些冲突，通过对立反差的控制性序列——单体与整体、线绘与涂绘、符号与转喻，来匹配宇宙万物，通过分离与对立的构造和谐万物的法则，是各种形式和要素之间的辩证统一，它们对于美、能量、效果以及整体的和谐来说都是必需的。

一、媒介的丰富

怎么在景观手绘的艺术性和媒介性之间寻求平衡？这个问题是值得思考的。敢于尝试新的绘画媒介，不断从现实世界获得新鲜的刺激，才有可能揭示新

---

① 《艺术与人文科学》，范景中编选，浙江摄影出版社 1989 年版。
② 《四库全书存目丛书》集部第 171 册中的《容台别集 · 画旨》一文，[明]董其昌撰，齐鲁书社 1997 年版。

的美感，需要经过大胆的尝试和有效的总结。绘画语言不是一个中立的媒介，它一旦成形，便反过来强烈地影响观者的感知方式。

如何用现代的观念、现代的媒介、现代的手法来进行景观手绘？如何推动景观手绘的创新化发展？不仅要运用高科技多媒体的现代媒介，还要匹配现代化的生活方式。从传统的纸上手绘（图 6-24），到现在越来越多依靠电脑、数位板、手绘屏、iPad 等电子设备进行创作插画，尤其是专业的绘图应用工具，这些软件充分地利用屏幕触摸的便捷方式，设计的数字手绘笔。笔者这几年在教学中尝试过各种绘画媒介，对每种媒介的性能和表现力、优缺点都有所了解。

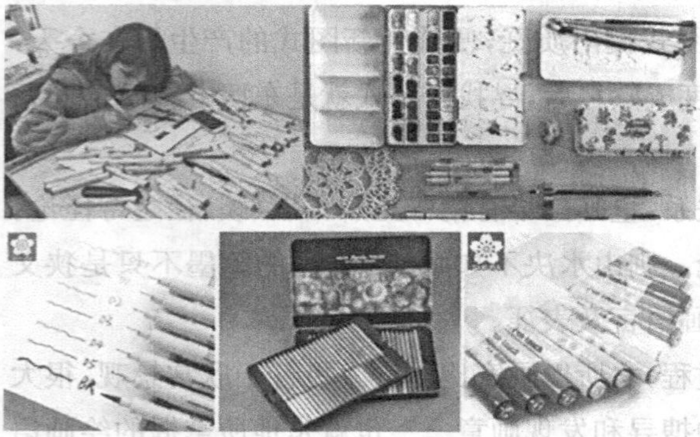

图 6-24　学生上课所用材料实拍图

材料作为艺术的载体，是艺术形式语言的重要组成部分。为了不断适应变化中的大众审美需求，艺术家们在不断地寻求材料和技法上的创新，打破传统手绘艺术的限度和边界。

艺术形式的多元化离不开材料的多元化，综合材料在绘本中的运用给作品带来了新的视觉审美感受，在多元化的当代背景下，综合材料因其材料自身的特性和技法的多变性，使景观手绘艺术不再拘于传统形式，在其创作上不断创新，符合当代艺术多元化的趋势。

从较为局限的单纯运用绘画工具进行绘画到现在的摄影、拼贴、纸雕及一些科技手法的融入，综合材料的运用为艺术创造了无限的可能，正是这些多样化，才让景观手绘有了丰富多变的外貌。

图 6-25　《山神庙》（胡瑞）

如何在绘本中运用综合材料为景观手绘创作带来新的视觉感受和审美理念？综

合材料的有效开发和组合运用是新趋势。

二、手法与质感

无论说得多么天花乱坠，一件景观手绘作品的意境高低取决于画面所呈现出来的技术特征。视觉艺术都离不开再现自然或造化的基本观察方法与基本描绘技术，任何一个视面优于所有其余视面的价值将仅仅取决于它使我们对事物的这些空间观念产生深刻印象的力量。多种手法，多样质感，彼此渗透，协同发力，不同形式和材料的特征之间的共鸣关系就可以得到表现。

虽然在景观手绘的过程中，我们提倡主观的联想和跳脱，但自然规律依然是我们作画时的重要考量，大千世界，包罗万象，自然形态的运动变化，以及表面材质、光线下的树叶光泽，凡此种种，都需要各种手法与之匹配，形成各种质感的并置表现。这些才能使风景成为精神上的戏剧的传达手段，赋予强有力的感官支持。

明朝李日华认为“大多画法以布置意象为第一”，要求在画面上“远则取其势，近则取其质”，根据画面需要巧妙布置。

沈宗骞指出，“笔墨之道本乎性情”“笔墨本通灵之具”。笔墨作为一种艺术语言载体，需借助绘画主体的内驱力而达到精神层面的指向，这种能指与所指的关系类似于语言和文学，构成了笔墨在能指层面（符号）和所指层面（意境）的双重属性。

素描是一种观察认知的方式，而观察和认知的质量，因素描的模式而变化。素描记录下所见及所知，但并不是马后炮似的所见所知：它和观察是同步的，对于绘画者来说，和观察也是同等的①。围绕表现一个有机体在空间的转向，具有多样性的可能。

书写和素描作为标记的相互之间的亲密关系。文字的动能扩展到线条之外，弥漫于整个画中，从书写的可读性责任中解放了出来，具有了自己独立的生命和价值。画笔的移动复杂而富有表现力，参与了线性运动的所谓“空间营造”的活动。在试探性的笔触中，我们读到的是绘画之手的触觉野心，是为了触及对象，为了切实抓住它而反复做出的试探①。哥特式风格的线性放纵，带有书写的装饰意味。

---

① 《素描精义——图形的表现与表达》，[美]大卫·罗桑德（David Rosand）著，徐彬、吴林、王军译，山东画报出版社2007年版。

贡布里希认为，如果确实有什么东西标志着20世纪的特征，那就是试验各种各样想法和材料的自由。

贝聿铭曾获得普利兹克奖，这个有“建筑界的诺贝尔奖”之称奖项的颁奖词这样评价他：“贝聿铭给予了我们本世纪最优美的室内空间和建筑形体，他始终关注他的建筑周边的环境，拒绝将自己局限于狭隘的建筑难题之中。他对于材料的娴熟运用达到了诗一般的境界。”

曹意强认为“艺术本身是个悖论，必须借古开今，超越往昔大师的艺术品质，形成个人完全独特的格调和绘画方式。”

以现实为师，以由此汲取的感受力为灵感，将传统绘画的启发转换为自己独特的视觉技艺，这种实践，换句话说就是一面解构，一面重建：“在古今中西之间徜徉，融具象与抽象为一式，平衡精神隐喻与视觉的机缘……”

荆浩告诉我们，“物之华，取其华；物之实，取其实。不可执华为实。若不知术，苟似，可也；图真，不可及也”。做到了“真”，便可“气质俱盛”。

创意手绘实现的前提是对手绘本质语言的把握与不断探索，说白了，就是如何抠好细节，抠出感觉。在将传统景观主题转译为图像符号的过程中，传统、现代或当代的各种绘画艺术语言当然都可以为我所用，要善为物用，不为物使。实验是创作的本性，个性化风格的形成是其水到渠成的结果。手绘课程应鼓励学生在绘画语言方面的尝试和多样性。如何在充分发挥绘画媒介潜质的前提下融入创意和诗意值得深思。

根据马尔科姆·安德鲁斯的研究，威廉·吉尔平直到1792年才在《论文三篇》（*Three Essays*）中专门用一篇《论如画美》（*On Picture sque Beauty*）来给予更深入的讨论①。文中，吉尔平试图以园林艺术为契机，将“优美”与“如画”区分开来：实际的景物之美是以光洁和整洁为特质，比如优雅的建筑和修整过的花园地面，尤其是针对当时流行的“万能布朗”（Capability Brown）式的“光滑和平整”的园林景观。而“如画”美则通过荒野和崎岖突显出来，它们表现为一棵老树的轮廓和树皮，或者是山岚嶙峋的坡面，“如画”美的构图要将层次丰富的形态整合一体，而这些形态只能通过粗糙的景物获得。

（一）线条感

提倡手绘、重视运笔的肌肉感和灵感之间的相生相克，线条界划造型时的笔

① 《摹造自然——西方风景画艺术》中《穿越风景的如画之美——18世纪末英国风景画与欣赏趣味的变革》一文，赵炎撰，上海人民美术出版社2018年版。

触也是心灵的表露，是“心”在设计中的痕迹。这种手感微妙的表达是每节课认真面对、常论常新的命题。

中国画的工具主要是笔墨，对笔下线条的控制极为讲究，并着重在笔墨上求气韵，相关的品评和描述也是极为丰富。当运笔弄墨能充分体现“意”之精神时，便为至法。也可以说笔墨来自画家的修养，它不仅是形迹也是意象，是画家精神的象征和人格的迹化。清代郑板桥在《题画竹》一诗中写道：“四十年来画竹枝，日间挥写夜间思。冗繁削尽留清瘦，画到生时是熟时。”

王微的《叙画》中有这样的叙述：“曲以为嵩高，趣以为方丈；以拔之画，齐乎太华。”意为“用笔上下挥动，可以画出嵩山之峰；用笔纵横奔放，可以画出神仙境界；用笔急骤挺拔，可以表现出险峻的华山”，说明用不同的笔法表现不同的山水之境。

谢赫强调“一点一拂，动笔皆奇”“笔迹超越”“纵横逸笔”，把笔和气韵相联系起来。

荆浩首次将气和韵用于山水画，他在《笔法记》中写道：“气者，心随笔运，取象不惑。”“韵者，隐迹立形，备仪不俗。”又说：“笔者，虽依法则，运转变通，不质不行，如飞如动。”“墨者，高低晕淡，品物浅深，文采自然，似非用笔。”

元代赵孟頫在《题秀石疏林图卷》中写道：“石如飞白木如籀，写竹还应八法通。若还有人能会此，方知书画本来同。”“他之后善画者鲜有不善书。文人画家更把读书放第一，练字放第二，画画放第三。”其原因如郭熙所云“故世人多谓善书者往往善画，盖由其转腕用笔之不滞也”，以至于用笔不为笔使，用墨不为墨用，而达到胸中有“意境”，手下自由驱遣笔墨的境界。

清代方薰在《山静居画论》中提出：“笔墨之妙，画家意中之妙。”

再来看西方绘画的成品中，线条隐藏于轮廓和体积之中，但大多数创作概括起来无非“勾线涂色”，勾线架起了内在之思和外在之形之间的桥梁。所以“素描派”的拥护者坚信素描在先，决定了一幅画的基调，素描是智性的结晶。他们以此为论据，来对抗“着色派”的拥趸者。

罗杰·弗莱认为，人物、景物和静物总要按照一定的关系排列在画面上，构图就体现出诸种物象在画面上的秩序，物象之间的相互关系所构成的建筑式结构是直接作用于观众审美感受的首要条件。而结构的第一个因素是用勾画形式的线条的节奏。所画出的线条是一种姿势的记录，通过直接传达给艺术家的感情使姿势得到修正。

说到这里，就得提到线性透视，画面中的隐性结构线。我们通常在户外写生构图之前，打手势取景的姿势大概源自阿尔贝蒂的“窗户”理论。布鲁内莱斯基发现了焦点透视，线透视的效果是造成窗口看到一片真实风景的错觉，这就必须使画家处于一个固定的观察角度。

如果同时表现不同角度的观察结果，焦点透视的原则就不适用了。塞尚把这种现象叫作“交叠”（overlapping），即用物体相互交叠的前后关系来代替线透视的远近关系。同时，由于观察角度的自由变换就会出现多个消失点，也可以把本来不在一个视平线或一个消失点上的几件物体通过交叠达到三维空间的远近关系。

一个坚实而确定的轮廓线给物体提供了稳定性，它明确了物体彼此间的关系及其与所处空间的关系。利用曲线、直线、折线的交错重叠而使作品中的图像在平面的二维空间中呈不确定性的方式随意穿梭，从而打破了时间与空间的局限，将原本割裂矛盾的形体构成融合起来，达到视觉和心理上的双重统一。

线条绘制的过程也就是认知探索的过程，是进入世界的过程。绘画者探索外部世界，积极地与世界接触，将自己的思想投射于世界。绘制一根线条就是将自己扩展到外部世界，认识世界，并认识自己①。

因此，线条同样是一种动态，掌控这个动态则因人而异，从阿佩莱斯的那根神奇的线条到达·芬奇笔下的线条，再到现代插画家、漫画家笔下的线条都各显神通。线条的语言是一目了然的，因此是世界通用的。因为用线作为故事核心的这种隐喻几乎在所有文化里都是共通的。

在理解“点的运动构成线条”这一点上，达·芬奇的理解更生动，“我们可以将点比作时间上的瞬间，而线条则可以比作一段时间。线段的起点和终点都是点，时间空间也是一样”。毕加索对线条的历时也做了类似的描述，“绘画时，手的疲劳是对时间的感知”。张力如果在视觉上，就是距离感；压力如果在手的控制上，在笔触上，就是接触感。到位的笔触，在肌肉记忆的控制下，才能与它传达的风景形式构成风格和韵律上的完美对应。

达·芬奇喜欢将侧面像作为线条练习的形式。对他来说，主题本身使线条具有了面相的效果，侧面像素描成了检验记忆是否清楚的手段①。从画的一开始，线条就参与到虚构之中，与被描绘的对象融为一体。固然，线条具有纯粹记录痕迹和抒写方面的作用，但是关键是受敏锐性控制的，肩负着探索的任务。线

① 《素描精义——图形的表现与表达》，[美]大卫·罗桑德（David Rosand）著，徐彬、吴林、王军译，山东画报出版社 2007 年版。

条向世界内部的扩展，使力量和能量显现出来，不然的话，肉眼可能看不到这股力量和能量。线条使世界具有了想象空间①。

达·芬奇对画面的形象动势的研究，线条成为一种向外延伸的方式，在离心力和向心力冲突的复杂性方面所做的构图实验，尤其是一些战争场面的表现，使观者的眼睛追逐着画面中的曲线，而为之叹服。对现如今的影视大片和动漫动画，不无影响。

而巴洛克式的光影感为了突出主题，聚焦主体，有别于古典的清晰，会削弱线条感。通过光软化坚硬的轮廓或边缘，物体丧失了清晰的轮廓，却又刺激着我们的想象力，试图重新找回那些熟悉的并且轮廓清晰的物象。

到了印象派，比起巴洛克有过之而无不及，光色是西方风景画最有力的表现手段，也是最后征服的形式难题。印象主义者“完成了真正的自然主义本质的光的普遍的封闭，然而很快他们的自然视觉就产生了危机”②“他们走到了不是平庸就是不再使艺术家的创造性满意的边缘”②。最后，他们不得不向线条分明、随类赋彩、秩序感清晰的日本浮世绘寻求解决之道。

克利初期主要从事素描的研究，以简化繁，如何将点、线、面的运动从繁复的现实形态中厘定和提炼出来，成为客观对象和主观心灵之间的一座桥梁。通过线条，克利也成功地找到了自己的天赋和包豪斯当时的美学信条（格罗皮乌斯1923年提出“艺术和技术——一种新的联合”）的结合点。后来克利曾试着装饰字母，甚至整篇文章，他创作的表意文字如天书，从形式上看，又似乎像埃及石刻，克利相信，当你注视着这些字母时，你似乎试图在破解它的内涵。蛇作为一种曲线动物，代表着“活跃的线”，富有宗教和神秘的意义，常出现在克利画中③。赵无极也曾仿效克利利用线条建立三维空间感。

可以说克利的视觉实验从线绘开始，将音乐线性的节奏和韵律，渗透到色彩和线条中，形成了一幅幅线绘和涂绘相交融又各成一体的独特乐章。在包豪斯的一次讲演中，他告诉我们怎样从线条、色调和色彩的联系入手，如何逐步遵循那些暗示前进，来获得每个艺术家都追求的那种“合适”感。他说：“我的手已变成那种遥远意志的顺从的工具。”④

---

① 《素描精义——图形的表现与表达》，[美]大卫·罗桑德(David Rosand)著，徐彬、吴林、王军译，山东画报出版社2007年版。

② 《风景画论》，[英]肯尼斯·克拉克著，吕澎译，四川美术出版社1987年版。

③ *Paul Klee——The exhibition*, Centre Pompidou 2016年版。

④ *Color and Culture——Practice and Meaning from Antiquity to Abstraction*, John Gage, University of California Press 1993年版。

克利的丰富探索为现代绘画开辟了道路，至于现代插画中的线条，下面我们看一位插画师的访谈：

图 6-26 斯坦伯格最具代表作品：《纽约客》封面"View of the World from 9th Avenuve"，1976

纳塔莉： 所以，您的工具就是线条……

法国插画家，视觉艺术大师塞吉·布洛克： 的确，线条是我的工具、我的语言和我的词汇。我觉得我的"导师"有这些漫画家们：美国的索尔·斯坦伯格(Saül Steinberg)（图 6-26），还有博斯克(Bosc)、沙瓦尔(Chaval)，当然还有桑贝(Sempé)。他们都为绘画开辟了新的道路，引领了某种自由的表达方式。

纳塔莉： 在线条和想法之间，哪个更居于主导地位呢？哪一个会突然地给手下达指令？

塞吉·布洛克： 我也答不上来。我常常用一种非常规的方式去解释，我说我用脑画画，用手思考。因为其实这两者是同时发生的。有一些想法会从绘画动作中生发，仅仅靠脑袋想的话，效果就没那么好了，需要有东西是自动流露出来的。

（二）光影感

古希腊画家凭着敏锐的视觉，在风景的描绘里就捕捉到了光，主要用于装饰目的。甚至在 9 世纪，"《乌得勒史诗篇》也充满了取自希腊绘画的风景主题，他的印象主义式的草草涂鸦仍然反映出艺术家对光和空间的意识"①。

早期人类对自然的认识主要来源于感觉，即视觉，触觉。切洛尼·琴尼尼(Cennino Cennini，1370—1440)指出："倘若你希望获得一种描绘山的好方法，把山画得自然些，你就实实在在地根据自然描绘一些粗糙不光滑的石头，同时根据理性允许的程度运用光和影"①。

早期的象征风景主要描绘在墙面、镶板和地毯上，由一些概念化、象征化、抽

① 《风景画论》，[英]肯尼斯·克拉克 著，吕澎 译，四川美术出版社 1987 年版。

象化的符号组成。随着对自然的观察的深入，人们的视觉发生了变化。“需要一种新的空间观念和一种对光的新鲜感觉”①，并通过光来表现一个统一的、封闭的空间。在中世纪，光的意义一方面来自基督教的神圣之光，一方面来自柏拉图的理智之光或思想之光，富有精神象征的意义。意大利画家安吉利科（Giovanni Bellini，1429—1516），热爱万物得以发展，并以清晰表现的充足日光，带有宗教的情绪，对光进行充满热情的描绘。《荒野中的圣·方济》中丰富的自然细节描绘是在光的统领下融为一体的。塞巴斯帝安·弗兰克在他的《谬论》中说：“当空气充盈万物而不局限于一个地方时，当日光普照整个大地，而使万物生机勃勃时，上帝与万物同在，一切也与上帝同在。”

把光的理想性和现实性结合得最好的是威尼斯画派的提香和乔尔乔内。在提香的风景背景里，充满了对光色的记录。“画中的自然景物。树叶和石块的呈现具有非凡的精确性，并且具有一种贝里尼的光感”①，正是树木和轮廓线的金光与流动的韵律使乔尔乔内的风景充满诗意。威尼斯画派的最大特点正是对光色的发掘，这和威尼斯的地域特点有关，它是由118个岛屿组成的“百岛之城”，坐落在泻湖之中，水面的反光特别强烈，水和天的颜色交相辉相，瞬息万变，透纳和莫奈都曾写生过威尼斯，并为威尼斯难以捕捉的光色而着迷不已、扼腕叹息。

而北方风景画家笔下的光却具有“幻想的色彩”。阿尔特多夫尔的风景就具有这种浪漫的特点，天空中使人惊奇的光的翻动和震颤，具有一种非尘世的光辉。罗马也曾出现过一个与他类似的风景画家亚当·埃米希尔。对光的幻想特点的描绘启发了鲁本斯、伦勃朗、克劳德·洛兰。克劳德·洛兰“选择的仅仅是他认为跟往昔的梦幻的美景中场所相称的那些母题，而且他把景色全部浸染上金色光线或银色空气，那似乎就使整个场面理想化了”②。

对光的现实性描绘得最充分的荷兰风景画家，在他们所描绘的各种风景画里“光是最主要的也是最具统一性的母题”，阿尔贝蒂的“明晰摄像机”成为当时画家描绘光的有力辅助工具。康斯泰勃尔则在荷兰风景画家的基础上继续对现实的光色进行研究，他认为“自然的明暗对比还没有在任何一个画家的画布上得到完美的体现”③。他指的是光影的戏剧性表现以及对道德崇高性的象征。而他之后的透纳、凡·高在光的描绘上则体现了幻想主义风景画的特点，拥有“把光作为一种魔力的源泉的北方意识”。透纳的作品不仅表现了光，而且也象征着

① 《风景画论》，[英]肯尼斯·克拉克 著，吕澎 译，四川美术出版社1987年版。
② 《艺术发展史》，[英]E.H.贡布里希 著，范景中等 译，天津人民美术出版社1991年版。
③ 《西方画论辑要》，张弘醒、杨身源编 著，江苏美术出版社1998年版。

光的特性,“但那世界不是不安宁的,而是运动的;不是单纯和谐的,而是壮丽眩目的”①,他的画中光的表现具有加强画面动人性和戏剧性的效果。英国多变的气候特点是他的灵感之一。

凡·高对光色的描绘是在法国南方实现的。“他的光敲打着大脑,只有非常强烈的象征符号如火轮和狂乱的从锡管里挤出的最明亮、最原始的颜色才能将其拔除①。

狄德罗指出,“在一幅画里,如果兼有光的真实和色彩的真实,什么缺点都可以不问……通通都可以忘掉,观者仍为之神迷、惊诧、发呆和心醉”②。

光色在柯罗的笔下则服从于抒情气氛的营造,由于长期的写生积累的优雅的视觉经验为基础,画家描绘出来的水面之光和天空之光呈现出宁静、轻柔、朦胧的抒情意境。有如暮光之城的罗马,晨雾迷蒙中的枫丹白露。

瓦郎西安纳认为“我们应该去描绘同一个场景在一天中不同时间的变化,去观察光线在物质形式上创造出的不同效果。这些变化是如此的明显,以至于人们难以辨认出同一个事物”。莫奈在光色的实验上更感性、更纯粹,选择的母题更具说服力。塞尚则以普桑的形式作为他色彩的框架。而修拉则不是以感觉而是以“色彩效果可以被科学地测量出来这样一个信念为基础”①,利用牛顿的光学理论,他希望“将它的发光技法和当代视觉用于创造具有文艺复兴壁画那样的幅度和永恒性的绘画”①作为古典和现代的调和。

希尔德布兰德认为一幅画的和谐效果取决于艺术家凭借这种普遍的浮雕的观念把每个单一价值表现为相对价值的能力。只有这样,他的作品才能获得一种统一的衡量标准,给人的感觉越是清楚,印象也就越发统一而令人满意。实际上,这种统一是“艺术的形式问题”。艺术品的价值是由它所达到这种统一的程度决定的。正是这种统一对自然的表现做出了贡献。我们从艺术品获得的那种神秘的满足感,是基于一贯地把这种浮雕的观念运用于我们三维印象。弗莱认为当艺术作品的浮雕感被这样表现出来时,我们对它的想象反应由我们在现实生活中关于体积的经验所控制。

中国山水画无论在色彩、形象还是笔墨上都求简,讲求概括、生动,意犹未尽,回味无穷。老子“五色令人目盲”“知其白,守其黑。为天下式”,庄子“五色乱目”“故素也者,谓其无所与杂也”,老庄的色彩观念对水墨山水的发展影响很大。

---

① 《风景画论》,[英]肯尼斯·克拉克 著,吕澎 译,四川美术出版社 1987 年版。
② 《狄德罗论绘画》,[法]狄德罗 著,陈占元 译,广西师范大学出版社 2002 年版。

的确，我们所看到的物体被强光照射并衬以黑色或深色的背景，会使我们对同样的物体产生完全不同的感觉。

相机无法拍出明媚的光和空气，但可以表现出被这些基本要素自然地照亮或影响的形式……非实体性的光和空气，作为我们家庭室内生活的重要日用品，被转喻式地表现在了风景画中，通过它们所触碰、照耀以及影响到的物质形体①。

贝聿铭认为建筑师在设计时，会刻意去研究光线下的体量互动、探索空间里移动的秘密、检视尺度与比例，最重要的是，建筑师会寻找场所精神的特质，因为没有任何建筑物是单独存在的……

图 6-27 这幅学生课堂手绘作品在表现光影方面，线条的排列和明暗的对比令人想到了伦勃朗铜版画（图 6-28）毛茸茸的刻线效果。模糊的笔触，抹掉了稳定的风景特征，加强了光晕的效果。

图 6-27 《石头城风景》（学生作品）

图 6-28 《三幢茅屋的风景画》（伦勃朗，铜版画，1640 年）

（三）生机感

景观手绘反映了艺术家的思想和自然世界素材之间的交换关系，同时是对个人智力、感情和精神当然也是技术上的挑战。因此，景观的真实性可以分为两个层面：一种是解剖学般的理解，对于“深层次”自然的精确的、理性的渲染。还有一种是“情绪”真实性，记录那些转瞬即逝的景观印象在作品中激发出的视觉上的、情绪上的旋律感。因此，创造性记录景观的过程，也是记录画家浸入主题

① 《风景与西方艺术》，[英]马尔科姆·安德鲁斯著，张翔译，上海人民出版社 2014 年版。

的感觉过程，是特定时空的生机感的定格。

在手绘中越是明显地展示出空间的体量，而且在对它的知觉中所包含的空间的暗示越是肯定，图画提供的幻觉就越是鲜明生动。我们应该把注意力集中在与有机的景观世界同化的过程本身。

这里的生机感可以是"气韵生动"。气韵"由最开始谢赫的'六法'本义中的人物精神状态扩大到花鸟、走兽、山水等各种绘画对象。五代荆浩之后，笔墨技法也讲求气韵，而且越到后来，笔墨及画面上其他效果也越讲气韵……中国画无处不讲气韵，而且无不把气韵作为第一要义"①。

生机感是需要通过对比营造出来的，古老的建筑和鲜活的有机物（人物或动物或植物）的并置，是最富有时间感的画面。时间之手在建筑物上留下岁月流逝和风雨侵蚀的印记。我们把风化和朽坏的痕迹看作年代的标志。它们是风景的一部分、自然的一部分，在各种材料尝试之中，才能发现与之相匹配的手法和表现力。

说到古老建筑的保护，拉斯金就认为"旧东西里有某种生命""某种更为神秘的东西，暗示着曾经发生过的事，暗示着失去了的东西，它那风雨侵蚀所留下的优雅线条中有着某种甜蜜……"②。

图 6-29 《春雨江南图》(李可染，53 cm×45 cm，1959 年)

杰克·林赛(Jack Lindsay)这样评价透纳的风景画："这种表现时间运动的能力是透纳的重要品质之一。"③在一幅凝固瞬间中的画作中，表现两个阶段之间的动态变迁，或者说动态体验，是不容易的。

绘画的自然主义可以通过暗示表现出来。比如，图 6-29 中春雨江南湿的意境如何表现出来？色彩，这个有直接感情效果的因素明显出自与色彩相关的一类词——欢快、阴沉和忧郁等等。善于用"调节"，就是用色彩来强化体积之间的关系，不是用传统的明暗对比的法则，而是运用冷暖色调的过渡来表现浓淡虚实的辉映。

① 《中国绘画美学史》，陈传席 著，人民美术出版社 2002 年版。

② 《偶发与设计——贡布里希文选》，[英]E. H. 贡布里希 著，李本正 选编，汤宇星 译，中国美术学院出版社 2013 年版。

③ 《风景与西方艺术》，[英]马尔科姆·安德鲁斯 著，张翔 译，上海人民出版社 2014 年版。

李可染《春雨江南图》一画中，整个画面被水墨泼洒得湿漉漉的，表现出一种崭新的动人意境。其春雨江南的意境就在"湿"，仿佛整张纸都被江南春雨打湿了，同时把西洋画中的用光巧妙地引入画中。

图 6-30 为南航艺术学院 18201 级学生陈杰的手绘作品，重点表现了南大汉口路小区老北大楼上爬满了常春藤的肌理感。密密麻麻的曲线如藤蔓沿着自己优美的线路延续，定义自己所经过的空间。

图 6-30　《南京大学北大楼》(陈杰)

自然是丰富多样的、生生不息的，画家本身也是各具特性色的。所以对"生机感"的探索充满未知的可能。宗白华认为，世界是无穷尽的，艺术的境界是无穷尽的。

包豪斯的黄金时代正是得幸于康定斯基和克利等人的创造式教学。"克利提出的协调性运动之例：骨骼和肌肉、血液的流动、瀑布，均可由鸟儿飞起的垂直延伸、潮汐的水平运动、树木年轮的圆形韵律加以补充说明。每位学生对光的理解和幻觉形成了他自己的确定性框架。但是，当他观察那些图形时，是否唤起了他对实际高度、空间距离、前向运动、明暗对比的体验？他真正看到的是什么，而光学事实又是什么？而且，克利通过两个箭头、抽陀螺、流星定义了对象和含义，表现出对它们精湛与直觉的识别。其他许多实例亦拓宽了主题：例如，闪电既是科学体验，也是情绪体验，或日食的路径，绳子拴成的秋千虽没有钩子固定，但同时又受到限制，帆和

图 6-31　《秋鹜》(林风眠，水墨，66 cm×66 cm，1960 年)

船头奔行向前等。这些仅仅是暗示而已，说明在使用克利著作时需如德国诗人诺瓦利斯的诗词所示：

……让粗俗具有意义，

让司空见惯变得神秘，

将未知的尊严赋予平淡无奇，

使世间万物充满无穷的含义。”①

三、主题与形式

在设计类的基础课中，素描和速写作为重要的一环，不能如目前市面上大多数教材那样停留在后高考训练的思维上，过分依赖对象或写实，局限在专业化的效果图的训练模式上。中国的传统景观设计要出新，必须对手绘引起高度重视，向创意出发，兼顾文化即诗意融合，同时倡导实验性的技法尝试和发现，即画意探索。这样创造出的传统景观文创作品，小则具有城市明信片的文化和商业价值，也可以以绘本形式出版；大则提升了学生的设计意识、设计思维，明确了为美化生活环境而设计的大目标。

贡布里希认为立体主义者应沿着塞尚的路子继续走下去。以后越来越多的艺术家认为，艺术天经地义就是重在发现新办法去解决所谓的“形式”问题。于是在他们看来，永远是“形式”第一，“题材”第二②。赵无极早就意识到“塞尚对我自己来讲是很重要的，我从塞尚的空间处理得到启发。他有幅画，画中天山连在一起，很像中国画，由于天的接触完全和西洋画不同。我从塞尚那里又重新发现了中国。我对塞尚非常感激。塞尚是指路的画家”。

克利画风的真正转折点出现在1906年，年轻的他以印象派色光的影响为基础，却又被更为革命的艺术思潮所吸引。可能由于第一次世界大战的爆发，艺术家和艺术对动乱和惨烈现实不由自主地躲避。他在1915年初的日记里写道：“这个世界愈变得可怕(像这些日子这样)，艺术也就愈变得抽象；而和平时期的世界则产生现实主义的艺术。”③因此，他逐渐开始走向抽象的艺术之路。

1910年末前后，克利加入了苏黎世达达主义，那是在1921年被包豪斯聘请为教授之前，在那里，技术、机械化和装置化的形象，以及结构主义曾一度成为他拙劣模仿的新目标，不是想通过机器替代人，而是想创造出半人半机器的混合

① 《克利的日记1898—1918》，[德]保罗·克利著，雨云译，重庆大学出版社2011年版。

② 《艺术发展史》，[英]E. H. 贡布里希著，范景中译，林夕校，天津人民美术出版社2006年版。

③ 《克利和他的教学笔记》，[德]保罗·克利，周丹鲤译，曾雪梅、周至禹校，重庆大学出版社2011年版。

体，以此来嘲弄工业理性主义背景下，机械简单化的陷阱是怎样泯灭了活力，掩盖了主题的深度。克利对这种无生命结构的癖好也传播到了包豪斯①。

克利创作的题材从讽刺性的雕刻到政治化的抽象，尝遍当时现代主义技巧：挪用过构成主义，但将构成主义的法则以全新的方式呈现；多次参加分离派的展览；沉迷过超现实主义，除了契里柯外，参加过1925年6月在巴黎举办的首次超现实主义画展的画家谁也没有掌握所谓的“连贯的超现实主义风格”。克利的艺术也很难简单地以“超现实主义”一词冠之。

早在1910年，克利住在慕尼黑，和由康定斯基及弗兰兹·马克创建的青骑士社团打成一片，并在第二届青骑士画展上展出了蚀刻画和素描。1920年左右，他被格罗皮乌斯聘请为包豪斯教授。在那里，他和康定斯基得以时常切磋纯粹的形式与色彩，到了德绍以后，他俩开发了一套想象画的课程教学计划。在这些课程中，色彩得到了最大的施展空间，和初级课程中所教授的色彩大不相同。相对而言，克利更加重视对于自然和细节的研究，不排斥具象的表达，充满对自然朴素的热爱，总是能够很好地将个人的直觉和理性分析结合起来，而康定斯基则走向更加纯粹的抽象表现。两个人都显示出对于绘画艺术科学的浓厚兴趣，他们的思想铸就了包豪斯初步教学的形式理论。在当时包豪斯良好的创新教育氛围中，克利对艺术的目的和手段进行了从未有过的深刻思考②，并以自己活跃的艺术思维引导学生对色彩、线条等形式语言进行试验。他把理论课、基础课和创作课有机结合起来教授，促使学生获得最大收获②。

第一次世界大战后克利曾在魏玛和德绍城的包豪斯学院执教十年。就这样，他身体力行，从实践中掌握了表现主义和构成主义的原则和技巧，并在从巴黎到柏林的往返旅行中掌握了其他流派的理论和实践。

但克利在研究古今大师们时，表现出了诗意般的洞察力和出色的阐释才能。纵然克利一生转移多师，转移多家流派，没有在时风中随波逐流，却一直在不遗余力地通过对抗他那个时代的现代主义，来捍卫自己的纯粹原创。这种智慧隐藏在他给予许多作品的神奇标题中。

如立体主义所为，克利认识到画面的美与题材可以彻底分离，从而把着力点投向对“纯图画性”③的追求上，“美丽也许与艺术不可分离，但它毕竟与题材无关，而与图画的呈现有关；唯有如此，艺术方可克服丑恶而不回避它”③。深受克

---

① *Paul Klee—— The Exhibition*，Centre Pompidou 2016年版。

② 《克利和他的教学笔记》，[德]保罗·克利，周丹鲤译，曾雪梅、周至禹校，重庆大学出版社2011年版。

③ 《克利的日记1898—1918》，[德]保罗·克利著，雨云译，重庆大学出版社，2011年版。

利影响的画家赵无极在杭州授课时也曾告诫过学生:“现在你们画画还是有个主题的问题,你们太注重主题了。你们的画是要人看得懂,这懂得问题,也要看什么程度,给什么层次的人看。”可以说,克利一生都在“不择手段地”实验图画性的风格。在1930年期间,非常小心地选用表达媒介,并且以一种不同寻常的方式将他的技巧综合起来,使他的作品浸透了一种奇异的物质性,似乎要对抗时间的破坏。

面对中国画坛缺乏形式研究的现状,王维新一针见血地指出:“形式感是极其多样化的,对此我们需要深入研究。因为,关于形式美,在我国一直被轻视,甚至是被批判的。国际上早自1969年的‘当形式成为态度’的时代已经开始。重视艺术形式的敏知度大大强化,对形式的敏知度是艺术家的天分。我们必须加以研究而且重视形式感的时代性和社会性。”

图6-32 《哈气河马》(刘洵)

图6-32为刘洵所绘的《哈气河马》,这是一本无字书。著名阅读推广人孙莉莉对此有过精辟的阐述。所谓无字书,就意味着作者相信,即使不通过文字,读者也可以通过看图理解自己想要表达的意义,并且,相信读者能够结合自己的生活经验,演绎出属于自己的理解。相比较图文结合的画面,读者会更关注图画的各个细节,然后不禁为画家的匠心而拊掌称叹。

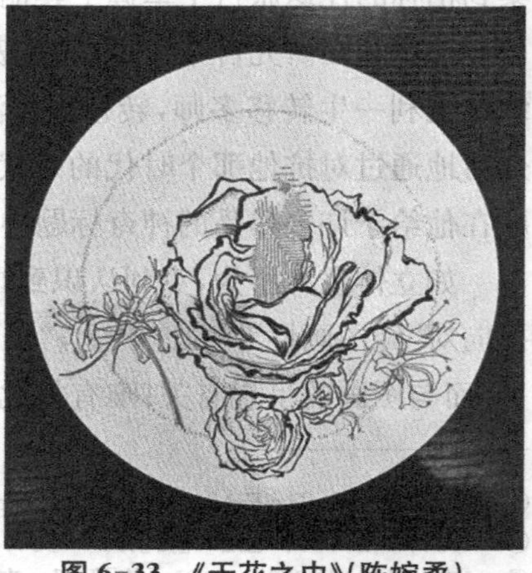

图6-33 《于花之中》(陈婉柔)

在图6-33这幅以花为主题的作品,立意之妙在于将花蕊部分设计为拥抱的情侣,用不同的颜色加以区分,男女情侣分别由横线和竖线线条组成,线条的形状又是契合了花蕊的丝丝状,很自然。花蕊的受精会孕育出果实,和人类的情爱与繁衍有相似之处,令人拍手称奇。

形式的发现对主题的表达有推波助澜的作用。贡布里希认为“直到立体派发现这些交变层次的潜在性之后,图案设计者才开始有系统地将它们用来创造不安的图形”①。

四、主题与元素

从苏珊·朗格的完形心理学角度来看，形不是通常意义上外物的形状和形式，而是经由知觉活动组织成的经验中的整体。是知觉进行了积极组织和建构的结果，这种艺术的秩序是人为的，不是客体本身就有的。因此，格式塔即德文 Gestalt 的发音，对应英文的 form 和 shape。虽说格式塔由各种要素和成分组成，但整体不等于部分之和。一个格式塔是从一个原有成分中突显出来的，完全独立于这些成分的全新的整体。

如果部分不能生成有意义的整体的话，就是吴冠中所说的笔墨等于零。格式塔心理学家阿恩海姆曾在《艺术与视知觉》引言中提到当前艺术遭受的厄运之二：被大批急于求成的“外科医生”和外行的“化验员”合力解剖成了“小尸体”；此外，人们喜欢用推理和思考去谈论艺术，艺术就变得好像不可把握。他试图用格式塔心理学知觉力的整体式样理论来解释艺术的整体性问题，反而更有效。

格式塔心理学最具价值的研究在于用“异质同构”理论解释审美经验，即在外部事物、艺术式样、人的知觉组织活动（主要在大脑皮层中进行）以及内在情感之间，存在着根本的统一。它们都是力的作用模式，而一旦这几个领域力的作用模式达到结构上的一致时，也就是异质同构，审美经验就有可能被激起。

丹纳认为，艺术家改变各个部分的关系，一定是向同一方向改变，而且是有意改变的，目的在于使对象的某一个“主要特征”，也就是艺术家对那个对象所抱的主要观念，显得特别清楚。这个特征便是哲学家说的事物的“本质”，所以他们说艺术的目的是表现事物的本质。艺术的目的是表现事物的主要特征，表现事物的某个突出而显著的属性、某个重要观点、某种主要状态。希尔德布兰德认为正是由于在画中有效因素的积累和集中，以致艺术高于大自然的分离的空间效果。

园林和景观设计是同一学科，但两者之间仍存在一项重要差异：园林是围拢起来的，通常为私人所有；而景观是开放的，设计目的通常是为了造福公众。不管是园林设计还是景观设计，都涉及六种元素的构建，即建筑、地形、植被、天空、水文及路面②。景观手绘研究和描绘这些分散的元素，设法才能成为关联自

---

① 《秩序感——装饰艺术的心理学研究》，E. H. 贡布里希 著，尹定邦 编，湖南科学技术出版社 2000 年版。

② 《亚洲园林》，[英]Tom Turner 著，程玺 译，电子工业出版社 2015 年版。

然的作品，形成“第二自然”。

人造景观和野生自然相互补充，前者蕴藏人的匠心设计，而后者是造物主的艺术，你需要从所见中提纯并组织。景观手绘表达建立起思维和想象过滤过的景象的二维边界和框架，它和真实的景观的交替和冲突成为一种互补。

（一）自然物

人与自然的依存关系是人类的一个永恒的主题。面对自然，人类或亲近它，或者畏惧它，或利用它，或征服它，或好奇它……促使艺术家去思考人与自然的关系，对大自然的描绘是人类情感表达和理性认知的重要方式，中国的山水画和西方的风景画是这种方式最集中的代表，反映了人对自已与自然关系的认识的历史，即人的自然观的历史。人的自然观按历史的发展分为朴素的自然观，神秘的、有宗教色彩的自然观，近代科学的自然观。

在伊斯兰世界，风景以一种理想的形式被描绘，它们反映的价值是对自然世界的征服。穆斯林的统治者，除了建造宫殿和凉亭，还建造花园，并使用树木、山丘，以及葱郁的植被形象进行装饰。风景在其最古老的艺术——织毯艺术中得到了最丰富最优雅的表达。

在中亚地区，花园艺术经过波斯人、印度人和其他民族的实践，得到了高度发展，伊斯兰文化将其变成了一种艺术形式，其中最主要的图案就是花园和花卉。西方艺术史学者认为，就像中国山水画中的高山一样，这些花卉并不是为了对自然进行描摹，而是为了反映自然中我们最看重的东西，象征了自然中最美好的部分。

在中世纪，自然在《圣经》中被描述成人类的“羞耻和病，是大洪水后出现的，破坏了上帝所安排的对称、节制和规律的东西”。

阿尔贝蒂提出“我们必须总是从自然中采取我们要画的东西，并且总是从中选择那种最美的东西”[①]。肯尼斯·克拉克写道：“我们的四周环绕着非我们所创造却有着不同于我们的生活结构的万物：树木、花朵、青草、江河、高山、云朵。多少世纪以来，它们一直激发着我们的好奇心，在我们的心中唤起敬畏感。它们是令人愉快的事物。为了反映我们的心境，我们又通过想象力将它们重新创造出来。”[②]

在古代的亚洲神话中出现过天父和地母形象。对天父的信仰体现了古人对

① 《西方画论辑要》，张弘醒、杨身源 编著，江苏美术出版社 1998 年版。
② 《风景画论》，[英]肯尼斯·克拉克 著，吕澎 译，四川美术出版社 1987 年版。

风调雨顺的渴求，而对地母的信仰则体现了对丰收多产的祈盼，而他们两者的结合则是创造万物。无疑，自然现象中蕴涵着自然力，催生了早期神秘的、有宗教色彩的自然观。

在中国，朴素的自然观体现在先秦诸家的天人合一的思想中，《老子》载："故道大、天大、地大、人大。"中国古代讲求"道法自然"。孟子提出"尽心，知性、知天"，以此昭显天心，体识天心，在精神领域完成天人合一的追求，到了董仲舒，则发展成了"天人感应"的思想。孔子强调"知者乐水，仁者乐山。智者动，仁者静，智者乐，仁者寿"。朱熹解释说："智者达于事理而周流无滞，有似于水，故乐水；仁者安于义理而厚重不迁，有似于山，故乐山。"如同格式塔心理学揭示了"人与山水之间某种内在的、异型同构的、对应的、相互感应交流的关系"。临水、临山、临树的景色优美之所，是再好不过的冥想之所①。山水至此被认为人的精神品格的象征，表现这种自然观的山水画也自然应运而生。这种自然观也始终如一地贯穿整个中国山水画的历史，促进了山水画的产生、发展和繁荣，也是中国山水画之所以成为画科之首的起因。

1. 大地

孔子"仁者乐山，智者乐水"的论断奠定了山水在中国画中的位置。庄子主张"天地与我并生，万物与我为一"，将人看作整个大自然的一部分。老庄的朴素自然观也注定了山水画在中国画中的位置。

农业起始于肥沃的谷地，土地对于人而言，有着乳母般特殊的感情。大地是生命之母，承载着生命的生老病死，兴衰荣枯："一切由大地而出的事物都加冕了生命，而一切回到大地的事物都获得了新的生命。"②马尔科姆·安德鲁斯认为那种同时提供了视野和庇护所的土地形式，因此满足了原始生存的需要，它们深深地埋藏在了人类灵魂深处③。那种热带草原特征和高山平谷特征的自然景物比较受欢迎。

在达·芬奇的《蒙娜丽莎》和《圣母与圣安娜》等作品的背景中，饱含崎岖蜿蜒运动的活力，这一点正是达·芬奇的关键成就所在④。根据 BBC 的专家研究，这种形式的灵感来自他童年成长的芬奇镇的山脉。

---

① 《中国山水画和西方风景画的同和异》，邵大箴撰文，刊于文艺研究，1990 年。

② 《亚洲园林》，[英]Tom Turner 著，程玺译，电子工业出版社 2015 年版。

③ 《风景与西方艺术》，[英]马尔科姆·安德鲁斯著，张翔译，上海人民出版社 2014 年版。

④ 《素描精义——图形的表现与表达》，[美]大卫·罗桑德(David Rosand)著，徐彬、吴林、王军译，山东画报出版社 2007 年版。

在地志画中，优美的庄园本身就是理想的观景楼，应该是置身起伏的丘陵、茂密的树木、蜿蜒的山路、山顶的户外步行露台，可以悠闲地俯瞰周围乡村以及小城的全景。通过一系列地形和地貌的对比，或者复杂的透视，表现有序的统一体：多山的陡峭地形和低地平原之间……

石头是地球上最古老、最坚硬、最原始的材料，大小不一的体量、千奇百怪的形状、五彩斑斓的颜色，令人喟叹造物的神奇。宝石和玉石等价值不菲，太湖石的各种造型石，本身就是艺术品，大理石可以制成各种塑形，雕琢成像等。人们膜拜石头制成的艺术品，并非是石头本身，而是敬仰石头所表征的“他者”。

石头是地质运动经年累月的产物，石景也是中国园林的关键组成元素，将微观风景与宏观风景关联了起来，不禁想起意大利中世纪和文艺复兴过渡的艺术家琴尼尼在《艺匠手册》中，建议艺术家在模仿自然中的山岳风景时，找一些粗糙的、未经琢磨的大石头，运用所学到的明暗方法，使自然得以通过它们被表现出来。

再如在日本的枯山水中，单独的石头象征山峰，砂砾上的耙痕象征流水。取自自然材料顺其自然地对应着自然的精髓，非人造物所能比拟。

中国古典园林的营造中，讲求筑山穿石，莳花种树的太湖石的堆叠，作为象征性的山景，经常出现在文人园林、书院园林和隐士园林中。它们体现了自然能量（“气”）对大地的塑造，也体现了造园主人对抽象的形式之美的热衷，一般放置在池塘边、象征水的托盘中、卵石步道边。假山和水流的组合设计，象征着阴阳的和谐共处，也诠释了“智者乐水，仁者乐山”。智者上善若水，仁者泰然自若。有学者认为，中国私家园林是古代隐士观念的美学体现（图 6-34）。

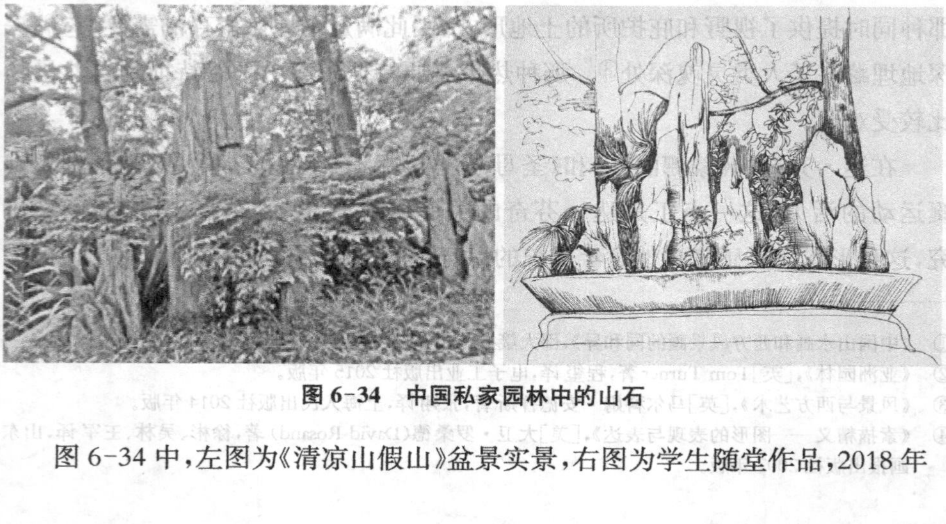

图 6-34 中国私家园林中的山石

图 6-34 中，左图为《清凉山假山》盆景实景，右图为学生随堂作品，2018 年

2. 植物

在近东文化中，树神是造型艺术的一大主题，有树神的场景代表某种生育之神的显灵。“树神所有近东造型艺术的一大主题；在整个印度、美索不达米亚、埃及、爱琴海地区都有所体现。通常，树神场景代表某种生育之神的显灵。”①印度教文化至今仍延续对树木的尊崇，如“一花一世界，一树一菩提”。

植物连接着天地，树神是生机的象征。一方面植物丰富的造型和质地具有装饰的美感，另一方面它又能提供绿荫、芳香和氧气。在中国经过人工处理的特殊植物叫盆景，日文也叫盆栽，石泰安(Rolf Stein)认为这是“微缩园林的观念鼻祖”。因为“在土地广阔、风自由吹拂的地方，植被自然生长，自然形成美丽的景致。但在城镇之中，土地使用受到限制，怎么能让每所住宅内都有一座公园呢?富贵之人、诗人，只能在一个微缩的范畴中培育花卉，以摆脱平庸”。

梅兰竹菊并称“四君子”，因其品格的象征意义，在文人心中地位颇高，也是文人画的经典母题，而竹子摇曳的光影为江南粉墙带来奇妙的动感和水墨画的效果，在郑板桥的诗画中都有所体现。

植物中的花卉，也是值得关注的，因其形态多姿、色彩多变，通常用来匹配女子。波提切利的《春》一画中描绘了170多种植物，对500多朵花卉的描绘达到了自然学的精确，且大部分在当时的佛罗伦萨乡间能找到，又恰如其分地具有丰富的象征意义，如玫瑰象征仁爱，百合象征纯洁，矢车菊象征光明与吉祥，鸢尾象征信任、希望、智慧和光明，康乃馨则是宙斯之花、神圣之花。这引起了植物学家的广泛关注和讨论。这也和当时意大利的园艺及整个启蒙主义思想中人与自然相关的核心主题有密切关系。如果只是单纯的园艺描绘，这幅画的艺术价值就不会这么高。

但米开朗基罗则认为风景和他的理想的人体艺术是敌对的。他说：“他们在佛兰得斯作画，为了欺骗外部的眼睛，他们画了一些使你愉快和说不上什么瑕疵的东西，尽是一些他们称作为风景的东西，田地里的小草，树木的阴影……所有这一切，尽管看上去很舒服，但事实上没有理性，没有对称与比例，没有选择与抛弃的前提下完成的。”②

拉斯金认为，既然理解肌肉、骨骼、腱的形式和运动如何驱动人体很重要，对风景艺术家的规定中也应该有着相应的匹配形式：理解植物、动物和矿物在分

---

① 《亚洲园林》，[英]Tom Turner著，程玺译，电子工业出版社2015年版。
② 《艺术哲学》，[英]丹纳著，傅雷译，广西师范大学出版社2000年版。

解和构成的进程中是如何控制作为绘画对象的表面形式的。这也是他撰写《现代画家》的主旨。

歌德也曾发表过类似的评论:“一名风景画家应该懂得多方面的知识。对于他来说,只理解透视法、建筑学、人体和动物解剖学是远远不够的,他必须对植物学和矿物学也有所涉猎,那样他才能知道如何正确地表达树木、植物的特征,还有不同种类的山的特征。”①

3. 天空

王微欣赏山水画“望秋云,神飞扬,临春风,思浩荡……虽有金石之乐,圭璋之琛,岂能仿佛哉”,体现了对自然的审美愉悦和不可替代性。

这里的天空,不仅单纯指天空,风霜雪雨、雨后彩虹、日月星辰、善变的天气都包含在内。“天空,就其本质来说,作为星光闪耀的拱顶,作为大气的疆域,充满了神话和宗教意涵。‘高’、‘升’、无限空间……终极神圣所在。”②天空和天际线是花园和景观设计的“天花板”。

天空充满了神话意涵,笔者曾在意大利的考察途中亲身经历天气多变,一会风起云涌,一会雨后彩虹,在高低起伏的亚平宁半岛的丘陵地带,看到天空如此诡谲多变,云团中似乎有各种动荡不安的躯体,有飞升的圣人,有密密匝匝的脑袋,难怪,在这片土地上出现了拉斐尔的《西斯廷圣母》像中的头像云团,之后又出现了巴洛克风格画中人物飞腾盘旋的天顶画。

对自然现象的科学认识和密切观察不断地激励着风景画家。例如,从西方绘画中较早时期的三色彩虹到现在的七色彩虹,反映了对彩虹的认识和气象学、物理学的发展是在不断深化和发展的。

天空和地面相交接的地平线,尤其是在开阔的郊外,传达了在辽阔空间中任意漫步的自由之感,暗示了思想在那种地理空间所展现的无边无际中获得了解放。如约瑟夫·艾迪生(Joseph Addison)认为:“一条广阔的地平线就是一个代表自由的图像。”在 17 世纪的荷兰景观画中,远处总有一座尖顶、高塔或者风车来打破地平线。

中国画中的天空往往通过留白,就产生了无限悠远的空间感。日本浮世绘中的天空,通过从上而下、由深蓝至浅蓝的渐变来表现寥廓深远。西方油画中的天空,如荷兰风景画中的天空,层次丰富又浑然一体,风起云涌,在幽蓝的太空之

---

① 《风景与西方艺术》,[英]马尔科姆·安德鲁斯著,张翔译,上海人民出版社 2014 年版。
② 《亚洲园林》,[英]Tom Turner 著,程玺译,电子工业出版社 2015 年版。

底上漂浮着的团团簇簇的云层，质感如奶油般，可摸可触。在英国大师的水彩画中，水色淋漓的天空，隐约可见霞光、白云和蓝天。因此，天空是景观手绘的天花板，不是可有可无，而是表现空间感和距离感的重要元素。

4. 水文

“创造的象征，一切种子的港湾，水成为终极神迹和疗愈材料。它能救治，能回春，能确保生命之不朽。”①水是生命之源。在宗教法事中，与水的接触带来重生和佑护。在古代的园林中，举行仪式的圣湖、灌溉果蔬的水渠，是少不了的。水渠本身也构成了一项设计元素，蓄水池也是印度园林中的典型元素。小溪潺潺的流动性，则是呼应了生命中血液的流动节奏，又暗合了时间的流逝。

在中国传统文化中有关于水的诗词，也有拿水来形容的譬喻，如老子所说的“上善若水”。中国画表现烟波之浩渺，往往也是通过留白。

在中国的古典园林里，不仅有奇花异草，也有山水树木，有依水而建的天然湖泊，一般为人工挖凿的水池，凿渠引水，例如有与漕运水道相通的水池，有古池和饮马池。园中的观景建筑坐落于水中，水中落下树木斑驳之影，于亭台楼阁中俯瞰，无限生机，尽收眼底，好不惬意。

据说，金鱼是中国园林中的重要元素，“鱼戏新荷动”，是因为水中嬉戏的金鱼“能激活阴面（水），化解阳面（石头、建筑）的刚硬色彩”①。

而水上的船只虽然是人造物，往往具有象征意义，乘船在大海上，或顺流而下的船只，自古以来一直被比喻为人生旅程。在弗里德里希的《人生的各个阶段》和透纳的画中都可见船的影子。

（二）人造物

人造物是人文景观的核心，指可以作为景观的人类社会的各种文化现象与成就，是以人为事件和人为因素为主的景观。诸如庭院、水文、园艺、地形、植被、路径、建筑等。这些景观构成的元素大都来自古埃及时代的庙宇，随后又影响了古希腊的石造建筑和古罗马的别墅花园。

《说文解字》中对城的解释是“以盛民也”，后来发展为“城市”之意，原意表示“高墙”。不是钢筋、水泥、森林，而是承载着浓郁历史文化和精神气象的城廓。在园林中，各式各样的墙体分割造成空间上曲径通幽的效果，如中国古典园林中的廊道、西方修道院中的回廊。

据美索不达米亚的创世神话，神祇创造出大地、阳光和生命之后，然后被供

① 《亚洲园林》，[英]Tom Turner著，程玺译，电子工业出版社2015年版。

奉在由台基、水塘、植被、建筑和平台构成的圣所之内。防护型的围墙将主体建筑围拢，步道将主体建筑与外界出口处的圣湖相连，路两边有花园。

建筑也是最简单的保护财产的方式。西方的宫殿园林，东方的皇家园林，涉及信仰的建筑，在西方则是教堂，在东方主要是寺院和庙宇、清真寺等。这些建筑都需要耗费大量人力物力，是信仰时代的集大成者，是所有建筑中最壮观、最引人入胜的部分。

庭院建筑，就是一个围拢的文明之所，不同于城外的生产性园林，一般位于城墙之内，将荒蛮世界隔离，也是亚洲民居的典型特征。满足了人们对宴饮、娱乐、仪式、社交、劳作和安居的所有浪漫幻想。例如中国古代的王公贵族们就乐于在城外建造度假园林。喜仁龙（Osvald Siren）这样形容中国古代城镇："中国大部分更加贵族式的城镇，相当于大型扩展式的园林城市，其风貌完全取决于整个大环境，大片土地上种植着各色植被，并设有享乐园林，其中花木繁茂，水源充足，不过一般都遮挡于高墙之后。"①

绿树成荫中的平台、楼阁、凉亭、喷泉、回廊的描绘则给人户外休闲的心理慰藉。深谙人体工学的设计师也善于利用周边外围的风景作为借景，来映衬所设计的景观。Munakata 认为中国的"知识分子们在美丽的风景中造起草堂和小院。帝王们建造了山水园林，作为自然中的别宫。自然环境成为人们作画和作诗之处，人们沉浸在宇宙整体之中，在此发掘长生不老的秘诀"②。

景观中的叙事性要素如小溪、岩石、林地、湖泊、岛屿、山脉、天空，如何通过透视和光线的组织，理想化地整合成为整体？自然形式如何与建筑形式协调？这仰赖于画家的设计和取景策略，取景结构要以一系列框架作为主导。将观者的视线从画面的开口处，顺着画家设计的透视母线推移，牵引到画面深处，如同观看一部出色的舞台剧。

马丁·沃恩克（Martin Warnke）认为"在一幅自然风景中，任何类型的人类存在和人类习惯的标记——一座桥、一条路、一个里程碑、一个城堡、一座孤立的纪念碑——都会感染那幅风景，将其隐讳地联系在人类控制力和组织力的徽章里"③。在 17 世纪的荷兰和 18 世纪的英国，一种包含马车、人物、动物和别墅等建筑在内的群像画大受欢迎，后来发展成把与财富有关的东西全部动员起来，以炫耀其地位、嗜好和业绩。

---

① *Gardens of China*，Siren O著，Ronald Press Company 1949 年版。

② 《亚洲园林》，[英]Tom Turner著，程玺译，电子工业出版社 2015 年版。

③ 《风景与西方艺术》，[英]马尔科姆·安德鲁斯著，张翔译，上海人民出版社 2014 年版。

传统风景画的做法有点像营造布景设计，一般是按照透视法则将侧景排列成一条直线，从而在众多无关联的要素中创造秩序，在自然环境和人造环境之间、内部与外部之间、随意与正式之间、自由与规则之间徜徉。

尤维戴尔·普赖斯在《论如画美》(*An Essay on the Picturesque*)中讨论了从废墟中获得的如画美的特征，他列举了一些如画美的材料，主要是一些卑微的事物，诸如破屋、茅舍、破败的磨坊、旧谷仓、林园栅栏、老树、毛发蓬乱的山羊等等，而如画美的人物则诸如吉卜赛人或乞丐。普赖斯把"如画美"的理论推进成为一个超越了功利性和道德感的纯粹美学概念。

1. 建筑

确立边界、建造房舍、打造园林，均是奠基式行为。这些行为宣示了土地使用权，它们令游牧生活转向定居，永久性建筑成为可能，文明得以发展。

从造园史和景观手绘史可见，人类从自然景象的直观美感中获得纯粹的乐趣，随着人类对居所需求的增加和要求的提高，相应的营造技术也在解决问题的困境中应运而生，而毕达哥拉斯提出的"数"和比例关系始终是核心成分，尽善尽美的形式、理想的秩序，实质是对"数"的领悟和应用。建筑大师童寯认为"园之妙处，在虚实相映、大小对比、高下相称"。

在人们设想中神祇的山林家园里也有宫殿和园林，这一点反过来成为南亚和东亚的庙宇、宫殿及园林的设计样板，并且在这样的启示下，世俗的场所也按这种最美好的设想打造。如此，圣地也启示着世俗的场所。古城、宫殿、庙宇、果园及园林的神圣性有复杂的根源，古城、宫殿、庙宇作为世界之轴(Axis Mundi)穿过的场所，被视为天堂、大地和地狱的交点。近似于"神山"，而"神山"是天地交汇之所，是世界中心①，是文化和乡野相遇之处。

在东方尤其是中国、日本和韩国的寺庙建筑都是以木料作为主要构建材料。而西方文明希望以石头和灰浆来保证纪念碑的持久性。在他们的传统里，石头象征物质的坚硬和永恒，象征权力，从雕像到纪念碑、纪念柱，再到教堂，都是采用石头完成的。

在古罗马，皇帝们往往将体育场和圣所的功能全部整合进了宫殿园林之中，而在中国则没有体育场设施。天子的宫殿和园林则是天地交汇的中心。这些建筑景观伴随着空地边缘散落的树木花草：它们在那里是有着体积和重量的实体物质，储存着城市经济的快乐追求与昔日繁华。法国画家休伯特·罗伯特的废

---

① 《亚洲园林》，[英]Tom Turner著，程玺译，电子工业出版社2015年版。

墟景观绘画，产生于18世纪的罗马遗迹考古浪潮与游历意大利的风行之下，他笔下的废墟无处不体现着人化的自然，深刻地体现了往昔与当下、伟大与渺小、虚构与现实、怀古与叹今之间的结合。

对于古城的肇始，贡布里希一语中的地揭穿其背后意图："纪念碑之目的，在于身后英名，正因为这种英名可以流芳百世，统治者和征服者才尽量使其建筑庞大持久。"①

在城市中，由于人口高度密集化，需要建造有序的空间来尽可能地容纳更大密度的人口——建筑规划的盒子状分隔间限定了市民生活的格局，框定了城市支离破碎的天际线。只有在城郊结合的广阔天地，在富有历史感，且不那么密集、不那么高大的老建筑群里，不限于建筑的日常居住功能，人们才能萌生欲望和热情参与体验建筑的形式美，视觉追逐着遥远的地平线，释放久居城中的局促感。

全世界都知道英国的灵魂在乡村，只有在乡村，灵魂才能找到归宿。这种乡村情结大概要追溯到19世纪帝国时代。据说第一次世界大战时，战场上的士兵们收到印有教学、田野和花园尤其是村庄的明信片，所受到的鼓舞远大于无数次的国旗挥动。

城市的历史在承载它的地质的历史面前，仍然是渺小的。从视觉上来看，这两者都可以融为一画，并且得到贴切的自然主义细节描绘。

虽然在欧洲浪漫主义者看来，信仰时代的建筑遗迹也已成为人们欣赏自然美的一部分，但是这些文明的废墟，往往作为世事多变以及人类愿望的虚无的象征，一种"死的象征"(memento mori)，在诉说着战争的暴行、时间的流逝，建造者的野心，自然力的无情，与自然秩序相得益彰，彰显着人类文明的兴替。在巫鸿先生看来，废墟代表着消逝与缅怀、征服与灭亡，更代表着毁灭、荒废和重新发现。

建筑是展示城市之美的微缩镜头。在建筑大师童寯眼里，中国园林不是没有历史的瓦砾，而是持有一种有机生命状态。景观手绘要面临的难题是如何激发园林的活性基因。

近20年来，南京城市建设取得了跨越式发展，也呈现了一批独具魅力的现代建筑，风格大气开放，汲取传承古今中外，繁华气势与自然和谐、精致细腻的人

① 《偶发与设计——贡布里希文选》，[英]E. H. 贡布里希，李本正 选编，汤宇星 译，中国美术学院出版社2013年版。

文气息并存，铸就了南京历史建筑“天人合一”“格古韵新”的独特风韵。“粉墙黛瓦马头墙，回廊挂落花格窗”，南京建筑兼收并蓄，明代城墙、徽派建筑、民国建筑都有遗存。

南京的城垣本身就是一道亮丽的风景线。现存的南京城垣是在明代初年修建的。朱元璋采纳儒士朱升“高筑墙，广积粮，缓称王”的建议，经过十余年扩建，建成应天府。修筑而成的长达35.267公里的砖石城墙，为世界第一大城垣。现基本完好的城墙仅剩22.425公里，仍为国内今存之最，素有“高坚甲于海内”①之誉，也是景观手绘中可以充分利用起来的历史文化符号(图6-35)。

图6-35 《石城旅记》景观文创明信片(陈宝琴)

2. 田园

汤姆·特纳(Tom Turner)认为，在欧亚大陆的“园林帽檐”地区，如以伊朗为例，雅利安定居者打造出的“paradise(天堂/乐园)”为园林的雏形，就是以墙体围拢的封闭场所，其中充满珍奇的动植物。我们称之为猎苑，但它们也有举办典礼、教化民众、弘扬宗教等功用。这种早期的模式体现在伊斯兰和基督教世界对于“paradise(天堂)”一词的沿用上②。在伊斯兰世界，为了躲避酷热和沙尘的荫蔽之处，信徒们在大地上规划和建造像天堂一样的乐园，《古兰经》中将天堂描绘为坐落在山坡上的花园，下有流水，其中拥有可供人们休憩的凉亭，长满了果树和花卉。

山水最早就是为幽人隐士、地主士大夫解除“泉石膏肓，烟霞痼疾”而作的。王维的辋川别业、北宋李公麟的龙眠山庄，便是这样的诗意母题。元文人地位低下，画家大多隐居，隐居山水就很流行。被迫为官的赵孟頫《幽居图》和《水村图》

① 《图写兴亡——名画中的金陵胜景》，吕晓著，文化艺术出版社2012年版。
② 《亚洲园林》，[英]Tom Turner著，程玺译，电子工业出版社2015年版。

表现的就是他自己梦想中的隐居处所。而最理想的隐居田园就是桃花源和武陵源。陶渊明笔下的桃花源“芳草鲜美，落英缤纷……土地平旷，屋舍俨然，有良田美池桑竹之属。阡陌交通，鸡犬相闻”。又如“田园幽居，东窗啸傲，陶然自得”“斯乃由旷达观而生乐观者也”。陶渊明所描绘的这种理想的田园生活正是宗白华所向往的“东方的森林文明”。泰戈尔认为“东方的文明是森林文明，西方的文明则是城市的文明。将来两种文明结合起来，要替世界放大光彩，为人类造幸福”。

在中国，士大夫排解仕途失意之烦恼的有效途径就是“循迹山林”“寄情林泉”，以“澄怀味象”“观道”“得道”，在自然中寻求精神的解脱。从老庄以来，自然山川一直是仁者、智者共同向往的乐园。

中国隐士们“守拙归田园”是与羁绊和屈辱的官吏生活相对抗的，隐逸生活为画家观察村野的行旅渔樵提供了契机。北宋范宽的《溪山行旅图》、南唐董源的《夏景山的待渡图》、吴镇的《秋江渔隐图》都是画家真实隐逸生活的写照。

在古埃及的法老的墓穴壁画中，可见法老生前所喜爱的园林类型有宫苑园林，配有高墙、水池，凉亭等；有圣苑园林；有陵寝园林；有贵族花园。一般都建有游性水池，四周有各种树木花草，掩映着游憩凉亭。从这些壁画上，我们感觉不到死亡所带来的哀愁色彩，因为在埃及人看来，死亡即意味着复活。这些充满生气的画面成为日后欧洲美学性景观设计和园林的样板原型。

在西方，古希腊诗人俄克里托斯首创田园诗，影响了维吉尔，并通过维吉尔影响了整个西方的田园诗，以至田园风景画。“不管在罗马是不是风景画的先驱者，他们的诗歌、书信集、演讲，以及他们为乡间别墅所选择的地方都说明了他们对乡村的极大爱好。”①

中世纪，《圣经》将山川湖泊和一切动植物都看作是恶魔，是引人堕落的对象。产生于晚期中世纪的风景画的心理状态是难以名状的。作为一个整体的自然是令人生畏和充满敌意的。但是在这蛮荒的土地上，人们可以围上一个花园。

“围绕在一处神圣场所外的围拢、墙体或石圈，是最古老的人造庇护形式之一……城墙也是如此：早在成为军事设施之前，它们已经是神奇的防御工事，将内部空间和外部‘蛮荒’隔绝了开来……成为一个组织化的场所，制造一个宇宙，换句话说，提供一个‘中心’。”②

---

① 《风景画论》，[英]肯尼斯·克拉克 著，吕澎 译，四川美术出版社1987年版。
② 《亚洲园林》，[英]Tom Turner著，程玺 译，电子工业出版社2015年版。

于是"在中世纪,极大魅力的花园如伊甸园、金苹果园——本是人类永恒的、无处不在的具有抚慰作用的神秘之一"。花园虽然是极小的一部分自然,但其"繁花朵朵的草地与充满暴力事件的世界没有缘分,爱,以及神,都能在这样的天地里得到完美的体现"①。

而在西蒙尼为《农事诗》所画的卷首插图里,"彼得拉克坐在繁花朵朵的果园里,他身旁有一位牧人和葡萄看守人分别象征着田园诗和农事诗,这种把乡村生活消遣的内容作为幸福和诗歌的源泉表现在艺术里,是自古以来的第一次"①,也为以后风景画在田园题材的发展上铺垫了基础。在普林尼记录下来的传说里风景也是和田园类型紧密联系在一起的。"正是在文艺复兴时期,对古典文化感兴趣的人文主义者为富有诗意的田园图解培养了公众。"②

乔尔乔内正是受阿卡狄亚诗人的影响,以他们这些诗人所描绘的田园形象为母题,"所描绘的景色以单纯的形式显示了新阿卡狄亚风景的结构"。

法国画家克劳德·洛兰,因为迷恋亚平宁半岛的风景,定居罗马,甚至长期和牧羊人住到坎帕尼亚的大自然之中,他用铅笔和钢笔搜罗的各种各样的美丽风景草图,成为他神话题材或者英雄史诗题材的风景舞台布景(图 6-36)。与其说他钟情于题材的表现,不如说他对光和大气作用于植物和水的效果更感兴趣,从而赋予他的主题以浪漫的情调,用雷诺兹推断的话来说:"克劳德·洛兰……认为原原本本把看到的自然画出来很难产生美感。"

图 6-36 《有舞者的风景》(洛兰,1648 年)

荷兰的田园风景画是以荷兰本土现实的乡村景物为视觉基础,描绘风车、牛群、平坦的土地、茂密的森林这些典型的荷兰风光,犹如田园抒情诗。以自然主义的光色作为描绘的母题,无论是画家雅各布·凡、雷斯达尔、霍贝玛,还是订制这些风景画作的中产阶级,都对荷兰本土乡村之美丽与宁静深深着迷。这种喜

---

① 《风景画论》,[英]肯尼斯·克拉克 著,吕澎 译,四川美术出版社 1987 年版。

② 《艺术与人文科学》,范景中编选,浙江摄影出版社 1989 年版。

图 6-37 《由草地眺望索尔斯堡大教堂》（康斯特布尔，1831 年）

好深深地影响了之后出现的、偏向写生的西方风景画派。

而英国画家康斯特布尔是真正热爱并描绘乡村生活的，他对自然的热爱和新的观察方法的发现激励了巴比松画派，最后由柯罗复活了田园风情（图 6-37）。如米尔·雅南评论道："没有人像柯罗一般真正地诠释希腊田园诗。这全是他自己的一套方法……在他的画中，现实的自然和理想的美妙结合在一起。"①

田园风景画在印象派的笔下成为光色的理想载体，同时田园的自然、生动的特点是对立于古典主义和浪漫主义的矫饰与做作，并因此而引起画家们的关注。

高凤翰认为中国的田园画在意义和功能上大致对应于欧洲诗歌和田园画，"从古罗马起，田园生活就被理想化，欧洲的田园诗为城市生活和宫廷生活的忧虑和堕落提供了理想化的另一种选择……在中国，它们（并非真实的辛劳的田园生活的反映）提供了摆脱官场生活和商人生活的无聊和挫败的想象性逃避；另一方面，它们显示了画主人的高尚情怀，他们真正偏爱的是在乡村、河边或山里过一种简朴的生活"②。他还指出："无论在中国还是在西方，田园式的神话再现的是一种理想，而不是一种严肃的方向，这些只能让人们带着怀旧和对逝去的纯真的渴望来观赏。"②

今天，无论是欧洲还是在中国，随着工业文明所引发的一系列生态问题，人们开始怀念没有受到现代工业侵袭的原始田园和林野，开始怀念往昔的山水画和风景画中的人与自然的和谐，并努力从现实和风景画中找回失落的自然。如果说艺术品就是代用品，今天的风景画至少可以重新营造理想的自然，从审美的角度满足人们精神层面的需要。

图 6-38 是笔者向一位水彩画家王振强定制的一幅水彩作品《南京郊外的 3 月》。作者一开始画的是纯粹的田园风景，在笔者的要求下，加上了人物和小羊，这样画面看上去更丰满了。画中是笔者的位于南京溧水乡下的老家，村前的

① 《柯罗》，何政广主编，河北教育出版社 2003 年版。

② 《中国山水画的意义和功能》，[美]高居翰撰文，刊于《新美术》，1997 年版。

大树林，大树林下是村上的祖坟，埋葬着先人的遗骨，令笔者想起了普桑所作的《阿尔卡迪亚牧人》，沉寂的往昔与鲜活的当下，令人思绪万千，又想起了高更创作的《我们从哪里来？我们是谁？我们到哪里去？》。树林后的村庄，树林下行走的是我的爱人和孩子，这幅风景对我们而言具有特殊的意义，是我们乡居生活的如实反映，当平时屈居大城市的我们想念家乡的时候，睹物思情，这幅画抚慰了我们，我们的思绪徜徉其间，仿佛魂归故里。

图 6-38　《南京郊外的 3 月》（王振强，创作实景参考图片及水彩画创作过程）

（三）有机物

卡尔·古斯塔夫·卡鲁斯(Carl Gustav Carus)创造了一个词“Erdlebenbildkunst”，意思是“对地球生命的描述”，区分那些作为背景的风景。

传统手绘景观中的单体植物、山石、建筑、人物、水景、动物，最后都要生成一个有意义的整体，既在于画家的提炼、组织和集中，也在于观者的解读、想象和阐释。但画面整体意义的获得并不是简单的形式演进。其中交织着复杂的因素，既有主观意识的预设，也有面对客观所作的反应和调整。“我们得记住，很少装饰风格是不带再现成分的，或再现植物和动物，或者再现人和工具。再现意义的引进提出了完全不同的知觉问题，这一点还有待于证明。这种不同来源于知觉的两重性——它的秩序感和它的意义感。秩序感可以使我们找到刺激在时空中的位置；意义感可以使我们从生存的角度对刺激做出反应。”①

---

① 《秩序感——装饰艺术的心理学研究》，E. H. 贡布里希 著，尹定邦 编，湖南科学技术出版社 2000 年版。

图 6-39 克利,《低洼风景》,1918 年

经过长久以来穷追不舍的“搜妙创真”(荆浩),克利还发现了一些新源泉,从自然本身的基本形态,和越发抽象概括的形式中,他辨识出那些他艺术相近的形式力量的作用。例如,他的作品中除了自然的形态,如星星、弯月、曲草、眼睛、棋子、心形,还有人造的抽象符号,如箭头、数字、字母、感叹号、几何形、休止符也被肆意纳入画面,构筑成一个有机形态的象征世界(图 6-39)。克利的学生汉斯·菲士力说,克利虽然不教他们如何使用色彩,但是“克利的绘画从不撒谎……”①。

图 6-40 《大学校园创意手绘》(李一冉,2019 年)

图 6-40 这幅手绘,虽然没有老老实实刻画出整体的建筑,看上去有偷工减料之嫌,只是取了三个作者本人的视觉兴趣点,三个建筑局部,以折枝的形式呈现。作品通过阶梯式或对角式的组合构图,以及黑白形式在强弱和聚散等方面的变化,形成了一种令人遐想的整体感。

作为特定时代的人物与景物颇具深意的结合,而一个不起眼的人介入景物,以适度的戏剧性,如一种引力场往往牵引了一大片画面的景观元素。画家常常聚焦角色设计、人物情绪表达及动物拟人化三个方面阐释在画面中围绕人物及动物造型展开训练,建立造型意识,探寻造型语言。

“江南可采莲,莲叶何田田。鱼戏莲叶东,鱼戏莲叶间……”的画面,同样出现在一些园林水系的布置中。鱼戏为静谧的园林增加了活泼的生机感。

① 《包豪斯大师和学生们》,[英]弗兰克·惠特福 著,林鹤 译,四川美术出版社 2009 年版。

据说，金鱼是中国园林中的重要元素，而能活千年的龟和能活千年的鹤则是长寿的象征，这种思想反映在日本的园林中，打造仙人岛，象征和吸引这些动物，例如符号化的龟栖息在符号化的岛上。

而现代景观插画中，画面的有机物——"点景主角"更是只有你想不到没有你画不出的。年轻的学生们往往偏爱各种卡通、动漫中的人物和动物造型，有点"卡哇伊"，带点萌萌的表情，不一而足，看上去妙趣横生，治愈人心。在景观插画作品的避风港里观者和作者同频共振，似乎都是长不大的孩子，永葆一颗未泯的童心。

知名策展人、艺评家陆蓉之在评价几米的画时，注意到了他画面中的各种主角，"几米喜欢出其不意地，在画面当中安插一些'不速之客'，有的是躲在角落里的可爱小动物，例如：黑白的企鹅、长嘴的白鸭、粉红的小猪、会变大变小的兔子、长得像恐龙的独角蜥蜴、伺机而出的鲨鱼、屋顶上的斑纹猫、在草地觅食的小松鼠、忽隐忽现的彩蝶等等"。而这些动物在画面中起到了画龙点睛的作用，"他善于使用植物、动物和人类之间自然拥有的丰富多样化的有机造型，用来和他营造的阶梯、墙垣、建筑、道路等无机的几何造型相对照，甚至以墓碑、摩天大楼玻璃窗、各式各样椅子家具等集合成多数的物体，来对照小女孩的形单影只"[①]（图 6-41）。

图 6-41 《地下铁》(几米，2001 年)

（四）置我

以弗洛伊德为主的精神分析学说主要包括无意识理论、性本能理论以及梦境解析理论。弗洛伊德强调无意识心理结构是精神分析最为重要的核心内容，人的一切行为其本质都是无意识的。精神分析学派强调了潜意识的压抑、欲望的升华和自我意识的投射对于绘画创作的影响，并且发现了梦境和潜意识之间的密切联系。认为艺术家的创作就是释放自己的欲望、拥抱原始本能的过程，一个人的作品就是他的精神长相，也是他周边的时代、种族和环境的总和。因此，

① 《故事的开始》，几米著，九州出版社 2018 年版。

才能以其所包裹的人性价值和内在力量激发他人的审美体认。

将自己作为观众来面对自己的作品进行审视是一种常用方法。按照尼采的思想即在艺术行为中应摆脱一切束缚与法则，展现了人类本身自有的生命活力，以本性抒发自己的情怀，这种精神及权力意志也是尼采生存哲学的核心[①]。柏格森认为科学和理性都不能让人领悟到宇宙的真谛，也不能参透出生命的本质，唯有直觉才可以[①]。

如宗炳所言“圣人含道映物”“山水以形媚道”。景观手绘为彰显自我提供了一个人文景观的场域。丰子恺在《作画好比写文章》中说：“我不会又不喜作纯粹的风景画或花卉等静物画；我希望画中有意义——人生情味或社会问题。我希望一幅画可以看看，又可以想想。”

沉浸式景观手绘凸显我及我的需求在风景上的映射，人们很难在传达一个景观手绘画面的行为中消除自己的价值判断。环绕“我”这个点之外的景观是作者思想和灵魂的跑马场，例如，卡斯帕·大卫·弗里德里希的名作《雾中大海上的徘徊者》（图6-42），总是令人想到孤独的哲学家般的作者自身形象的比拟，也可以替代为任何一个意欲参与到这片风景体验中的观者。如弗里德里希的学生卡尔·古斯塔夫·卡鲁斯所言：“你在无垠的空间中失去了你自己，你的全部身心在经历一场无声的净化和澄清，你的自我已经消失不见，你是‘无’，上帝是一切。”[②]

图 6-42 《雾中大海上的徘徊者》(卡斯帕·大卫·弗里德里希)

景观手绘中的人的活动，有的是漫无目的的独行，有的则是身处明确的聚集活动，例如，在传统中国山水画中，有孤家寡人式

① 《现代西方哲学与现代主义艺术》，顾丽霞 著，中央民族大学出版社 2015 版。

② 《风景与西方艺术》，[英]马尔科姆·安德鲁斯 著，张翔 译，上海人民出版社 2014 年版。

的独行客，山林水泽中的一个樵夫、一个渔夫、一个路人、一个闲客、一个行吟者、一个游吟者，催生念天地之悠悠独怆然而涕下的孤独感。也有像兰亭雅集这样的抱团取暖式聚集，通过这些活动传递文人生活雅趣、理想追求，消解文人的职业压力，交流兴趣和生活理念，画家们以兰亭雅集这类品题为托词描绘理想化的交往情境，在自然和文化共生的语境中实现自我价值，契合了文人士大夫的心头之好。

文徵明的《兰亭修禊图》（图 6-43）亦是对流传的"兰亭序"文本的还原和想象，树林葱郁、修竹绿水的春日美景给人一种"春到人间万物鲜"的感觉。

图 6-43 《兰亭修禊图》(文徵明，24.2 cm×60 cm，藏台北故宫博物院)

17 世纪，像普桑这样伟大的风景画家，就能善用微妙的方式将风景与人类活动融为一体，唤起强烈的情绪，达到了亚里士多德所提倡的三一律。将风景、事件与人物（生命体）三者合力而为，将主题完美诠释。从这种意义上来说，就像 W. J. T. 米切尔（W. J. T. Mitchell）所认为的"风景是人与自然、自我与他人之间的一种交换媒介"。

如何把景观和点景之人统一为一个有效的整体，让点景之人起到强化情绪和感觉的作用，或者隐喻作者的精神诉求？不少奥古斯都时期罗马的和伊丽莎白时期英格兰的文学作品，以及早期意大利和北方文艺复兴的绘画作品，都歌颂了从文明中的逃亡：通过沉浸在自然景物中，人物重新获得了一种精神的完整和智慧①。

如果人的形象被移除，景观手绘是否还能自圆其说、自行其是呢？无我的风景或许就像一个空空如也的舞台，散乱成一组无中心的自然特征的集合。这个

① 《风景与西方艺术》，[英]马尔科姆·安德鲁斯著，张翔译，上海人民出版社 2014 年版。

自我投射的出现对风景的组织很重要，使得那些看起来丝毫没有关系的事物或状态之间建立起一种动态的关系。为什么孩子最喜欢画的风景，总是大同小异：一栋小房子，边上一棵树，地上长花草，远处有山坡，天空有太阳，心理学家认为这是人类的心理原型，是安全感的代偿物。

当然，人类在风景里不只是田园牧歌般的宁静，诗情画意般的和谐，杀戮、战争、瘟疫、天灾、暴力、奴役、破坏……自然是人生百态的舞台，是人类与之生死相依的场所，变动不居的真、善和美透过景观手绘看到的是人和自然的关系始终处于不断被解释和重新解释的状态中。所谓的原型，如马尔科姆·安德鲁斯所说，只是一种由文化惯例和不断变换的人类需求所决定的对我们理解认知的构造和编织①。正如丹纳所说："每一个形势产生一种精神状态，接着，产生一批与精神状态相适应的艺术……今日正在酝酿的环境一定会产生它的作品，正如过去的环境产生了过去的作品。"

景观手绘所传达的本质，是人类对自然风景优美居所的向往，这些现存的景观遗迹，和人类即将开辟的理想家园，无一不反映了这种热忱之心。经过多少代的积累，欧洲的很多乡镇本身已经积淀为兼具自然和人工之美的"一片广阔的大地艺术"，从而为在人类和环境之间形成良好的互动树立了典范。

东方景观手绘面临同样的问题，如何从景观手绘艺术中找回黄金时代人类与自然的和谐，还原人与自然的分裂，以回归古典的田园牧歌，回归和谐的自然主义，来矫正"堕落的当今时代"。这种自然主义蕴含着一股治愈的力量，以及对理想主义的自然之美的窥探。

贺拉斯(Horace)和尤维纳尔(Juvenali，约60—140)的文学作品中，对田园生活的歌颂，一直在欧洲产生影响。而乡村庄园生活则能抚慰和净化我们的身心，带来幸福感和满足感，例如平和的心境、强健的身体。这一类的景观手绘作品也能让我们从视觉上得到暂时的解脱和放松。

工业化带来的城市进程中因人口激增而造成的城市生活居住条件的恶化，个人私密空间的剧减，甚至被剥夺，现代城市充斥着物质污染和道德污染，艺术与社会之间的微妙关系从来没有今天这样亟待审视。

作为一种心理补偿，带有自然主义的景观手绘将越来越受欢迎，并被越来越多的人欣赏和收藏。宋代郭熙画论《林泉高致》中提出："世之笃论，谓山水有可行者，有可望者，有可游者，有可居者……但可行可望不如可居可游之为得……

① 《风景与西方艺术》，[英]马尔科姆·安德鲁斯著，张翔译，上海人民出版社2014年版。

君子之所以渴慕林泉者，正谓此佳处故也。故画者当以此意造，而鉴者又当以此意穷之，此之谓不失其本意。”

五、符号与转喻

艺术批评家乔纳森·琼斯在谈到风景画的妙用时，提到了达·芬奇的一段话：绘画的价值在于能展示自然之美，或许还能在仲冬之际，显示你对自然的热爱，那时你被困于室内，无法外出，但是通过欣赏绘画，你可以回忆去年夏天的草地，以及美好的野餐……乔纳森认为这段话可以延伸到风景画。当人们想用风景画表达一个隐遁的世界时，首先就会创造一个世外桃源。

景观手绘通过特定的符号来表示或暗示人、事、物的形象特征，传达特殊意义，表达真挚的感情和深刻的寓意。在美的理念指引之下，将特定的设计形式、造型、图像、文字、色彩等符号，暗示并传达出风景名胜区特定的物体形象特征。

塞尚认为绘画实现的过程既要忠实于自然，又要忠实于自己的感受，按照塞尚的理解，“实现”就是“我们不以严格的逼真为满足……一个画家根据个人视觉所作的变形给自然的描绘以一种新的意趣；作为一个画家所展示出的是用语言无法描述的东西，他将现实变换为纯粹的绘画语言……他的绘画已不同于自然的真实了”。这也就是艺术提炼的过程。

人类类比的能力是最了不起的能力。意象是形象的升华，包括思想的形象才叫意象。要找出意象里面的思想，生成趣味的视觉想象。具有一定内涵的插画可以给大众带来启发，具有启发、教育、感化等作用，甚至可以用来进行心理干预，具有一定的心理疗愈作用①。

所有的单体与刻画，最后要生成有意味的形式。下面两幅手绘画为南航艺术学院 18201 级学生陈杰的手绘作品，第一幅是透过镂空的花格窗看到的朝天宫大殿(图 6-44)。这样的观看视角既体现了中国传统建筑的元素之美，又巧妙地表现出别具一格的窥视感。

图 6-45 表现了透过梧桐树树干中透见的 1912 民国建筑街区。梧桐行道树和中西结合的民国建筑的叠加，产生了新颖的视觉效果。

赵无极认为美学的观点常常跟着时代在变，时代不同，观念也不同，文艺复兴时期寻找的美，同我们现在所寻找的美有所不同。不过，世界上最好的画、最棒的杰作，即使换了时代也还是存在的。

---

① 《基于互动插画的心理干预方法研究》，黄晋琪著，湖北美术学院硕士学位论文，2019.

图 6-44 《朝天宫》(陈杰)

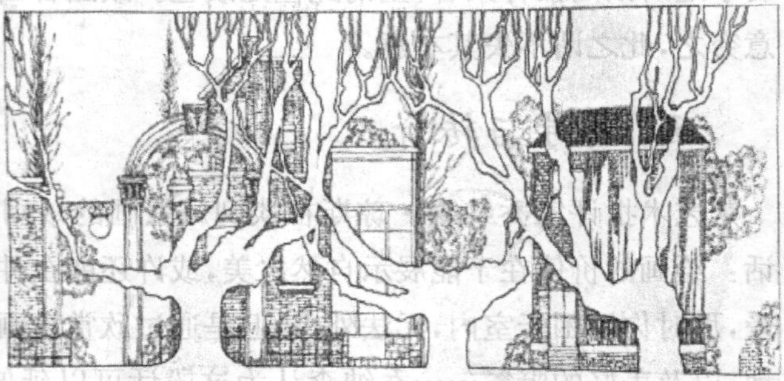
图 6-45 《1912 民国建筑街区》(陈杰)

艺术是个悖论，一方面，必须遵循规则，从往昔积累的传统中学习技法；另一方面，必须突破规则，从有法走向无法，这种突破是艺术的价值所在，是新艺术产生的关键。这一点又契合中外历次艺术创新的动能。无论具象、半抽象或抽象，都可以生成一定的秩序感，再造一个新的世界。

15 世纪文艺复兴时期，佛罗伦萨建筑师布鲁内莱斯基利用网格和比例格子纸的辅助工具发现了焦点透视。这种绘画方法要求画家按比例缩小并模糊远处事物，并将前后的向量消逝于一点，在二维的画面载体上，模拟固定视角所见的世界。

贝聿铭为中国艺术品量身定做的上海艺术博物馆，成为他的毕业设计作品，也被认为是哈佛大学最重要的毕业设计之一：一座精致的木质模型，两层，点缀几个凉亭，溪水淙淙流过茶园。他导师的推荐语是“一位有能力的设计师可以既坚持传统——他认为仍然存在的那些特征，又不放弃设计上的进步观念”，这似乎也契合了贝聿铭日后在设计理念上的文化交融。

1940 年代初期，贝聿铭在哈佛设计研究所师从格罗皮乌斯，曾经质疑现代建筑的一统性。他主张，现代建筑应该探索生活与文化的差异。

贡布里希在《古城之美》一文中以维也纳的圣斯蒂芬教堂的多元风格形成为例谈到了增建或改建对古老建筑的影响：“因此，当旅游者乘游览车从欧根亲王观景楼看到的著名的维也纳传统景观，他会正确地感到他所看到的景色无论多么没有规划(如果允许用这个词)和不可规划，都代表了一种‘有机’发展的结果，也许这恰恰因为它不是几个大的决定的结果，而是无数小的和容易办到的决定的结果。”①这种像有机体那样通过优胜劣汰而“进化”的过程是否能用到我们的

① 《偶发与设计——贡布里希文选》，[英]E. H. 贡布里希 著，李本正 选编，汤宇星 译，中国美术学院出版社 2013 年版。

一幅传统景观手绘的推进中，虽然在短暂的一个时间段在一个局限的平面上，是否也能如一座历史积淀的古城那样，进行意味深长的融合？

（一）文化的意象——转喻

美是充满奥秘的，美亦形有万殊。沉浸式景观手绘是作者理解、感知、过滤的沉淀，是经美学加工后的第二自然（第一自然和第二自然的说法源自康德），考验的是绘者的哲思和情动，通过描绘感觉世界来向观者传达精神寓意，要使这幅景观手绘“意欲”着什么？是否具有流贯深远的品质？这也是区别一幅地形图和风景艺术图的关键。

按肯尼斯·克拉克的观点，直到约16世纪，西方画家们对风景的主要关注点仍在于它的象征意义。“把风景作为一幅画的基本主题，为风景而风景，这在艺术家和他们的赞助人学会看风景以前是不可能的。”

李格尔在谈到风格起源时说过：“社会和宗教的现象是与艺术相互平行的现象，而不是影响艺术起源与发展的潜在原因。而这些平行现象的背后，是不可捉摸的世界观，或民族精神、时代精神在起着支配作用。”帕诺夫斯基在解释李格尔的“艺术意志”时也说过同样的意思，文化的整体运行支配个别的艺术事实。

希尔德布兰德认为，知觉形式的本质特征是在知觉中某一单独的因素只有处在与所有其他因素的关系中才具有意义；一切大小东西都取决于相互的关系，每样东西都影响到别的东西的价值。因此，当我们说到一总体印象时，我们指的是由知觉形式中所有因素的相互协作产生的效果。在这样的过程中，我们根本不应把单个因素的效果视为受它们与整体之关系所制约，而是相反，应把各个因素看成是独立的那样去工作。

在16世纪之前的风景画中，有时会用非常精致的风景场景来作为表达简单的道德和政治原理的工具，例如：安布罗乔·洛伦采蒂（Ambrogio Lorenzetti）在锡耶纳的帕布利柯宫创作的《好政府与坏政府的寓言》。

景观画需要想方设法捕风捉影，将其宗教化、理想化、戏剧化或神话化，增加风景主题对于整个叙事情节的主导性。

这里不得不提最能体现戈佐利画风的佛罗伦萨美第奇宫内小圣堂内的《三王来拜》系列壁画。画家借宗教故事的外壳，刻画了文艺复兴时期美第奇家族统治下佛罗伦萨城中权贵们在节日期间巡游的盛况。戈佐利吸收了中世纪细密画的传统，以及北方画家对事之巨细的细节的偏好，以全景式的构图展现了15世纪托斯卡纳的鼎盛：山岩起伏、道路蜿蜒、丛林密集，对衣冠服饰、马具鞍鞯、飞禽走兽、哥特城堡，都作了细致入微地刻画。时至今日，壁画依然能让观者一睹当时佛罗伦萨“天堂式”图景的繁华，令人为之心醉神迷。

在大数据飞速发展时代、信息爆炸的现实世界，我们迷失了，书写消失了，我们存在的痕迹被同质化的电子信息取代，古人所坚守的人文价值、人文价值的书画载体是我们景观手绘艺术要努力为之的寻根之旅、复兴之旅。

中世纪就曾出现过一些幻想的怪异的景观手绘画，如博施和勃鲁盖尔，以博施为例，其目的在于将当时人们所信仰的宗教中存在的怪物物化出来以达到说教的目的。受神秘主义自然哲学的影响，我们在德国神秘主义绘画中可以看到很多风景作品都隐含着某种超自然的情绪。而在有些画家，如克劳德·洛兰和德加的画中，则把大地画成柔和起伏的女人躯体。

虽然在浪漫主义者看来，批评自然和谴责历史一样荒唐可笑。但如何将日常所见的传统景观转化为新奇之作？如何借古以革新、融时趣与古风为一绘？安东尼·布朗在绘本中，巧妙地融入了不少传统艺术的梗。在勃鲁盖尔的《巴别塔》和修拉的《大碗岛星期天的下午》中都有灵活挪用。

贝聿铭在获授英国皇家建筑师学会皇家金奖的发言上提出：“建筑设计要变化，要往前走，但在向前走的过程当中，要回过头来看看，自己的文化特色何在。”他也曾说过：“越是民族的，就是越是世界的。”一直被对照的“东方”与“西方”，似乎在他的艺术世界中，对立又和解：“我在文化缝隙中活得自在自得，在学习西方新观念的同时，不放弃本身丰富的传统。”因此，人们称他为“文化缝隙中优雅的摆渡者”，从截然不同的文化土壤中汲取精华，又游刃有余地在两个世界穿梭。

根据弗洛伊德的精神分析学来看，人类尤其是童年的记忆、渴望和未满足沉淀在潜意识中，通过绘画呈现，或许能唤起共鸣和共情。例如夏加尔从幼年的犹太家庭背景中，获得了极精彩的整套俄国和犹太民间故事，还受到了一种童话般的幻想感觉的遗传，深情地沉迷于犹太人的宗教传统，这些早年的犹太人习俗是他根深蒂固的想象之源。的确他的梦幻般的童年生活场景画给了我们最美的启示。人有太多的时候醒着，可人也有不少时候在做梦。一切都变更得很随意，所有的时空，人物自由地出入。梦是人生的一个伟大的风景区。对有些画家而言，绘画的要务就是将飘忽而逝的梦境定格在画面上。

而20世纪的超现实主义者追求的景观手绘意境，似乎延续了中世纪的怪异风，带纵深感的建筑样式作为分割，夸张变形的透视手法及神秘感的光影表现这种时空观念。例如，契里柯画中的景观总是萦绕着让人想要更进一步一探究竟的神秘感，纵深强烈的空间构成、巨大肃穆的建筑物、永恒又宁静的氛围以及令人不安的阴影和光感是构成契里柯绘画的典型要素，并形成一种对不熟悉的感觉产生强烈欲望的疏远效应。他的哲学精神为超现实主义的时空观念提供了一个更加崭新的视角和全新的表达方法，矛盾和不协调的时空并置也完美地诠释了弗洛伊德精神分析理论及爱因斯坦相对论中的重要概念。

陈丹青在一次访谈中谈到绘画中的梦境：哪个时代的人都在做梦，哪个时代的艺术家表达的画面都可能有来自梦境的部分。尤其是宗教时代的绘画。但是到了达利和布努埃尔时期，20 世纪初，整个传统突然瓦解了，或忽然远去了，工业革命以后，出现摄影之后，资产阶级那个年代，个人表达变得越来越重要，超现实主义画家们坐下来谈谈梦，表现梦的机会来了。绘画不再停留在“反应论”，弗洛伊德关于梦的说法为艺术打开了一个维度，具像的画面中出现梦的经验，人类为此兴奋不已。

西方纯粹风景画的兴起，某种程度上，在于它能结合精神意义，渐渐独立出来。沉浸式景观体验，不是一种本能反应，也不是任何人都能做到的完全自发的鉴赏行为，更不是单纯地指对风景的熟悉，有的时候正是过度的熟悉感，导致我们不能脱离俗套，我们需要的是对生命的敏感、沉浸的反思(ponder over)甚至谈梦画梦，在不断变化的关系中，来激活我们对景观的敏锐度，磨砺画家的智力控制力，促成“拥有者”的幻象，或者可视范围内的统治者的隐喻。

如何反思？如何对话？贡布里希在《艺术与错觉》一书中写道：“所有的思考都在进行分类和甄选，所有的感知都与预期相关，并因此与比较对照相关。”这种相对主义、构成主义的信条认为一个风景的艺术价值并不是景象本身固有的——不是它“本质”中的一部分，而是被观察者“构造”出来的①。

我们倾向于将人工凌驾于真实之上，真实的价值，在没有纳入框架之前，我们是否具有发现之眼？可以设想，到访大师画过的风景胜地，例如凡·高画过的朗姆桥和星空下的咖啡馆，为什么这些看似寻常的场景能刺激他们画出惊人和不朽的作品？换作其他人，也能所见略同吗？内因在画者绘制过程中起什么作用？法国画家洛兰定居罗马之后，对黄金时代的田园牧歌的风景描绘，总是充溢着金色的光芒，这也是画家的精神光芒和自然光芒的谐振。

由此可见沉浸式景观体验的是一种后天习得和培养而成的体验。英国学者马尔科姆·安德鲁斯从威廉·华兹华斯的诗歌《廷腾寺》推断出，风景或风景的角色从孩童时期充满“较粗糙的乐趣”的游戏场所，到青年时期作为激发美感和

---

① 《风景与西方艺术》，[英]马尔科姆·安德鲁斯 著，张翔 译，上海人民出版社 2014 年版。

振作精神的源泉，再到中晚年时期，对自然世界更深思熟虑、更错综复杂的反应，从开始于原始天然的"动物"反射，最终发展到更高度的进化和精炼的道德和精神上的体验，以及对自然给予的抽象慰藉的感知①。马尔科姆认为这三个阶段娱乐的、审美的和精神的，不一定是离散的或连续的，它们可以是联合的或混合的。

西方风景画主要通过由摹仿构成的认知力形成的表达体系(representational system)，而中国景观手绘不是简单的摹仿，而是通过转喻，或者说不是通过摹仿的写实主义，而是通过摹仿的理想主义。例如，中国传统画家选择高雅脱俗的形象并将其拟人化赋予其隐喻性内涵，以梅兰竹菊比德君子；郭熙所作的《溪山行旅图》中，画面呈现的是"大山堂堂，众山之主，松木亭亭，众树之表"；荆浩提出了图真之法："观者先看气象，后辨清浊，定宾主之朝揖，列群峰之威仪，"原来，画中山水也富含深刻的政治寓意。

（二）现代的构成——点、线、面

苏珊·朗格认为艺术不是实体性的存在，而是符号性的存在，绘画创造了一个"空间幻象"，这种空间幻象与现实空间并不相连续，没有任何关系，而只是一个虚幻的实体，是一种表意系统。因此格式塔心理学认为："视觉心里有一种推论倾向，可以把不连贯的、有缺口的图形尽可能在视觉心理上得到弥补，这就是视知觉的整合、补充、闭合的视觉心理倾向。"②

罗杰·弗莱提出："形式主义在这儿说的是对一件艺术品结构秩序的主要兴趣，结构秩序的意义能够以各种不同的方式加以解释。"

在美术批评中，不论哪一种形式主义理论，其基点都是艺术作品的欣赏，是对于形式的欣赏，或者是通过形式的直观来领悟作品内在的含义。模仿的艺术只具有形式的潜在因素，因为它表现的只是事物的原型，不构成形式的直观。

弗莱则认为绘画形式仍然来源客观物象，是对感觉材料的吸收和改造，即画家根据自己的感觉对客体物象作形式上的处理，是主客观的统一。

传统的西方绘画，习惯把绘画的呈现作为"自然影像"的最高点。到了印象派之后，描述性绘画在欧洲艺术的舞台上不再占据重要位置的时候，形式结构才成为直接表达画家感受和个性的语言。而现代绘画，开始抹掉风景的稳定特征，更注重构成的美感。在德国美学家立普斯的移情理论中，主要是研究无生命的

① 《风景与西方艺术》，[英]马尔科姆·安德鲁斯 著，张翔 译，上海人民出版社 2014 年版。
② 《视觉艺术心理》，王令中 著，人民美术出版社 2005 年版。

几何形体作用于人的心理感受，这种感受再引起一系列主观意识的通感，从而达到审美经验。

在现代美学领域，立普斯把移情说从由此及彼的观念联想发展为将几何形体作为审美经验的对象，至少使一部分理论家和艺术家认为将纯绘画形式作为艺术表现的对象成为可能。菲德勒也认为，自然的外形不是审美的或艺术表现的对象，只有脱离了自然外形的某种形式才能表达自然内在的秩序，成为审美的对象。他们的形式主义和纯视觉观念是一个重要的思想流派，对现代形式主义艺术的诞生、发展影响深远。

诚如塞尚的名言："用圆柱体、球体、锥体处理自然，要使一切都处于适当的透视之中，从而使一个物体或平面的每一个边都引向一个中心点。"为什么塞尚是大家公认的现代绘画之父呢？因为就是从他开始找到了一个绘画内在结构的秩序，找到了绘画永恒的东西。这个永恒的东西不是它的表象，而是重新找出它后面抽象关系的存在，开启现代艺术的新航道。

通过点、线、面这些本质元素不断探索，不断解构和建构，不断重新解释现实世界，给南京的传统人文景观一个现代的视角。不直接对应反而是一种完成的效果，更能激发更丰富的解读。

在包豪斯最后几年成熟时期的作品，克利流露出对往昔艺术的痴迷。他在旅行的途中大量浏览旅行杂志，阅读了大量关于古代艺术的介绍。无论是古代马赛克，还是埃及文明，甚至是旧石器时代雕刻在墙上的形象和符号，都旁征博引地被作为图像元素吸纳到他的作品中去。原始的镶嵌艺术、地毯图案、雕刻线条和编织图形都能在克利的绘画中找到影子。如贡布里希提到过的"图案和立体性冲突"，一旦抛弃立体性，就可在图案方面大有作为，可以朝着大胆简化的抽象形式方向发展。这也是当时表现主义和立体主义的艺术理想。

克利还从现代主义的套路中采用了格子等特定的元素，通过不同色相、纯度和明度的格子对比，来打破物体的刻板(undermine its rigidity)。在包豪斯搬到现代都市德绍之后，克利似乎愈发强调视觉技术了。他的"神奇方块"的系列构成，令人联想起东方地毯的色块、垂直和水平的和谐设计，早在作品《尼森山》中就有显示，他甚至将完成品剪成(cut out)若干小块，再打乱按新的秩序重组。这些不同寻常的试验，证明了诗意的传达总是建立在数学般理性安排的基础上①。

① 《克利与他的教学笔记》，[德]保罗·克利 著，周丹鲤 译，曾雪梅、周至禹 校，重庆大学出版社 2011 年版。

创造的动力往往不可思议地植根于游戏般"不破不立"的基础上。

和克利有类似的着色取经经历，马蒂斯也曾研究东方地毯和北非景色的配色法，推动了视觉艺术朝平面化方向的发展，由此发展出一种对现代设计有着巨大影响的风格。

克利的画如吴冠中的艺术理念"风筝不断线"，画中的符号，虽是错觉化了的，在自然界能找到对应物。皮埃尔·布列兹（Pierre Boulez）由衷地评价克利道："克利卓然而立于那些富有思想和创造力、一生不屈不挠地追逐自己的艺术目标的艺术家中，他们从未松懈于试验着改变自己的观看和表达方式，以至于对自己终将能开辟出一条超自信的和大胆的艺术道路，早有先见之明。"①

《克利与他的教学笔记》一书引导学生从熟悉的世界当中加深对于确定的结构平面、尺寸、平衡和运动的理解。通过克利简单、流畅的图画及精确的图文说明直接体现，熟悉的世界被赋予了新的意义。棋盘、骨骼、肌肉、心脏、水车、植物、铁轨枕木、走钢丝的人——这些都成为包豪斯学校 43 个设计课程的实例。②

很多写生画家往往一生都很难摆脱对象的束缚，吴冠中在这方面煞费苦心。克利的这些"象形文字"仿佛回归到古老洞窟中的岩画，线条粗犷有力。这些文字的形式感也成为吴冠中晚年创作《民族魂》等一系列汉字田园的灵感。

吴冠中进一步在油画中充分运用西方现代艺术的点、线、面造型和中国人喜闻乐见的色调，将中国山水画的意境移入油画，赋予它东方音韵之美。

赵无极和朱德群则侧重对空间和光线的追求，从自然界中抽取光与形，以水、火、土、天、地等自然元素为画面构成元素。以东方人的文化底蕴描绘出一个灵动、空幻的意象。赵无极也深深地被克利的画吸引，以至于走火入魔，一度被艺评家德刚（L. Degand）讥讽为"二流的克利"。赵无极向往克利画中诗意的符号，也跃跃欲试，"努力以符号来表现想象""想创造一种不受题材限制的语言"③，"但我知道以后将以不同的眼光看这世界""仍然为画加上一些叙述性的标题……其实，我毫无说故事的念头"③。

达尔科·卡拉梅洛·尼科利茨（Darko Caramello Nikolic）是一位筑色高手，他的作品本体来源于包豪斯的色彩传统：极其严谨的、几何化的底子成为他的

① *Paul Klee——The Exhibition*, Centre Pompidou 2016 年版。

② 《克利与他的教学笔记》，[德]保罗·克利 著，周丹鲤 译，曾雪梅、周至禹 校，重庆大学出版社 2011 年版。

③ 《赵无极自画像》，赵无极、梵思娃、马凯 著，刘俐 译，艺术家出版社 2008 年版。

决策(图 6-46)。他不乏对色彩大师克利、约翰纳斯·伊藤和约瑟夫·阿尔伯斯的色彩进行研究。极简主义(Minimalism)、奥普艺术(OP Art)、具象艺术(Concrete Art)这三种艺术混合,共生,即通过新的视觉方法注入了动感和活力,从而给他的作品提供了秩序、错觉和生动的张力。

图 6-46　达尔科·卡拉梅洛·尼科利茨充满色彩感的作品

建筑和色彩功能是我们感受和栖居美的重要条件,是追求一个美好的“家园”的前提,而且,结构的重新生长建构——由暗褐到萌绿,到万紫千红,又是大自然在春天的行动。它们都带给我们重生、奇妙、美和无穷的活力。

(三) 画面的营造

达·芬奇在《比较论》中指出:“事实上,宇宙中存在的一切,不论是可能存在、实际存在还是在想象中存在都率先出现在他的心里,然后移到他的纸上。”①

现代英国美学家莱夫·贝尔认为:“线条和色彩在特殊方式下组成某些形式和形式的关系,激起我们的审美感情,这些线、色关系与组合,这些审美的感人形式,我称为‘有意味的形式’;而且‘有意味的形式’是所有视觉艺术作品共有的一种性质。”这是衡量任何艺术品审美价值的“通用标准”,也是所有艺术品的共同特征。弗莱对此加以了补充:还要考虑作用于形式的社会、时代和历史的因素。

无论是景观的设计,还是手绘的建构,都是人与自然的关系在彼此互动的过程中对于自我本质的反观,都体现了或者说仰赖于设计者的创作。汤姆·特纳(Tom Turner)认为,转向定居的游牧者建造起许多公园,其中一些呼应了狂野的自然景观,另一些吸取了文明中的几何图形。至今,这两种形态仍是这个星球上最令人惊叹的现象。园林则有时被形容为第三自然②。在自然中渗透了人的理念,形成了园林的设计。

中国古代,文人阶层为园林的主要创造者和享受者。他们有钱、有闲、有品

① 《艺术与人文科学》,范景中编选,浙江摄影出版社 1989 年版。
② 《亚洲园林》,[英]Tom Turner 著,程玺译,电子工业出版社 2015 年版。

图 6-47 《拙政园》(张晋,1973 年)

位。例如明朝的文徵明不仅设计了自家园林,还设计了拙政园(图 6-47)。苦心经营芥子园的李渔也是文人加画家出身,后来还编辑过《芥子园画谱》。芥子园虽不及三亩,但经李渔苦心经营,达到"壶中天地"的意境,在中国园林史上有重要地位。

艾克曼在记述他和歌德的对话《歌德谈话录》一书中,提到一幅鲁本斯的风景画。艾克曼认为这幅画惟妙惟肖,完全临摹自然,歌德却说:"绝对不是,像这样完美的一幅画在自然中从来见不到的。这种构图要归功于画家的诗的精神。不过伟大的鲁本斯具有非凡的记忆力,他脑袋里装着整个自然,自然及其细节总是供他支配。他的画不仅整体真实,而且细节同样真实,使人觉得他只是在临摹自然。现在没有人画得出这样好的风景画了,这种感受自然和观察自然的方式已经完全失传了,我们的画家们所缺乏的是诗意。"①

对人文景观的研究,文献和图像资料研究只是一方面,亲身走访,置身于景观之中的存在感不可或缺。当人们在荷兰还能找到维米尔画中的原封不动的《德尔夫城景色》,不得不慨叹画家的手绘技巧之真和文化遗产保护之完整。

而现代欧洲旅游城市的画摊上的手绘纪念画和明信片,和传统风景画有着千丝万缕的关系,一般用水彩等材料绘就,跟我们手绘课所用的材料差不多。在构图、着色和创意上都值得我们旧园新绘的课程借鉴。

图 6-48 为 2017 年笔者带女儿在欧洲进行艺术考察时拍摄的街头画家的画摊,出售当地景观的手绘水彩画作。

如何取舍不同形态的景观设计元素,将之符号化,并且有序地组织在一幅画中,形成全新的艺术语境,指示景观的丰富意味,是非常考量智性的。若世界本质是经由宗教向人类揭示出来的,那么作为冥想场所的园林,应该展现出自然的

① 《歌德谈话录》,艾克曼 著,洪天富 译,译林出版社 2002 年版。

完美①。

而儒家学说中虽然没有直接提到景观方面的设计方法，但是其强调秩序、礼仪和传统的思想，深深地影响着城市布局方式，造成了等级森严的建筑局面。而园林则更多地受老庄道家学说思想的影响，文人园林、隐士园林和书院园林都是如此。

而笔者尝试的“旧园新绘”的项目，不是时下流行的为城市旅游引导服务的手绘地图设计，而是倡导以现实的景观作为原型，然后根据作者的审美，打乱原序，移步异景，重新编排。形式在获得物质形态之前，是心灵的视像与人对空间的思考②。

图 6-48 欧洲街头出售当地景观手绘作品的画摊

如果说“艺术就是代用品”，那么以景观手绘的形式体现老庄的自然观至少能提供情感补偿的作用，人们在社会发展中失去的最宝贵的人与自然的“和谐”，可以设法在表现“意境”的手绘作品去寻找、体验，并引起人类重新审视人与环境的关系，以独特的视角面对自然，创造艺术，分享艺术。

图形、色彩、文字是手绘表现技法中重要的视觉元素和表现元素。一幅优秀的手绘借这些元素标记了作者思想的形状，绝非对所见景观不加处理地模仿，而是在所见基础上，创造一个有视觉冲击力的表征世界，没有条条框框的桎梏，大小、比例、透视、象征、隐喻、色彩搭配、场景气氛和有机点缀皆在灵活应用之中，有笛卡尔的数学运算，也应有缪斯的灵感加持。

从景观的宏观设计层面来看，在古代的佛教建筑中，圆形象征着天穹，方形象征着地，四边即对应四个方向，城市展现方方正正的平面格局，天圆地方，是人们理解自然的视觉符号。从微观设计层面来看，具体园林设计上往往也会采用一些基本的几何元素，例如直线、曲线、长方形、圆形、各种几何立方体等。中国古典园林建筑的墙面上设计的机巧各异的门洞，似月，似瓶，似葫，别有洞天，柳

① 《亚洲园林》，[英]Tom Turner著，程玺译，电子工业出版社 2015 年版。
② 《形式的生命》，[法]福西永著，陈平译，北京大学出版社 2011 版。

暗花明，是物质之门，更是精神之门。

在手绘中，对应地可以采用塞尚的立体主义方法，将对象解构，将其中的几何形式抽离和提取，再重构，在形象和抽象之间、在形和色的碰撞之中，纵横交错，错落有致的点、线、面形成复杂且多样的节奏。

苏州的狮子林建于1342年，历史悠久，倪瓒曾经多次以此入画，后有所毁坏又得重建。贝聿铭回忆他的祖上建造狮子林：在不远的太湖选了石头，然后养石，即把挑好的火山岩放在水中浸个十五至二十年。他们会在上面凿洞，再放回水中，让它继续浸蚀，直到石头变得更美丽。这就是石头的制作过程，在苏州很常见。

在江南，石头在园林中的地位就像雕塑在庄园中一样重要。元代的诗人与画家会造石园林，但后来已没有画家与诗人做这件事了……“在力的圆满上，没有什么比石头更直接更自发的了，也没有什么比一块威严的顽石或奇绝耸立的岩石更高贵、更令人敬畏的了。”①而中国文人欣赏太湖石蕴藏的丰富美感“瘦、透、漏、皱”方面，有着近于玄学般的想象力。

吴冠中谈到墨彩作品《狮子林》（图6-49）的创作感想时表示：“似狮非狮石头林，园林小，堆砌那么多石头，如石头里无文章，便成了堵塞空间的累赘。文章也确在石头世界里：方圆、凹凸、穿凿、顾、盼、迎、合，是狮、是虎、是熊、是豹，或是人，又什么也不是，如果真是，则视觉局限了，空间小了！狮子林是意识流的造型体现。我面对狮子林写生，写其起伏、写其疏密、写其线之流窜、写钻出钻进的大大小小的窟窿，画面上于是掀起一阵点、线、面的喧嚣。”②

图6-49 《狮子林》（吴冠中，1983年）

此外，步道、阶梯在景观手绘的空间建构中，有透视导向的作用。螺旋形的水渠、蜿蜒的步道、对角线式的阶梯等，可以打破平面感，加强纵深感。北魏杨炫之在《洛阳伽蓝记·正始寺》中这样描述：“崎岖石路，似壅而通，峥嵘涧道，盘纡

① 《亚洲园林》，[英]Tom Turner著，程玺译，电子工业出版社2015年版。
② 《诞生记》，吴冠中著，人民美术出版社2008年版。

复直。是以山情野兴之士,游以忘归。”这诗意的描述在手绘景观中转化为画面的优美形式。中国古代的山水卷轴,横轴和纵轴都巧妙地呈现了景观的游览路径。

由于追求“形与神、似与不似的辨证统一”,中国山水画在形式上有严格的标准,如以虚代实,计白当黑,以及讲究开合、起伏、疏密、虚实、深浅、繁简……诸种形式的对立与统一。从景观色彩设计上来说,老子所持的五色令人目盲的观念影响不小。荆浩认为“随类赋彩,自古有能,如水晕墨章,兴吾唐代”。张彦远提出“运墨而五色具”“墨色如兼五彩”,墨由于深浅浓淡而产生的丰富之韵足以取代五彩。

中国江南建筑以白墙黑瓦、深红柱子为主。五彩斑斓的色彩,也是需要取舍和经营的。在手绘中如吴冠中笔下的江南是成功的范例:借鉴园林设计中的黑白灰的搭配,以及鲜灰的对比,一般来说黑白灰留给建筑之类,而鲜亮之色留给自然物、人造物或有机物。

而重视“光色”的西方现代绘画则相反,画家们以寻找色彩为灵感契机,寻求大自然的色彩激发想象,如马蒂斯于法国南部的尼斯、凡·高之于法国南部的阿尔、莫奈之于意大利的威尼斯……

北非之行视为克利绘画生涯中的转折性时刻,绝非巧合。在这远离欧洲的异国情调之中,画家克利首次发现了色彩。灼热的北非之光最终成了他天赋的催化剂,他画了一系列水彩画,以至于他在 1914 年 4 月写道:“色彩与我合为一体,我是一位画家。”①突尼斯强烈的光线和通透的色彩让克利彻底领悟了色彩的力量。然而,色彩的搭配(同类色或对比色)、几何色域的分割和线条的穿插,形成富有节奏和韵律的画面。突尼斯旅行给克利对色彩的理解带来了质变。他开始利用色彩来建构画面,直到他 1915 年返回慕尼黑之后,他仍然在继续这项研究。他同时从罗伯特·德劳内开创的俄耳甫斯主义(Orphic lens)和立体主义画派那里学到一些方法②。

以上种种,充分说明景观手绘画家接地气才有可能受到激发创作出画室之内根本无法想象出来的精彩。

---

① *Paul Klee——The Exhibition*,Centre Pompidou 2016 版。

② 《克利与他的教学笔记》,[德]保罗·克利著,周丹鲤译,曾雪梅、周至禹校,重庆大学出版社 2011 年版。

第七章

旧园新绘实践课程的意义

2020纽约视觉艺术学院(SVA)插画毕业作品展中,主题为"文以入画"(Illustration as Visual Essay),超越时间、边界、文化,甚至是现实,营造了一个远离当下疫情和由此带来的恐惧的虚拟伊甸园。这次线上视觉之旅的亮点就包括在古城景观漫步……让"Mister Softee"(富豪雪糕)做导游,重温温暖平和的夏天,从巴西的角度探索美国的城市文化。然后再扮演一个受灾难蹂躏大都市的幸存者,逃到一个快乐的滑板乌托邦……这类展览从某种程度上弥补了疫情带来的不能四处旅游的苦恼。据研究表明,人们都有从界限中逃离出来释放身心和想象力的强烈愿望,这些虚拟的人工风景的替代性越不可或缺,心理学效果和美学价值也就越高。

旅美知名插画师胖蛇(Cher)建议:画一些比较适合文创产品的画,比如你可以画中国古代建筑像故宫那类的成系列的画。因为很多客户在寻找能画他们本地旅游产品的项目。比如南京啊、太原啊这些古城就有旅游产品的需求。你如果有一套高质量的建筑插画是很容易找到市场的。

威廉·申斯通(William Shenstone)发表于1764年的文章《园艺随想》(*Unconnected Thoughts on Gardening*)在探讨园林之美的时候,专门提出把一种"如画园林"作为园林的一种类型,而且主张为了能够创造出"如画园林",造园师应该熟悉风景画家的作品,甚至干脆提出画家就是最好的园林设计师①。

---

① 《摹造自然——西方风景画艺术》中《穿越风景的如画之美——18世纪末英国风景画与欣赏趣味的变革》一文,赵炎 撰,上海人民美术出版社2018年版。

笔者从研究生毕业论文开始，就研究西方风景和中国山水，查阅了大量的中英文文献和图像资料，在实践中一直以风景创作为对象，积累了一些心得和体会，10来年一直担任设计专业尤其是环境艺术设计专业的基础课、专业课和毕业论文设计指导，对这一专业学生的专业素质和技能培养积累了一些思考。

笔者前几年去日本和欧洲十多国深度考察过，在国内带学生时曾去皖南、云南、苏南等地写生、走访，在对传统景观的挖掘和改造中开阔视野，并切身思考，如何将手绘景观融入大设计和创意生活的背景中。本研究项目从长远看着眼于推动中国景观手绘和文创的未来发展。

贡布里希在提到偶发(accident)和设计的矛盾、如画的风景和便利的交通及城市的膨胀之间的矛盾时曾经感叹："早在200年以前，我们的审美感觉就和经济、技术发展的要求之间出现了悲剧性的裂隙，而且从那以后越来越宽。谁能愈合这裂隙，谁将得到后代的无限敬意。"①

如果没有手绘流传的1450年的圣彼得教堂图画，那座一度令人崇敬的巴西利卡式教堂就难以和今天的圣彼得大教堂一决高下，我们也就难以理解教皇尤利乌斯2世(Pope JuliusII)的雄心勃勃，和建筑师布拉曼特与米开朗基罗的伟大革新。

手绘家应该是一位创造者，更是一位旁观者，以超越自身与对象的神情冷静地观看着自己的双手所召唤出的沉静世界。意大利文艺复兴时期提出了艺术原则"Designo"。此原则如今被狭隘理解为"设计"，其本义却是创意构思并将之按照和谐原则实现为美的艺术。它不仅是绘画和雕刻的金科玉律，而且也是建筑艺术的原则。拉斐尔自述的创作方法明确阐明了这个原则：遵循心中美的理念，将自然中最美的部分结合成完美之作，即通过画家自身的构思和具体的技艺将形而上的理念表现出来，形同造物主的创造。

诚然，现代人享受到了包豪斯火柴盒式的居室的便利，但是日久生厌，这种设计的千篇一律、机械乏味使人想逃。世人需要通过到历史文化名城的旅游来满足对传统景观的温情和怀旧。因为在古老的建筑上烙印着已故工匠的手艺和灵魂。

因此，我们这项课题的研究是偏向传统的，在现代层出不穷的数字媒体艺术、先锋艺术、大地艺术等面前，有人或许会认为这种做法有点守旧，有点像英国

① 《偶发与设计——贡布里希文选》，[英]E.H.贡布里希著，李本正选编，汤宇星译，中国美术学院出版社2013年版。

左翼分子的、后殖民主义的绿色思想。然而,通过手绘这种形式建立人类与传统景观世界的亲密对话,这是对文明与原生、科技进步与自然世界之间关系的协调,往往能给我们带来精神上的愉悦和满足。

2022 年 6 月 3 日至 10 日,东南大学 120 周年校庆之际,一场题为"忆东南"的绘画作品展在东南大学四牌楼校区前工院拉开帷幕。赵军教授画作中那盛满回忆与眷恋的笔触、那震撼灵魂的美,让我们感受到了珍藏记忆深处的东大校园(图 7-1)。

图 7-1 《东大四季》(赵军,油画作品选)

第一节 追问的景观

艺术是运动的,不断地向前奔。什么样的风景主题和形式才是受欢迎的?理想的还是自然的,熟悉的还是遥远的,驯服的还是野生的?漫游在伟大而纯粹的自然剧场之中,通过心灵之眼(les yeux de l'esprit)来观看,窥见一种高于日常自然的抽象的理性精神,而这种思考的深度,或者说智性的力量,才是景观手绘的硬核。

中国山水画最大的特点就是在自然山水之中体悟玄理。王阳明主张"心即理",他说:"身之主宰便是心,心之所发便是意,意之本体便是知……所以说无心外之理,无心外之物。"①如宗炳在《画山水序》中所言:"圣人含道映物,贤者澄怀味像。山水质有而趣灵。"王羲之《兰亭序》中所体现的"仰俯"之观由《周易》中的"俯仰"之观发展而来,体现了中国古人思维的独特性,是当时士人对自然进行审美观照的方式。体察"宇宙之大""品类之盛",给天地万物赋予精神意义、对宇宙

① 《传习录全鉴》,迟方明 著,中国纺织出版社 2012 年版。

生命豁然会通，是高度抽象性的审美体验，这对中国哲学和文化艺术影响深远①。

当你是一片被景观围绕的地产的所有者，或是这块地方的居住者，你对这片风景的自然特征和本土特征才会了然于胸，这样的环境不仅仅是容身之处，更是一种容纳和实践思想的机会。台湾著名画家蒋勋辞去大学教职，搬到风景优美的台湾地区池上乡一座简朴的当地民宅，斋以静心地生活 3 年，体验人与自然的和谐共处，将内心对美的震动写入诗中，绘入画里。他庆幸自己能在城乡之间寻求这样一种平衡，以怀旧的方式体验老庄的心态，颇有启示。

18 世纪英国诗人詹姆斯·汤姆逊的诗歌《四季》，受牛顿实证主义科学的影响，对整个欧洲的风景诗人、画家以及园艺设计师都产生过影响："我知道再没有其他主题更加令人振奋、更加令人喜悦；更加充分地唤醒诗人的激情、哲学家的反思，以及道德上的情感——只有在大自然的作品中能做到这一点。我们还能在哪里遇到这样的多样性、这样的美丽和这样的宏伟呢。"②四季变化，唤醒了敏感的艺术家，催生了不朽的艺术杰作。

按塔塔尔凯维奇的概括，法国古典主义对于摹仿对象有着趋同的理解："艺术不应模仿粗糙的自然，而应模仿它被改正过缺点之后的状态。这当中自然要经过一番的选择。"有意识有目的地搜寻景观中的零金碎玉来组织画面的那一点开始，自然对象与脑中意象之间的关系由此相克相生。

我们中极少人能通过努力达到达·芬奇所说的"超能"——"画家是所有人物和事物的统治者"。画家是仅次于造物主的造物家。达·芬奇画中的风景介于现实和想象之间，完美地诠释了主题的神秘布景。爱德华·诺尔盖特在《缩影》中写道："风景这种绘画类型就意味着画家要在其中加入他自己的想象，人们并不期待他描绘出完全真实的自然场景或者看起来仿佛是真实乡村的副本一般的图像。"

世人的注意力和兴趣不仅在人类身心的复杂性，顺着这颗好奇心，延伸到了与人类自身具有同等复杂度和丰富性的自然环境的探知和描绘中。正是从对景观的追问延伸到对于生命、天体、宇宙和能量的好奇和兴趣，在 15 世纪文艺复兴时期的自然主义思想影响下，催生出达·芬奇这样的绘画巨匠、科学巨匠。

在北欧画家的风景画作品中，风景和叙事的关系不像意大利绘画那么主次

---

① 《山水之乐 死生之悲——王羲之〈兰亭序〉思想探析》，陈碧撰文，刊于《湖北社会科学》，2009 年第 3 期。

② 《风景与西方艺术》，[英]马尔科姆·安德鲁斯著，张翔译，上海人民出版社 2014 年版。

分明，风景的广度和深度得到了发掘，在几乎是全景式的风景蔓延之下，人物的所占比例和动态设计却削弱很多。马尔科姆·安德鲁斯认为，对于北欧人来说，缓和内部和外部之间、风景与日常室内景象之间的尖锐距离具有非常大的吸引力，而地中海沿岸的意大利这些国家室内与室外更容易彼此渗透。事实证明，16 世纪之后的观者越来越喜欢这样的面貌。

17 世纪的荷兰人享受到了贸易扩张的财富时，其他国家和本国的风景就有了一种特殊的吸引力。荷兰小画派崭露头角，风景画渐渐从题材和主题等级的樊笼中脱颖而出。

19 世纪后半叶，绘画比此前任何时期都离文学更远，反倒离自然更近。巴比松画派、枫丹白露派和印象派应运而生。他们及之后的印象派画家，在 60 多年的时间里，企图将自己沉浸到他们一直在记录着的同样的自然环境中。

如何协调好城市—乡村、艺术—自然、驯化—野生之间的对立关系，既是造园也是手绘所面临的难题。日本 1980 年实施"乡村振兴计划"，实行经济资助，其中小布施町派出 160 人前往欧洲学习生活方式和庭院设计，并以葛饰北斋晚年描绘小布施町的景观手绘为文化驱动，艺术化地打造当地的文化和旅游景观，每年吸引上百万游客。

另外一位国际知名的日本插画家安野光雅一生都沉浸在自己喜欢的风景旅行和手绘之中，他的纪游绘本也是"无字书"。《旅之绘本》系列共 8 本，用了 35 年时间创作，跨越了文化的界线，不只展现不同地域的美丽风景，更将风土人情、文学艺术等人文知识巧妙融入风景之中，将生活经验和生命历练融入创作中，书中插画的每一个角落、每一页都值得细细观察。广受世界各地读者的喜爱，人称其画风为"安野风格"（图 7-2）。安野光雅谈到创作感想时说道："在遇到困难的时候，也有过后悔出来旅行的念头。但是，人恰恰是在迷失方向时才会有所发现。我选择去旅行，不是为了增长见识，而是为了迷路。因此，我发现了一个世界，如这部绘本里所描绘的那样的世界。那是一个没有公害、自然没有遭到破坏、没有被错误的文明引入歧途的世界。一个满目皆绿、纯洁美好的世界。"

图 7-2 安野光雅在创作图片

第二节 治愈的景观

为何世界上所有的古代园林都分布在亚洲帽檐地带，汤姆·特纳(Tom Turner)在飞机上领略到这些壮丽景观对园林产生的影响。当游牧者转向定居，他们对野外景观的热爱延续下来。如果说园林迎合了人们对风景和定居的渴望，那么景观手绘作为符号性的园林是否也能成为漂泊的灵魂诗意的栖居之地？

有些西方学者在探求西方现代文明困境的解救之道时看到了中国古代文明的价值。如汤恩比在《图说历史研究》中指出，“亲近自然，珍视地球上所有的生灵，顺应自然规律，与自然生命和谐相处，这就是老庄留给今人的‘诺亚方舟’”。有些西方艺术家也开始认识到中国山水画的奥秘并承认它的美学价值。喜仁龙认为：“和中国人的自然情感最相衬的是隐居草堂中的庭院，或山林中的读书亭。”①

宋郭熙《山水训》：“君子之所以爱夫山水者，其旨安在？丘园养素，所常处也。泉石啸傲，所常乐也，渔樵隐逸，所常适也。猿鹤飞鸣，所常亲也。尘嚣缰锁此人情所常厌也。烟霞仙圣，此人情所常愿而不得见也。直以太平盛世，君亲之心两隆隆……然则林泉之志，烟霞之侣，梦寐在焉，耳目断绝，今得妙手郁然出之，不下堂筵，坐穷泉壑，猿声鸟啼，依约在耳，山光水色，荡漾夺目，此岂不快不意实获我心哉，此世之所以贵夫画山水之本意也。”②

诚然，建筑大师童寯认为“中国园林不使游人生畏，而以温馨的魅力和缠绵拥抱他”。又云“于文人而言，中国园林实为现世之梦幻虚境，臆造之浓缩世界，堪称虚拟艺术”。

克拉克在《风景画论》一书的结尾寄予了一些类似的希冀：“我们发展了的自然观念，最终也许会用新的和美的形象来滋养我们的心灵……作为一个过时的人文主义者，我认为这个世界的科学和官僚主义、原子弹和集中营统统不会毁灭人类的精神；而人类精神总会成功地以一种可见的形式体现出来，至于那将是一种什么样的形式，我们却不能预言。”③

1786 年乔舒亚·雷诺兹爵士在他第 13 次皇家美术学院的年度讲演中，评

---

① *Gardens of China* Siren O著，Ronald Press Company 1949 年版。

② 《宋人画论》，潘运告 编著，湖南美术出版社 2002 年版。

③ 《风景画论》，[英]肯尼斯·克拉克 著，吕澎 译，四川美术出版社 1987 年版。

论了诗歌、绘画、音乐及园艺之后，他相信“所有这些艺术门类的伟大目标就是使人沉浸在想象和情感之中，从而对心灵产生愉悦的影响，留下美妙的印象”①。

20 世纪，在全球不断提高的环境意识中，景观手绘的创作主题不仅限于文化，反映了与社会环境的联系，诱导着人们去重温世界的美好和自然的单纯，恢复现世生活的爱好与重视，注重对于人的力量的深刻的体会，力求恬静和愉快，这就使艺术家重视画中生态的构建，将风景发展为美学和休憩的畅神之所。

亚洲文化景观协会的会长 Rana P. B. Singh 在第十一届 ACLA 国际学术会议上指出“Heal the Cultural Landscapes to heal Yourself”，翻译成中文为：治理好文化景观，实则治愈你自己。

沉浸性体验分为视觉沉浸、听觉沉浸、触觉沉浸、嗅觉沉浸和味觉沉浸。沉浸式景观体验是全方位的感觉体验，以视觉沉浸优先形成的综合存在和体验感。在沉浸式体验的过程中，我们不仅在视野焦距内感知这片景观，更要在心中琢磨，按照“理想的景象”的理念塑造，在头脑中将眼见和我们见过并喜欢的各类风景画类型相关联，再酝酿如何记录这一切感知的结果，将其画面化。作者的美感体现了“在一个感官对象里所感觉到的自我价值感”。

立普斯认为审美对象表现出的由审美主体所赋予的生命和灵魂，使自身具有审美价值。手绘艺术在我们画笔的探测器引导之下，随着对图像的探究达到了对景观更进一步的体验。使在感受画境的人仿佛游移到画中。审美享受是一种有价值的快感，这种快感是由观照对象所引起的，不同于饮食等生理快感，而是我们内心的心境和意志状态。

丹纳认为种族、环境、时代构成了精神文化的三要素，他所谓的环境，既指地理、气候等自然环境，也指社会文化观念、思潮制度等社会环境。他以自然环境的影响来推理希腊民族和日耳曼民族之间的差异：“有的住在寒冷潮湿的地带，深入崎岖卑湿的森林或濒临惊涛骇浪的海岸，为忧郁或过激的感觉所缠绕，倾向于狂醉和贪食，喜欢战斗流血的生活；其他的却住在可爱的风景区，站在光明愉快的海岸上，向往于航海或商业，并没有强大的胃欲，一开始就倾向于社会的事物、固定的国家组织，以及属于感情和气质方面的发展雄辩术、鉴赏力、科学发明、文学、艺术等。有时，国家的政策也起着作用……”

“如果没有意大利文艺复兴的美术理论，我们所了解的风景是不可能发展

① 《偶发与设计——贡布里希文选》，[英]E. H. 贡布里希 著，李本正 选编，汤宇星 译，中国美术学院出版社 2013 年版。

的。”①在爱德华·诺加特、瓦萨里、阿尔贝蒂、莱奥那多和普林尼的描述中，我们可以看到风景逐渐引起重视，阿尔贝蒂甚至发现了风景画具有积极的心理作用——“发烧的人看到画中的泉水、河流以及小溪时，会感到轻松很多……”

人类对风景的爱好，从文学作品可窥一斑，和手绘一起图文互证，互相启发，互相推动，共同构成了人类对景观体验的结晶，如古罗马的农学文本、维吉尔风格的田园诗以及贺拉斯对乡村隐居生活的颂辞。文艺复兴时期风景热重新升温，如阿尔贝蒂和达·芬奇，对于田园景观为心理休憩提供的愉悦，写下了充满激情的赞美之辞：“我们的情绪以一种特殊的方式从绘画中——从美好的风景，从港口，从捕鱼、狩猎、游泳、乡村运动，从开满鲜花的田野和茂密的小树林中——获得了快乐……那些在热症中煎熬的人们从这些绘画中的泉水、河流和奔流的小溪中得到了解脱。（阿尔贝蒂[Alberti]，《建筑十书》）”

种种迹象表明当时的意大利崇尚乡村庄园的悠闲生活，这和当时意大利的园艺及整个启蒙主义思想中人与自然相关的核心主题有密切关系。从古典的阿卡迪亚和贺拉斯式的乡村隐居生活赞美就开启了这种风尚。各种风气推动了人们对景观的建设、欣赏、描绘和记录，景观体验和手绘表达之间形成了良性的互动。17世纪的普桑和洛兰、19世纪的柯罗，都曾去意大利游历，创作了大量的意大利的风土人情画，这些画作给世人构筑了古典主义的景观图景，塑造了后人对景观的认识。

按阿尔贝蒂的透视见解，一幅绘画或风景画就是在室内墙壁上虚拟了一扇窗，这虚拟的边界可以包罗万象，连接了居所的“外部”和“内部”，传递了自然界的抽象能量，而免受舟车劳顿之奔波，可以补偿蜗居的我们对风景与生俱来的向往与迷恋。

这沉浸式景观体验，关乎我们与风景主题的关系亲密度。其一，从物质层面来说，涉及我们与物质环境关系的全部历史。其二，从精神层面来说，涉及寻找和匹配“理念美”的艰难过程，我们要在纯真之眼和视觉传统的两个支点之间织出一张自圆其说的蜘蛛网——一幅手绘景观画。然而，作为沉浸景观中的观察者，我们不过是从景观中选择出一组图像上的特征和要素，来匹配实景的广度和深度。因此艺术者的造就，首先在于理念的实现，而非摹仿这样那样的特殊形式。

马尔科姆认为肯尼斯·克拉克（Kenneth Clark）所撰写的一文《由风景进入艺术》中的“艺术”是指由具有良好的观察力、天赋与技巧的人将那些美景转换成

---

① 《艺术与人文科学》，范景中编选，浙江摄影出版社1989年版。

绘画图像的行为。我们对景观的品位也在体验和表达的艰难过程中逐渐提升。

第三节 未来的景观

高度和速度是现在城市化发展的显著特点,现代都市精神生活贯穿着工具理性的精神,它给人们戴上了客观理性主义的眼镜。城市化带来的生存环境的恶化、生活方式的改变,随着城市化的扩张,承载着历史记忆的人文景观被高楼大厦不断取代和挤压,地域特色在消退。客居他乡引发了人们对故土家园的怀念,尤其在老一辈大师们的风景手绘中,一个看上去完全不同的优美世界:自然与人文相得益彰,人处其中,身心闲适。在我们无法改变的工业化大环境下,人类也许只能依靠一种保持了独立自主和非理性特质的艺术的本能冲动来与这种都市心理相抗衡。

唐宋时期,随着道教和佛教的影响,中国的园林设计、山水画和诗歌艺术大为兴盛,并且互相影响,相得益彰,深深地影响着日本的园林设计。苏利文认为正是唐宋时期全新的自然观,将园林设计推上了纯艺术的层次。王维打造私家园林的"辋川别业"如同"兰亭雅集"一样,作为经典的景观母题和图式,被不断地借鉴和重新演绎。

20 世纪人文景观设计已经变得全球化了,交通的极为便捷致使人们在一天之内辗转世界各地成为轻而易举之事,这是当年拙政园的清代文人王献臣所不敢想象的。

图 7-3 《百年回望》(桑建国,2010 年)

旧园新绘的意义在于挖掘有地域和时代特色的传统人文景观,提醒我们在追求现代化的同时,不要忘了传统,更不能忽略了差异化,力求避免千城一面,努力实现一城千貌。正是差异化才使旅游和文创富有魅力和吸引力(图 7-3)。

杭州市规划委员会专家委员会副主任委员、杭州市人民政府参事汤海孺在《城市更新与品质提升》讲座中说道:“城市更新、品质提升,只有进行时,没有完成时。城市是人生存的场所,更新不能简单地拆除推平物理空间,还要考虑社会问题。渐进式、小规模之所以重要,是因为它不会完全摧毁既有的空间肌理和社会关系,从而为彰显城市特色留下基因。”

正如伟大的历史学家米尔恰·伊利亚德(Mircea Eliade)所认为的那样:“人类是一种宗教物种,因此每个人都需要寻找意义、辨别模式,尽管每一种文化,甚至每一个个体,在概括之下也都是有所区别的。”

南京作为繁盛的六朝古都,地处江南的核心位置,融自然景观和历史文化为一体。正如唐代诗人杜牧在诗中所言“南朝四百八十寺,多少楼台烟雨中”,南京毫无疑问拥有众多的名胜古迹,并渐渐演化为“金陵四十景”“金陵四十八景”(表7-1),成为明末清初金陵画家创作重要的题材来源。在明清之际的特殊时空中,这些作品大多具有深刻的社会文化内涵①。

表 7-1　新金陵四十八景(2012 年版)

名称	景点	名称	景点
中山伟陵	中山陵	汤山温泉	汤山温泉
孝陵香雪	明孝陵	汤山猿洞	汤山古猿人洞
十里秦淮	夫子庙秦淮风光带	阳山碑材	阳山碑材
幕燕长风	幕燕滨江风光带	瞻园玉堂	瞻园
紫台观天	紫金山天文台	南大北楼	南京大学北大楼
玄武烟柳	玄武湖	方山天印	江宁方山
明城龙蟠	明城墙	栖霞丹枫	栖霞山、栖霞寺
雨花丹青	雨花台	梅园风清	梅园新村
甘家大院	甘熙故居	鼓楼钟亭	鼓楼公园和大钟亭
高淳老街	高淳老街	南唐二陵	南唐二陵
桠溪慢城	高淳桠溪国际慢城	奥体中心	南京奥林匹克体育中心
泉涌珍珠	珍珠泉	老山深林	老山国家森林公园
冶矿探幽	冶山国家矿山公园	故宫沧桑	明故宫遗址

① 《图写兴亡——名画中的金陵胜景》,吕晓 著,文化艺术出版社 2012 年版。

（续表）

名称	景点	名称	景点
牛首烟岚	牛首山风景区	天生胭脂	胭脂河与天生桥
南博藏珍	南京博物院	石柱奇观	六合石柱林
石城清凉	清凉山与石头城	金陵经典	金陵刻经处
天妃静海	静海寺与天妃宫	浦站背影	浦口火车站旧址
云锦天工	南京云锦博物馆	站映湖光	南京火车站
莫愁烟雨	莫愁湖公园	存史警世	侵华日军南京大屠杀遇难同胞纪念馆
朝天宫阙	朝天宫	宝船遗址	南京郑和宝船遗址公园
阅江揽胜	阅江楼	金陵兵工	晨光 1865 科技 · 创意产业园
紫峰凌霄	紫峰大厦	鸡鸣春晓	鸡鸣寺
颐和公馆	颐和路公馆区	枢府春秋	南京总统府
天堑飞渡	南京长江大桥	南朝石刻	南朝石刻

本书所提到的手绘主要指的是综合材料绘画，不仅和传统的中国画有所区别，也不同于各个设计专业训练所依托的手绘效果图，它们是相对于 3D 和多种智能渲染手段而言。不过，软件与徒手表现相结合的方式逐渐成为趋势，借助软件可以使得手绘设计师的创作灵感得到良好的激发和呈现，如表 7-2：

表 7-2　不同绘画材料的表现特点

类型	特点	适用范围
硬笔（针管笔、签字笔等）	线绘，可交错排列	轮廓及各种线性细节刻画
马克笔	条状笔触，可渐变叠加	树木、砖块、屋顶、路面等
彩色铅笔	细腻层次，可无缝叠加	花卉、皮肤、绒毛等层次丰富的细节
水彩渲染技法	干画或湿画、涂绘及各种罩染	整体辅色、色块分割、立体塑形

图 7-4 为杭州插画师特浓的插画作品《西安钟楼》。图 7-5 为南京邮电大学陈凤琴同学的数字插画作品《清凉山》，2019 年，陈凤琴同学坦言学习了特浓的插画手法。

图 7-4 《西安钟楼》(杭州插画师特浓)

图 7-5 《清凉山》(南邮学生陈凤琴)

图 7-6 刘洵创作的绘本《哈气河马》中的街道，以作者经常路过的南京颐和路民国建筑群为原型。

图 7-6 《哈气河马》(一)(刘洵)

图 7-7 刘洵创作的绘本《哈气河马》中的城市景观，以南京城为原型，远处的地标建筑紫峰大厦有辨识度。

图 7-7　《哈气河马》(二)(刘洵)

而如今更广义、更时尚的景观手绘作为真实景观的替代物,也可以重建人与特定地域景观的情感维度。至今,北宋画家张择端所作的《清明上河图》依然魅力不减,被改编成数字艺术展在中华艺术宫展陈,所反映的不仅有景观的张力,还有手绘的张力。

南京德基美术馆于2022年初展出了基于冯宁版《金陵图》,集结百余位专家学者,历时两年,由近400名工作人员倾力打造出一场史无前例的展览——"金陵图数字艺术展",该展是首个"人物入画,实时跟随"的数字交互展览。千载寂寥,披图可鉴,正是这种新颖的融媒体方式,带领人们穿越到宋代,让繁华大宋触手可及,长近110 m、高3.6 m的大屏幕上,"化身"宋代人畅游《金陵图》。在金陵城中,由你来主导展览"剧情",体验安逸和乐又充满烟火气的市民生活。逛各形各色的商铺,听热情好客的"画中人"诉说金陵历史与大宋风华,邂逅彩蛋"神秘人",还能欣赏到秦淮美景、稀世宋扇,燃放属于你的绚丽烟花……

图7-8为清代冯宁《仿杨大章画〈宋院本金陵图〉》描绘土地庙的局部和数字艺术中的同一场景图局部对比。

图 7-8　《仿杨大章画〈宋院本金陵图〉》与数字艺术对比一(冯宁)

图 7-9 为清代冯宁《仿杨大章画〈宋院本金陵图〉》描绘街头杂耍的画面和数字艺术中的同一场景图局部对比。

图 7-9　《仿杨大章画〈宋院本金陵图〉》与数字艺术对比二(冯宁)

清代乾隆第四次南巡至金陵时，展开随行携带的《宋院本金陵图》，即景印证，感慨万千，执笔题诗六首。此后命宫廷画师谢遂、杨大章、冯宁以《宋院本金陵图》为蓝本接连仿绘。冯宁《仿杨大章画〈宋院本金陵图〉》(图 7-10)，纵 35 cm、横 1 050 cm，纸本设色，1794 年。作品以长卷形式，采用散点透视构图和细腻严谨的写实手法，生动描绘了宋代金陵(今江苏南京)的城市面貌和各阶层人民的社会生活。

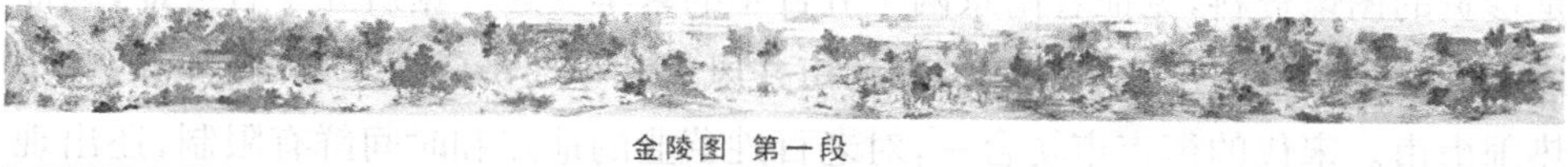

金陵图 第一段

金陵图 第二段

金陵图 第三段

图 7-10　《仿杨大章画〈宋院本金陵图〉》(冯宁，1794)

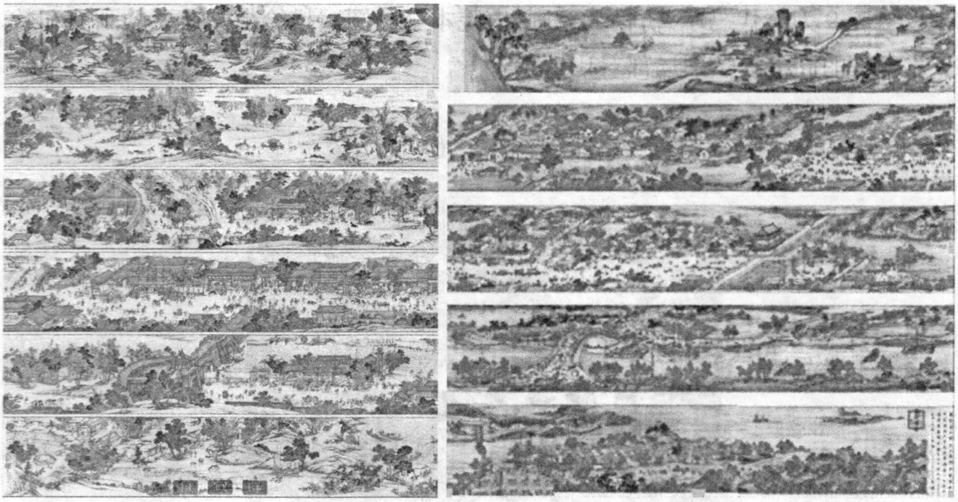

图 7-11 《仿杨大章画〈宋院本金陵图〉》与《清明上河图》对比

左图：清・冯宁《仿杨大章画〈宋院本金陵图〉》;右图:宋・张择端《清明上河图》

通过对图 7-11 两幅图进行对比,可以发现:《仿杨大章画〈宋院本金陵图〉》构图形式与宋张择端《清明上河图》都是描绘宋代城市的面貌、各阶层人民生活的风俗画。两幅画都是绢本设色,以长卷形式展现,采用散点透视构图法,鸟瞰式全景法绘制,生动记录中国 12 世纪城市生活面貌,是当年城市繁荣的真实写照,具有极高的历史价值。两幅画面内容丰富,规模宏大,都可分为三个段落:郊区—街市—郊区,从风景秀丽的郊区到热闹非凡的街市,再到祥和寂静的郊区。

清代冯宁版的"金陵图"相当程度上弥补了宋代金陵风俗画卷散佚的缺憾,是珍贵的图像资料,见证着南京两千五百年的繁华变迁。据研究学者考证,画面描绘的是今中华门至今水西门一带的市井风貌和今通济门至水西门之间的繁华热闹街市。宋代的街市市坊合一,对老百姓营业的地点和时间鲜有限制,还出现类似现在的跳蚤市场。

画卷从右至左大致可分为乡野景致、秦淮街市和郊野风光三部分,共绘有人物形象 533 个、动物 90 只、车马轿舆 24 余、店铺商贩 40 余,郊外风光宜人,百姓和乐,生活恬淡;上士高宾,商贾摊贩;城内商业繁华,街市熙熙攘攘,热闹非凡,蔚为大观。

日本吉卜力的创始人和动画导演高畑勋认为数字媒体艺术与绘画相结合的展览,具有巨幅和高清的特点,充分借影像之力展现原画魅力。因为传统绘画有些尺幅小，细节却丰富，如果把拍摄的高清数码图像制作成数字媒体艺术展览，形同巨幅壁画，细节之妙原汁原味地呈现，往往令观者叹为观止。他说："我常说，如果想要更好地欣赏日本绘画，就必须要有局部放大图，所以在看到石川县立美术馆将《信贵山缘起绘卷》的原画与放大图同时展出时，我非常高兴……"①

通过将数字媒体艺术与中国画的结合，把中国画数字化传播到世界各地，既能让世界各地的人们了解中国艺术，又能促进中国文化的传播并扩大中国艺术在世界的影响力。在技术快速发展的当下，我们更应紧随时代，通过数字媒体技术、交互技术等技术，为我国艺术、文化等蓬勃发展输送新兴"血液"。

一方面，千年文化奠定了南京人文城市的品格，金陵八大家、太平天国遗存、明朝文化、民国建筑、红楼梦文化、江宁织造府、寺庙文化，展现出来的是园林的自然幽静、古城的千古风情、长江的气势壮阔。另一方面文化创意设计、智慧城市建设，新兴产业则给南京注入了创新文化、城市品格。

一方面，美学讨论、旅游、游记出版、风景画生产、销售等等这一系列大众化、普及化，其所承载的关于土地、国家的景观意识才能被有效地传播、推广和接受；另一方面，"如画"的艺术趣味本身也包含了一种关于田园、怀旧的情绪。从城市层面而言，环境保护和文化遗产保护都将意义非凡；从个体而言，弥补了个人在面对大工业时代变革而产生的对美好往昔的深情追忆。

---

① 《一幅画看日本》，高畑勋 著，湖南美术出版社 2019 年版。

第八章

旧园新绘实践课程的作品

第一节　优秀手绘作品举要

笔者在这几年的构图、素描和速写课程中一直自发地进行课程改革实验，这几年带学生外出写生积累了比较丰富的教学经验和思考，存留了一些不错的手绘作品。通过优秀作品案例举要，提供实景图片和作品图片比对，可以形象地看出学生如何实验，运用各种材料、手法和形式来寻找眼见现实之外的可能性，未停留于照相式记录，而是如何试图实现景观手绘作为人文价值的载体。

图 8-1　《吴冠中画作诞生记》封面和目录(吴冠中)

吴冠中先生所著的《吴冠中画作诞生记》(图 8-1)的叙事方式值得借鉴。吴先生将其多年写生创作过程的得与失、审美心得、对人生的思考，编辑整理成了这本书。此书不仅记录了吴先生写生创作时的情景与心境，同时也记录下了他对创作、艺术发展路径的探讨，对东西方文化、科学与艺术的思考、经验。

此书采用以一图一文为主，附以两图一文甚至三图一文的形式，为读者逼真细致、全面立体地还原吴先生创作时的情境。思考是吴先生的日常习惯，孤独是他的殉道所需。吴先生的文字同画（图 8-2）一样，简洁不简单，往往寥寥数语，并没有长篇大论，便点出“画眼”了。这种画家摸索一生的创作模式，值得我们学习和借鉴。

图 8-2 《乌江小镇》（吴冠中，纸本彩墨，1984 年，68 cm×135 cm）

原文： 木结构的吊脚楼美，从形式美的结构角度看，可说是玲珑剔透，尤其临江高踞大山间，真是画家们眼中的仙居。我们千里迢迢来寻这样的仙居，发现了琼楼玉宇，那便是乌江上游酉阳县属的龚滩小镇。

龚昌河到龚滩投入乌江，水色比乌江格外墨绿，深于蓝，应称小乌江。二江相会，江流曲折于峭壁间，依坡起伏布满了鳞次栉比的吊脚楼，这样的龚滩老街能不吸引画家吗？我们在老街中穿来穿去，街窄巷更狭，如入迷宫。街巷中时时派生出仅容一人通过的台阶，或须由此上坡，或可下达江边，有的却只引入人家内院，此路不通了。上了高坡，俯瞰，黑压压的瓦顶联成游动的龙、盘踞的雕，奔腾的乌江永远围绕着它们呼啸，江的呼啸是生命的伴奏！下到江边，仰画飞檐，檐密密，参差错落，檐下鲜艳的色块斑斓，是家家晾晒的衣裳；家家窗前、廊下、台阶旁都布满了盆花，盆，其实是破罐废瓮，花开得欢。

建筑艺术的博物馆，是人民生活的烙印，是爷爷奶奶的家，是唐街、宋城……

下面这篇图文结合的创作随笔，是我仿照吴冠中先生的随笔写成（图 8-3）。

《哲意、诗意和如画的花园》（*Philosophical And, Poetical And Picturesque Garden*）

冷冬，湿冬，烂冬，人们被迫像动物一样冬眠，不，应叫冬宅着。令人腻歪的灰色，无休无止的灰色，望不到头的灰色，避之不及、挥之不去的灰色，不过，漫长的灰冬终于熬过去了。

天地之间终于浮现出了一线生机。不知煦风从哪个地方吹来，也不知哪一片叶子先绿了枝头，更不知哪一只鸟儿唱响了春天的第一曲……总之，春天就这么悄然而至了。

三八妇女节刚过，突然，发现羽绒服是累赘的热。正午的时候，匆匆忙忙的脚步带来汗涔涔，心慌慌，春天，似乎连心跳都不一样了。

我茫然地坐在古林公园的长椅上，放眼搜索着入画的题材，直到一个年轻的妈妈抱着稚嫩的娃娃闯入了我的眼帘，顿时，眼前一片春晖，那不是毕加索笔下的《母与子》吗？是也不是，怎么不是呢？

……

左图为《古林梅园》，右上图为毕加索的《母爱》，右下图为笔者在南京市古林公园的摄影作品（图 8-3）。

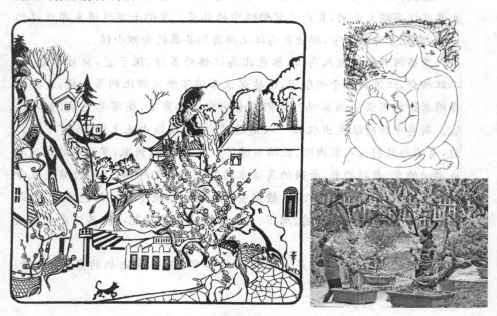

图 8-3　笔者《古林梅园》的创作过程

反感墨守成规的学院派，勇敢地走出象牙塔，“翻墙”探花写生去。就像电影《绿皮书》里面雪利博士的一句写照：改变一个社会的风气不仅要靠天赋——

genius，更需要的是勇气——courage。

当初接手设计专业的素描和速写课，第一次走入教室，是凌乱不堪的画室，墙角堆满了东倒西歪的写实风格的色彩习作，模特台和屋后的架子上摆放着落满了灰的石膏像和静物，看着齐刷刷坐着的30多位目光黯淡，缺乏热情的学生，内心无法平静……

眼中没有光，心中没有爱，鲜活的艺术之神在何方？我们亟待她的召唤我！我那颗不安分的心驱使我要变法，要挣脱。每次排课一整天八节，我会安排上午半天启发——inspire，给同学们看一些BBC公司拍摄的画家纪录片或者是一些当代艺术家的访谈，好对艺术家的创作发生有个直观的认识，这是我们常说的功夫在诗外，也是我以前喜欢读艺术家传记的原因。

上午开眼之后，那下午就必须动手啦，要想做好学问，就如陆游在《冬夜读书示子聿》一诗中的告诫足以使我受用一生："古人学问无遗力，少壮工夫老始成。纸上得来终觉浅，绝知此事要躬行。"在我三十多岁，博士毕业后去日本的一次采风交流途中，我突然幡然醒悟，领会了这句话的深意。

回来后我克服重重困难，从自己深刻的直觉和自身的多年经验出发，试图着手这门课的课程改革，每次好说歹说地跟教学办的负责老师申请，苦心婆心地解释，谢天谢地，一次次争取成行。在一次次的接地气的"观物取象（watching for images）"到"感物道情（perceiving about affections）"再到"象以达意（phenomenon express meaning）"中，在美和诗意的环绕（beautiful and poetic surrounding）中，去感受一位艺术家在户外作业，如苦行僧凡·高自我救赎的艰难与美妙。

正如曹意强在他速写的展览自序里所言："说到其开始速写的初衷，他表示，匆忙是当今这个世界的缩影，但是速写可以还原很多内容，比如当时的色彩、当时的情境、当时的心情等，这是让自己静下来，有时间有机缘回忆过往的一种方式，也是让观者有具体画面去了解一位画家的窗口，因为语言是苍白的，图像是相通的。"

我们可以在一幅作品的"小窗口"中还原绘者创作的情境，不仅有当时的色彩、当时的情境、当时的心情，还有当时的头脑风暴，梦境浮现，前意识与潜意识，穿越千年，横跨中西，一切皆有可能。

图8-4为插画师李俊创作的插画，融汇了日常的风景和梦境般的情境，是比较私密的情境体验：童年的回忆，想要逃避的乐园。

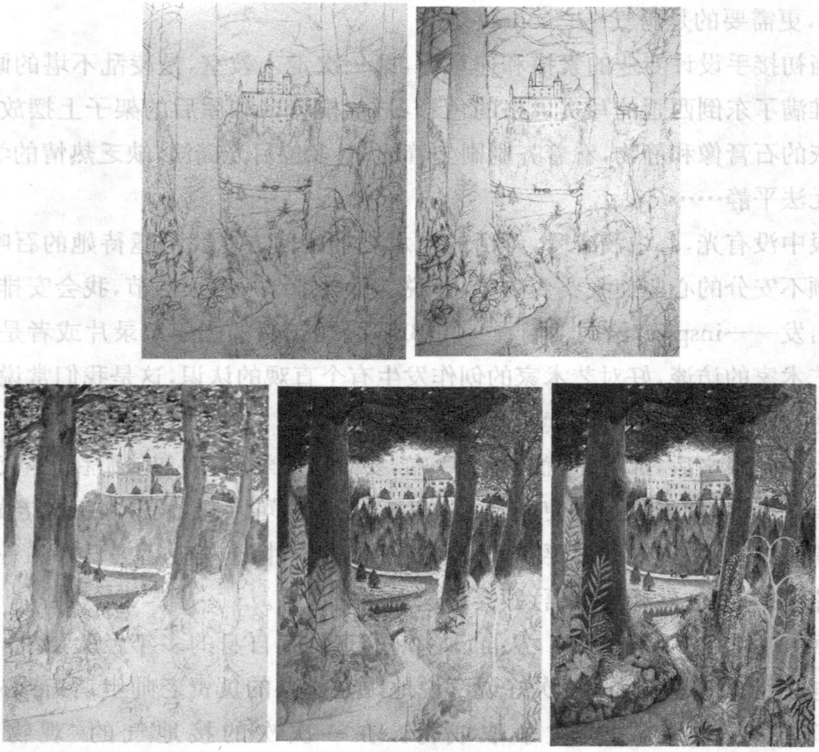

图 8-4 《秘境》步骤图(李俊,2021 年)

第二节　优秀手绘习作复盘*

一、18401 班结课展览

本次作品展是艺术学院 18 级环境设计学生选修课程“速写”、19 级研究生选修课程“西方水彩画史及技法研究”的作品展示(图 8-5),作品展的主题是南京景观文创手绘——创意、诗意和画意的综合表达。本次展览挑选了一些学生平时课上现场精心完成的手绘作品以及结课作品,大部分作品都以风琴本的形式展出。

一辆绿皮火车带我们驶向 1912 的摩天轮世界。张老师带领我们走出象牙塔,在活的有机的景观中,接文气、接地气、接天气、接人气地进行景观手绘训练(图 8-6)。

---

* 本节作品创作均为南京航空航天大学艺术学院师生。

图 8-5　作品展海报

图 8-6　《江宁 1912》(洪一楠)

南京百家湖景区(图 8-7 右)与云南当地特色建筑(图 8-7 左)形成对比，旨在发现不一样的建筑文化与特点。而云南的写生回忆则挥之不去，香格里拉的建筑美景也久久封存在图 8-8 中。

图 8-7　《云南与云》与《南京与湖》对比(孙婉仙)

图 8-8
《梦回香格里拉》(洪一楠)

作者受1912建筑群的启发，把民国女孩与民国建筑群的结合，以水彩的形式将民国别墅等各种各样的建筑表达出来，带观赏者走进民国，感受民国。将自身感兴趣描绘的民国女孩作为前景的主角，而背景则是以民国建筑作为映衬，两个典型元素相得益彰(图8-9)。

图8-9 《民国女孩和建筑》(张照晗)

二、19401班结课展览

景观手绘的个体经验，如果不是在统一的教学组织下，也形成不了共同的表达，就会在结课中随着个体记忆的消失，无法形成教学上的气候。

秋末初冬时分，季节的变换为南京披上了色彩斑斓的外衣。南京航空航天大学2019级环境设计专业的本科生，开展了“旧园新绘”的创作活动，用手绘描摹南京的绚烂多姿。师生把这一次别开生面的速写课命名为“旧园新绘”，希望以审美的眼光打量、记录“寻常”景致，呈现既熟悉又陌生的日常，实现对现实的审美记录和超越。

他们用画笔诠释和呈现了南航校园的一楼一宇，还走出了熟悉的校园，描绘了金陵这座兼具古典韵味与现代气息的城市的景观。

因为身在校园，年年都在画南航主楼、砚湖等标志性景物，师生都或多或少地有些审美疲劳了。笔者决定带学生走出去，进行实地景观和文化考察。平常学生周末走出校园，活动内容多半是娱乐，文化考察较少，大多数人的信息来自网络，而实地的考察会给我们的五感带来更丰富充盈的感受。

师生们参观了位于老门东的金陵美术馆，学习优秀画家的艺术表达手法，在走街串巷中从艺术层面欣赏建筑的细节，比如一扇窗的造型、一块砖的瓷片、一面墙的绿植等等。这是一个猎奇的过程，更是一个再造的过程。同时，教师要求学生在画面中必须体现以下三类元素：

第一是人造物。学生在创作时能够思考这些人造景观背后所反映的设计者的理念。第二是植物。植物不但能体现季节性，还能让所画建筑少一分生硬，多一分柔和。建筑物的色调是相对单一的，但植物是多姿多彩的，两者结合，能形成视觉对比的效果。第三是动物。活泼灵动的动物能让画面的气氛活跃起来，也起到点缀作用。

莘莘学子以他们寻寻觅觅的目光发掘着金陵的美，并将金陵别样的风光定格于风琴本上。

他们画出了南航的力与美，云蒸霞蔚下的主楼，是南航地标；活力四射的运动场，是挥洒青春的地方；饱藏诗书的图书馆，值得浓墨重彩。有飞机的校园，才配叫"南航"。教学楼的芳华清新唯美……五彩的校园，处处是风景，每个人都有自己的秘密花园，借双慧眼看校园。在这些绘者的小清新作品中，你会似曾相识，又耳目一新。

（一）校园手绘系列

三月天气渐暖，春风和煦，春韵盎然。南航校园的春天如约而至，树枝摇曳，枝形自然飘逸，富有层次；樱花红遍，满园浪漫，落红如雨化春泥，春泥有意化为虹。教学楼与樱花的相映、慵懒的小猫与学生的邂逅，步步为景，皆可入画，一切都是春天的馈赠（图 8-10）。

图 8-10 《南航春景》(陈冠儒)

秋意悄至，银杏而黄，南航校车缓缓驶过，道路纵深，无声地指引着风华正茂的学子走进这方银杏小天地，探寻那方世界（图 8-11）。

图 8-11 《秋校车》(侯欣懿)

抓住了傍晚南航的开灯时刻，将街旁路灯、教学楼和暮色抽象化，用色大胆，图形丰富，画风现代化，让南航印象更加立体多样（图 8-12）。

图 8-12 《南航夜色》(侯欣懿)

图 8-13 《彩绘南航》(陈雨珂)

图 8-14 《东晴》(杨嘉慧)

图 8-15《即时》系列(李祥玥)

砚湖中各种颜色的鲤鱼悠闲游动,或成一团或几条在散游,自成一趣(图 8-13)。

选景南航标志性建筑——图书馆,天空部分,画得非常仔细,因为想给人一种柔和的感觉。因为是晴天,水天树连在一起很好看,连带着白云画出来有种小清新的感觉(图 8-14)。

由于每天课业繁多,南航学子对很多有特征性的景色大多时候都是匆匆掠过,这些景色对他们而言都是“即时印象”,是在当时的环境下对氛围的某种感受。把这种“转瞬即逝的氛围”留存下来,光线在其中起了一部分的作用(图 8-15)。

图 8-16 用了比较强的对比色,在现实中是比较少见的。

高耸的主楼、明亮的图书馆、充满力量感的飞机与火箭，构成了南航校园的“骨骼”，并以一种硬汉形象站立在将军大道上。然而，这位硬汉倒也不是个呆板的“直男”，他也有自己柔情似水的一面。

图 8-16　《庠序》(谢菲)

与伙伴漫步寻景，天不作美，云雨氤氲。转角，绿荫层层叠叠间一抹亮色忽闯进眼帘，顿心情朗然，驻足寻一避雨处奋笔疾画。空气微湿，笔下微润，随意几笔晕染偶得渲染之妙，烘托此情此景。楼宇间亮色相映，破沉闷抑郁之重，令观者眼前一亮(图 8-17)。

图 8-17　《细雨阴阴偶见颜》(曹紫璇)

图 8-18 取名为《点滴》，是因为体育馆前的篮球场记录了大一军训的点滴。在这里，我们经历了一段很有意义的时光。

图 8-18　《点滴》(庄颖)

在冬日的某个午后，天气晴朗，空气中洋溢着清冷的味道，来往的车辆行人穿过黑暗又进入光明；尝试用草间弥生的波点表现冬天的氛围，整幅

图 8-19 《印象东区》(刘星宇)

图 8-20 《午后东阳》(刘星宇)

画面以暖黄色为基调表现阳光，又用蓝绿色来控制画面的冷暖季节感(图 8-19)。

《午后东阳》(图 8-20)创作于国庆假期结束回宁的初午后，而这幅画属于创作这一系列的后期了，对于选材其实已经处于一种灵感枯竭的状态，后来发现校园生活本身就是美好的，除了景色本身之外，美感也可以从氛围里表现出来。宿舍作为我们的小家，给人一种安全感，这也是我想突出的画面内容和给观者的感受；在画面中，主要运用了平和鲜亮的色彩，展现青春活力，再加入一些撞色的元素，作为画面的亮点，丰富了整体感觉。

我很喜欢那段通往高速桥底的道路，只记得那天的天气不错，抬头一看，是层层叠叠的白云(图 8-21)。

图 8-21 《路口》(尤晔)

图 8-22 《希·晕》(王铭靖)

图 8-22 所描绘的是艺术中心旁小径的风景。耀眼的太阳洒下温暖的光，闪烁在草边、树里、小花上，让人感受到了美好和希望。作者用了特殊的画法去描绘太阳，突出了光晕感，使整个画面非常明亮欢快。

这幅画的创作瓶颈在于怎么去描绘它的光晕感、光感以及如何让这些简单的事物丰富起来。别无他法，只能仔仔细细、小心翼翼地去勾勒和描绘。最终形成了意料之外的油画感，夜晚校园中的活跃、欢快和憧憬跃然纸上，描绘这种气质的方法便是突出光感以及使画面明亮。

图 8-23　《悦·夜》(王铭靖)

光本身在日常生活中就是温暖和希望的存在，所以在画中突出它的话，就能够达到这样的效果。明亮的色彩也是很关键的一点，提高色彩的亮度和鲜艳度，能够给人视觉冲击，也更容易让人感受到愉悦。

摄入美食之后，心情非常愉悦，看到夜空中挂着的皎洁弦月和树下的明亮路灯，只觉得惬意美好，于是便绘下了那一刻(图 8-23)。

一支画笔，定格了南航的力与美。素日里“熟视无睹”的南航，落在画纸上，倒有了别一种味道。笔者随意采访了两位行走在校园里的学子：

同学甲：身为一名南航学子，南航校园是我再熟悉不过的了——从主楼上方那行醒目的“南京航空航天大学”，到那一栋栋每天都需经过的教学楼。看完这场画展，我对校园产生了不一样的印象。上学的日子里，匆匆赶路，周围环境的变化、它们在不同天气下不同的模样，都不曾发现。而画展中的南航主楼，就与我脑海中的有所“冲突”。有映衬在晚霞中熠熠生辉的主楼，有在湖面上与锦鲤相伴的倒影，它们向我呈现了更为奇妙的组合。看完画展后走在校园，我对周围景物的关注也变多了，时常观察时常对比，原来每一秒的南航都是不同的。

同学乙：本人对画画是很感兴趣的。看完画展，我觉得水彩这种介质恰如其分地展现了南航的柔美。虽然平时也会和朋友抱怨，将军路校区的南航建设得像一个工业园区，缺少人文色彩。可是依然有有心人拾回它的美，小心翼翼地铺陈给我们看。绘画真是一门对抗遗忘与忽视的艺术，也感谢这群绘者，为我们带来了美的享受。

同学们的绘画课，画出了南航校园的力与美，也让我们看到了在不同视角、不同时间下的特色南航风景，对于熟悉的校园，也有了不一样的感受与体会。

（二）校外手绘系列

图 8-24 获得湖北省艺术设计协会主办的 2021 年湖北省第一届红色文化设计大赛插图创作类二等奖。

图 8-24 《继承红色文化，传承红色初心》(张浩谦)

作者以南京市溧水区的革命根据地李村为原型创作，画面表达了双重时空：右侧表现的是红色历史，有一位手持红五星的新四军形象，红色的蝴蝶象征缅怀革命先烈的英灵。左侧则表现的是当下：两个幸福的小男孩，放学后，在村前祠堂的大树下交谈。抚今追昔，表达了继承红色文化、传承红色初心、珍惜来之不易的幸福的积极寓意。

百度词条这样介绍老门东：老门东位于江苏省南京市秦淮区中华门以东，因地处南京京城南门(即中华门)以东，故称“门东”，与老门西相对，是南京夫子庙秦淮风光带的重要组成部分。门东是南京传统民居聚集地，自古就是江南商贾云集、人文荟萃、世家大族居住之地。门东是个广泛的概念，中华门以东均为门东，如今的老门东历史文化街区是狭义的门东概念。

门东一带早在三国时期就有民居聚落出现。明朝中华门与内秦淮河沿线成为城市的经济中心，这里成为重要的商贸和手工业的集散地，呈现一派繁华的景象。清末以后，老门东、老门西等老城南地区逐渐成为以居住功能为主的区域，集中体现了南京老城南传统民居的风貌。

老门东历史文化街区北起长乐路、南抵明城墙、东起江宁路，西到中华门城堡段的内秦淮河，总占地面积约 70 万平方米，历史上一直是夫子庙的核心功能区域之一（图 8-25）。开设金陵刻经、南京白局，以及德云社、手制风筝、布画、竹刻、剪纸、提线木偶一类民俗工艺，推出多种南京地区传统美食小吃。

图 8-25 《老门东》（某学生）

图 8-26 算是一个美好的回忆。但作者对于色彩的掌控力还不够，导致画面的视觉呈现不够整洁，这也是需要改进的地方。

图 8-26 《明故宫街景》（孙紫琪）

南京颐和路位于南京市鼓楼区，西南至东北走向，长 600 米。一条短短的路，却讲述了南京大半部的民国史。20 世纪 30 年代，南京颁布了《首度计划》，随后一幢幢风格迥异的小洋楼如雨后春笋般立在了颐和路上，而能入住的都是民国时期的达官贵人、名流人士、外国公使等……至今保存比较完好的还有 225 幢，而现在这些建筑都被列入了“民国建筑博物馆”，还曾获得联合国教科文组织亚太地区文化遗产保护荣誉奖。虽然没有一栋高楼大厦，却是南京名副其实的“黄金地带”，徘徊在公馆区内，每一步都能感受到历史的沧桑、民国的风情。昔日的金陵旧梦已烟消云散，如今只有一幢幢洋房隐在林荫之中，伴着道路两侧的百年法国梧桐，一同见证着这条路曾经的叱咤风云(图 8-27)。

图 8-27 《颐和路》(某学生)

图 8-28 《百家湖的傍晚》(高静雯)

图 8-28 取景自百家湖的日落时分，夕阳倾洒在湖面，给水波镀上了一层橘黄色，近处的绿植错落有致，远处的建筑简化成了蓝紫色的剪影，特别有诗情画意，颇有浪漫主义画家透纳笔下的韵味。

南航学子走出校园，用笔描绘风景，用心阐释情感。一幅幅手绘作品的背后，不仅是学生的创作，更是老师用心启发、耐心引导的成果。

三、20401 班结课展览

2021 年 11 月 17 日，“景观手绘展——速写艺术展”(图 8-29)在南航将军路校区艺术学院一楼顺利展出，本次作品展是艺术学院 20 级环境设计学生选修课程“速写”、21 级研究生选修课程“西方水彩画史及技法研究”的作品展示，主题是南京景观文创手绘——创意、诗意和画意的综合表达。

据介绍，本次展览挑选了一些学生平时课上现场精心完成的手绘作品以及结课作品，大部分作品都以风琴本的形式展出。风琴本的形式有点类似于中国山水画的长卷，在古代，文人雅士的朋友之间欣赏手卷，是一边放，一边收，从右往左展开，在这个过程中完成了时间和空间的穿越，如电影式的体验，而风琴本的阅读顺序一般是从左往右展开。

图 8-29 《“景观手绘展——速写艺术展”海报》(刘天麟)

由于疫情原因不能走出校园，同学们创作的灵感和题材大多来自校园内的所见所闻，有一些来自他们之前自己拍摄的一些图片，还有一些来自插画和绘本。一笔一色，集结成册，一景一物，皆有灵性，愿不忘初心，与美同行。

图 8-30 这些画面的原景都来自生活，描绘风景再加以人物或动物点缀。在生活中观察事物，在观察事物中寻找灵感。根据第一印象加以丰富想象并在纸上描绘，给予它新的意义。添加的人物和动物灵感来源于之前看过的一些插画书。在风琴本里每一幅作品都是美的治愈的，从中可以感受到插画的故事感带来的感动，感受画中人事物的喜或悲。我也喜欢自然，热爱自然。身临山川大海，会觉得压力被舒缓了，靠近动植物也让我有莫名的愉悦感。

图 8-30 《风景》(綦紫梦，风琴本手绘局部)

图 8-31 作品是这个课程开课以来我生活环境的一种写照。网课居家回到学校，周围的环境一直在变化。南航是我最常生活的地方，而艺术本就来源于生活，一笔一足迹，一步一脚印，有的绚丽辉煌，有的平淡无奇。略过相机，用画笔来记录生活。

图 8-31 《南航胜景》(李彤岩，风琴本手绘及局部)

图 8-32 是我第一次接触水彩，在技法上仍有很大的提升空间，但是我很感谢这门课程，不局限绘画的对象与思考，让初学的我能在画纸上“畅所欲言”。起初我翻阅了许多水彩大师的作品，取他人之所长，慢慢地也找到了自己的风格，逐渐领悟了水彩画的精彩。希望未来我能不断提升自己，早日实现“外师造化，中得心源”。

图 8-32 《南航风云》(魏宇婕，风琴本手绘及局部)

在图 8-33 这幅作品的创作中，整幅画的颜色使用比较统一，大多为蓝色和橙色。二者为互补色，在整个画面中相互衬托，使天与地分离，也体现了整个景色的前后关系，加上灯塔和房子使景色不那么单调，多了一丝生活气息。在远处的天空加上了大雁的影子，在整个画面中起到了点缀的作用。

图 8-33 《南京郊外》(林宜颖，风琴本手绘)

图 8-34 这幅作品的灵感来源于我家小区楼下水景的荷花，画面的色调、沉睡的女孩以及滴落的蓝宝石一样的水珠都是为了营造一种静谧的气氛。充分的安全感和平静的心情跃然纸上。

图 8-34 《梦回夏日》(朱英铭，风琴本手绘及局部)

图 8-35 画面呈现的是学校图书馆周围的场景，用色主要是绿色与红色。不同树的绿色不一样，不用物体的红色也要区分开。以黄绿色为主体色调的画面中添加了少量红色物体使画面不那么单调。同时我也在画面中加入了一个女学

生的形象，使画面更加丰富。

图 8-35 《校园生活》(张苏南，风琴本手绘及局部)

图 8-36 是根据疫情结束作者返校途中从机舱视角看向机场与家乡的场景创作的一个彩绘，以窗口为视角，选择了两个特定的角度进行绘制。

图 8-36 《南京禄口机场》(刘天麟，风琴本手绘及局部)

这次的速写课作品图 8-37 采用了水彩创作，题材取自我身边的常见场景，像“1912”、牛首山、南航校园等。这次的作品虽然并不完美，但是经过构思、定稿、色彩关系处理，最后完成整个作品，思考、自我否定、调整、修改的过程使我对创作有了完整的了解，相信对以后的创作会有很大的帮助。

图 8-37　《校园周边》(胡静蕾，风琴本手绘及局部)

图 8-38 这幅画取材于我拍的一张照片。照片是在暑假某天经过一个十字路口拍的，那天天空很蓝，白云很悠闲，正好有一位妈妈骑车带着孩子经过。画的时候我对天空的刻画有些犯愁，一碧如洗的蓝难以描绘，前前后后改了很多次才好不容易描绘出来。

图 8-38　《暑期校园》(朱彦洁，风琴本手绘及局部)

图 8-39 这幅作品的灵感来自一个图书馆里洒满落日余晖的下午。静谧的图书馆自习室，阳光在玻璃上折射出的光彩，周围安静得只能听到唰唰的翻书写字的声，这温馨安宁的一幕，也是我理想中的图书馆的样子。

图 8-39 《校园角落》(刘海荣，风琴本手绘及局部)

图 8-40 左侧充满未知感与奇幻感的想法运用到一张张城市的远景图中。

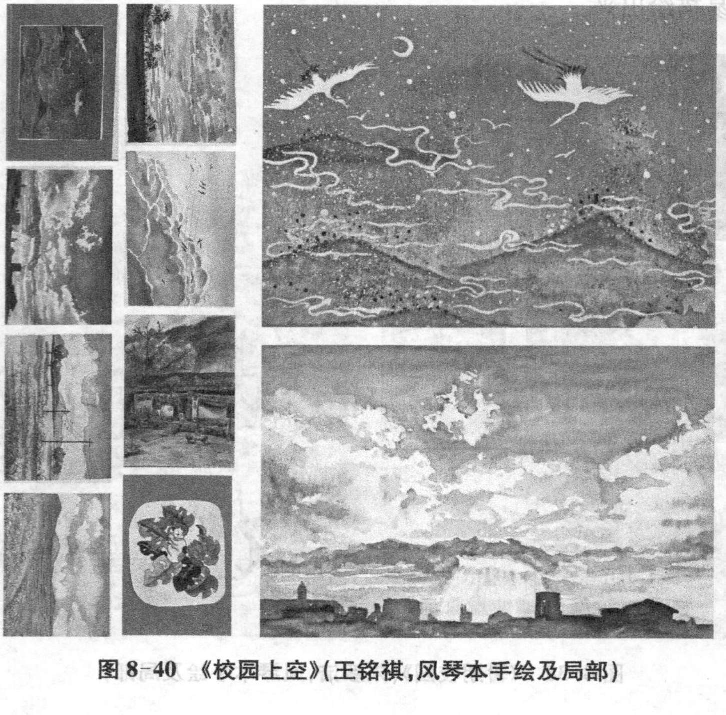

图 8-40 《校园上空》(王铭祺，风琴本手绘及局部)

画中呈现的是城市中心被云中突然透出的一束光笼罩的景象。主要采用水粉渲染的方式，部分云朵留白出形状。右图采取中国风的元素，借鉴中国壁画的绘画风格，在画中将仙鹤、群山与云丝等元素相结合，整体风格为红色调，渲染夕阳下仙鹤在群山之上飞舞的景象，带动缕缕云丝，在色彩渲染后撒一层亮粉起到装饰效果。是校园所见，更是白日梦的遐想。

图 8-41 这组风景的水彩速写采用了湿画的手法，多用混色，选取的是一些身边的场景，画了点喜欢的猫猫狗狗，给画面增添一点生机。封面不是写生的场景，画的是在荷塘里的小船，想表达出这个写生创作时候那种行船的感觉。

图 8-41　《校园一瞥》(许愿，风琴本手绘及局部)

图 8-42 为张春华老师和 1120401 班级全体同学的合影。

图 8-42　张春华老师和 1120401 班级全体同学合影

四、优秀手绘个案自述

杜大恺曾说过："只有唯权利是从的艺术才需要理论的煽情……视觉以外的诠释对于艺术究竟有多少意义我是怀疑的。"正如曹意强对杜画的评价："生活中常见之物、常见之景，凡其目所及，皆能入画，一经妙笔点染，顿成创意。屋舍、厂房、乡镇、围墙、海滩、电视塔、电线杆……这些题材本身没有什么情节，也不是用以显示技巧的借口，画家以赏鉴之眼沉静地观察，将自身融入其中去体验、寻找、发现美，由此以笔、墨、色淋漓尽致地将之表现，化凡俗以非凡，熔平常以新奇。绘画之美与艺术智性于此有机交融。我们平常熟视无睹的东西，透过他的作品让我们重新注意到了；我们日常看惯了的东西，在他的笔下，我们仿佛从未见过，是第一次凝视。"

在这些不为陈词滥调所约束的学生笔下和画中，我们也能感受到这种新奇的凝视，略带生涩的表达……总能令我们眼前一亮。

（一）《古都南京系列创作心得及南京的景观特征研究》——1118401 邢谦钥

1. 创作缘由

上一学期，我选修了张春华老师的速写课，并跟随老师到南京的多处景观写生，绘制了一系列的南京景观主题插画，在此过程中，积累了良多的创作经验，也对南京的景观文化有了更深的了解。

南京是首批国家历史文化名城，其景观作为文化最为直观的载体，底蕴深厚，特色鲜明。她是一个极佳的创作素材，走进这片土地，仿佛就走进了一本本名著中。同时，作为一个在南京长大的孩子，我有义务、有责任通过自己的插画，引导更多人知晓并欣赏这片金陵宝地的文化风韵。作为环境设计专业的学生，我也想通过创作过程，进一步了解南京的景观文化，对理论知识有更直观的领悟。

2. 作品介绍

我的这一系列南京景观文创手绘作品共有 8 幅，所描绘的景观分别为朝天宫（见图 8-43）、夫子庙、石头城、1912 街区、美龄宫、1865 创业园、南航明故宫校区、古林公园。

这一系列手绘的创作形式，我受到了著名华人插画师张文绮作品的启发。张文绮是一位中西结合的国风幻想家，她这样介绍自己创作出的充满诗意与文化碰撞的奇幻世界："用兼具东方与欧洲古典情调的元素点缀画面，让身穿绮丽华服的动物、人物角色，于精致的山水园林、亭台楼阁间穿梭，诉说着一段段神秘、浪漫的往事。我的灵感源于中外文学、民国历史、清代服饰、中国传统戏剧、宋代风俗画、中国木版年画、英国爱德华时代(1901—1910)的艺术、超现实主义艺术和日本复古漫画等。"

图 8-43　《朝天宫》(邢谦钥)

尤其是她创作的《园林 1910 系列》，灵感源于东晋诗人陶渊明的文学作品《桃花源记》，其艺术风格受到苏州版画的启发。张文绮幻想出了一个永远定格在 20 世纪 10 年代的园林式小城，城中景色兼具东西方园林和花园的特色。小城居民如陶渊明笔下的桃花源居民般纯真善良，对这个世界充满探索的欲望。

图 8-44　《园林 1910 系列》(张长绮)

因此这一系列的画作，我模仿张文绮创作的《园林 1910 系列》(图 8-44)，皆使用了边框图案装饰，每幅都有其代表性的边框颜色，边框颜色是我带着对画中场景建筑的个人理解，寻找到的最贴切其象征意的色彩。例如，朝天宫带有"朝见天子"之意，又是焚香祈福的道场，中国王权和宗教信念的结合建筑，便使我自然而然地联想到了"中国红"，带着一分历史的沧桑和陈旧气息，又考虑到宗教场合的肃穆感，我把中国红的饱和度稍稍拉低。于是《朝天宫》一作的边框色彩定下来了，画面的主色调也下了。画面中运用最多的是边框同色系，同时也会用一些补色，使画面色彩结构更为稳定。

确定好边框色之后，然后将张文绮作品《园林 1910 系列》的画面背景替换成朝天宫的棂星门，画面中有些人物、植物和动物几乎完全照搬，因为是初次学习这种风格，主要以借鉴和模仿为主。在另外几幅作品《1912》《南京晨光创意产业园》《石头城》《重逢》《美龄宫》中，我根据搜集的资料，套用了张文绮的创作风格，但没有完全照搬。

(1)《美龄宫》

此外在这个系列的插画中，我的另一个技法表现特点是在画面中加入众多的人物和动物。这些人物均穿着与画中建筑氛围吻合的特定服饰，在特定的朝代、时间线上出现在画面里。儒家“天人合一”的美学思想鼓励人类和自然万物和谐共处，这一思想在中国传统的景观设计美学思想体系中占有重要地位，在中国传统园林中体现得颇为明显。一个好的景观，必定能够体现“天人合一”，人和其他生灵走入其中，不觉得突兀，那便是和谐的景观。

丰富的人物和动物的形态表达更能呼应景观氛围，给人以心灵指引，传达画面的主题思想也更加地便捷。表现性象征用可感知、可产生共鸣的象征形象所构成的意境、画面来激发人们的情感与内心活动，生发出共鸣感和意蕴。在这种象征状态中，主体处于沉醉与超越之间的一种精神状态，即一方面主体沉浸在对象之中，处于物我同一的体验境界；另一方面，主体又在这种自由体验中超越了现实自然的束缚，获得自我解放的愉悦①。画面外的读者能够与画面中的生灵产生心灵契合，形式化的客体带动了主体潜意识中的思考，从而促进主客体的思想观念上能够和谐共存。

例如《美龄宫》(图 8-45)一画中，我带着自己的思考还原了宋美龄女士在其起居室内喝下午茶的场景。我查阅了许多资料，了解到其喜好的穿着风格和美龄宫的内部结构环境，想象出了她端坐在桌前，优雅而安逸地喝茶的姿态。端庄的宋美龄女士代表着画面的“静”，画中的动物代表了“动”。动静结合，画面才显现稳重而不呆板。当然，画面中九只猫实属夸张，这是笔者意在烘托出温馨的氛围。而当读者看到我的这幅画，看到其中的美龄女士，便能情不自禁地把自己代入画面中，切身感受到美龄宫曾

图 8-45 《美龄宫》(邢谦钥)

① 《走进象征的森林》，赵霞 著，东北师范大学硕士学位论文，2004 年。

经的热闹与洋气。空有一桌一椅，无法传达这份浓郁的情感，这便是我画中人物的意义所在。

(2)《重逢》和《1912》

由于这系列画作被定义为插画，因此我在画面中还加入了一些荒诞的元素，一些不现实的画面，一些画面背后离奇的故事。我想借此提升画作的趣味性和神秘性，也想表达“浪漫主义”的一种思维方式。下面以《重逢》(图 8-46)和《1912》为例解析我的这类画风特点。

图 8-46　《重逢》(邢谦钥)

《重逢》描绘的景观建筑位于现南京航空航天大学明故宫校区。当时进入校区，我便为其颇具古韵的建筑风格所吸引。在查询资料后得知，今日的南航明故宫校区，竟是民国明故宫所在地。600 多年前，明太祖朱元璋在金陵这片宝地上指点江山，写下了中国历史新的一页，600 多年后，南航在这里开启中国航空航天事业的新篇章。这番关联给了我很大的灵感。走在校园中，东华湖上点缀着春秋亭，还有独特的九曲桥连接。弯弯扭扭的桥体引得我的思绪波动，桥身和小亭的红色砖让我仿佛看到了历史的身影，不禁想象出了一个荒诞而纯情的场景：

明朝的一位宫女走在明故宫里的一瞬间
百年后这片土地变成了南航的东华湖
也是南航的一个充满朝气和志向的男生走在校园里的一瞬间
这一刻平行时空重叠互相看见了对方

于是我便画下了这幅《重逢》。画面并不合常理，但是我想表达的，是一个懵懵懂懂初进入宫中的明朝女孩，和一个充满青春朝气的现代男孩偶然相逢，那一瞬间的不可思议和心动。这种时空穿越令我入迷。同时，他们亦是南航与明故宫的象征，他俩阴差阳错的相逢、千年造就的缘分，也代表着明故宫与南航之间奇妙的缘分。朱元璋应该不曾想到，在他竭尽全力打造的庄严肃穆的紫禁城里，竟然会孕育出南京航空航天大学，这个代表着中国未来航空航天事业中坚力量的地方。这般奇妙的缘分，像极了初恋心动那一瞬间的美好。

再例如这幅《1912》(图 8-47)。这幅画描绘的是南京 1912 街区的建筑景观。南京 1912 街区的主要建筑特点是民国文化凸显，它很好地保留了南京民国时期的特色风采，是由 19 幢民国风格建筑及共和、博爱、新世纪、太平洋 4 个街心广场组成的商业街区。19 幢建筑里有 5 幢是原有的民国建筑，大多层高很低。最高的也仅三层，多数是两层或平房。建筑外观皆为青砖，朴素庄严。

图 8-47 《1912》(邢谦钥)

走在灰墙砖瓦中，我突然看见一抹亮色————一片悬挂的“彩虹伞阵”，无数彩色的伞被悬挂在上空，与肃穆的建筑形成鲜明大胆的对比，映照出当代 1912 街区的活力。我很喜欢这种反差，便把伞阵作为画面主体。我觉得平平淡淡描绘规矩整齐的伞阵不能表达出它的活力，和画中板正的建筑放在一起会使画面过于平淡，加之“悬挂的伞”让我联系到“会飞的伞”，因此，我在画面中，让伞群自由腾空，民国装扮的孩子载着伞穿梭在建筑群里，荒诞而富有趣味性。画面中还加入了一些 1912 街区特色的民国风情元素点缀，例如花形大喇叭留声机、伦敦风电话亭以及必不可少的民国风建筑。为了呼应边框紫色，我选择用补色芽黄色表现建筑色彩。所有的象征性物象都融入画面中，让读者更直接领略“1912”的特色。

图 8-48 《石头城》(邢谦钥)

3. 创作心得

在绘制这一系列的画作期间，我搜集了对有关南京景观的资料和查阅了相关的专业书籍，并进行了实地采风观察，加深了对南京景观建筑的了解(图 8-48)。

我认为南京景观美学具有地方特色极为浓厚的特点。这一特点具体表现为两方面：一方面，多元特色共存且广布、区别鲜明

(民国文化、古代文化、民俗文化共存);另一方面,善于在景观和建筑中融入现代元素。

纵观历史,人类文明总是与河流息息相关。流经南京城的秦淮河孕育了源远流长的秦淮文明,成为南京历史文化的标识。秦淮文明既是黄河文明的延续,也是长江文明的分支。秦淮文明是博爱、古老、开明、文雅的、风流的、开放的,是融贯中西、兼顾南北的,使南京这座文化名城屹立于历史的高峰。作家叶兆言在他的《老南京·旧影秦淮》的开篇写下了这样一句话:“秦淮河是一条文化含金量很高的河,人们提到它,不由自主地就会把历史拉出来。”南京城市历史文化景观虽然集聚程度较高,彼此相互交织,但是整体来看,层次清晰,脉络清楚,并且不同层次具有各自的鲜明特色。据调查统计显示,南京城市历史文化景观中,六朝时期的有7处,南唐时期有1处,明清时期有24处,民国时期有4处(表8-1)。这些文化景观交错共存,共同组成了独一无二的南京。南京有几种典型的建筑风格:古代建筑(六朝至清朝)、民国建筑、宗教风格建筑。

表8-1 南京城市历史文化景观统计表

序号	时代	名 称
1	六朝	南朝陵墓石刻、高座寺、定林寺、幽栖寺、栖霞寺、佛窟寺(今宏觉寺)、同泰寺(今鸡鸣寺)
2	南唐	南唐二陵
3	明、清	明孝陵(含徐达墓、李文忠墓、吴良墓、吴祯墓、常遇春墓、仇成墓石刻、李杰墓)、浡泥国王墓与瞻园、鼓楼、大钟亭、煦园、东园(白鹭洲公园)、愚园、朝天宫、灵谷寺、净觉寺、明故宫遗址、龙江宝船厂遗址、明城墙、明城外郭、阳山碑材、报恩寺遗址、琉璃窑窑址、静海寺遗址、江宁织造府西花园遗址、南捕厅历史街区、夫子庙街区、高淳淳溪老街、杨柳村古建筑群、佘村清代建筑群
4	民国	中山陵、长江路民国文化街区、南京颐和路公馆区、中山东路民国建筑群
5	其他	紫金山景区、玄武湖景区、莫愁湖公园、栖霞山风景名胜区、幕府山风景区、雨花台风景名胜区、菊花台公园、将军山风景区、方山风景区

资料来源:作者整理

(1) 老建筑

南京有着源远流长的历史文化,文化造就了南京景观的丰富层面。南京有规模的城市建设最早始于春秋战国时期,历史上多次作为都城,留下了大量的历史遗迹遗址。六朝时期自然条件遭遇变迁后,全国经济重心南移,推动了南京城市建设的发展，形成了最早的南京古都文化和城市景观；而进一步对城市面貌影响的是明朝时期的城市建设，现存的明城墙、明故宫以及其他形式的遗迹遗址已深度融入现代生活；自明万历年间提出的“金陵四十八景”成为今天南京城市景观的典型代表。

明朝“保境安民”和平外交政策和厚往薄来的朝贡政策，使南京成为全国的政治经济文化中心和国际化的都市①。作为明初的都城，明代的文化、制度、传统习俗等方面都对南京产生了深远的影响。南京有丰富多彩的明代文化景观遗产，散布在城市的各个角落，这就使得南京明代文化景观遗产呈现出单体分散化的特点。

(2) 民国风建筑

1912年1月1日，孙中山先生在南京宣誓就任中华民国临时政府大总统，从此，民国风格建筑正式进入历史长流。在中国近代建筑师探索民族形式建筑的路上，奠基之作无疑是民国期间建造的南京中山陵。南京作为近代中国的首都形象为之一新，城市首次依据西方规划理念和方法进行系统建设，营建了许多新的城市建筑、景观和空间，它将中西建筑风格相结合，形成了特征鲜明的民国风格，一枝独秀，无与伦比。较上海、广州等城市的“西化”，南京民国建筑可谓参酌古今，兼容中外，融会南北，堪称西风东渐特定历史时期中外建筑艺术的缩影(图8-49)。

图8-49 《南京晨光创意产业园》(邢谦钥)

目前南京已有十多处民国建筑被列为文物保护单位，主要包括：中山陵、长江路民国文化街区、南京颐和路公馆区和中山东路民国建筑群等。同时南京也申报重点保护南大、南师大、东大、金陵中学等民国建筑风格校园。据统计结果表明，目前南京全市保存下来的民国建筑有1 000多处，占地900多万平方米，故南京当之无愧为“民国建筑的大本营”，换言之，民国风建筑基本奠定了南京的城市风貌。

① 《南京明代文化景观遗产资源及其保护研究》，杨俊撰文载于《装饰》，2014年第8期。

(3) 宗教建筑

南京宗教建筑也有深厚的历史文化渊源。南京的佛教、道教等都有着极其辉煌灿烂的历史。在南京60余处宗教景观中，朝天宫（图6-16）、鸡鸣寺、灵谷寺都具有极高的知名度。

南京是中国佛教的中心城市之一，1780余年间，南京这块土地一直深深渗透在佛教文化里。在中国古代江南地区，最早传播佛教文化的圣地便是南京，中国佛教文化的传播与研究很大程度上借助于南京。从东吴时期至今，南京先后共建寺庙上万座，而其中至今有据可考的有1 300多座。1368年，南京天界寺善世院被设立，用于司掌全国佛教。清末至民国时，南京再次成为全国佛教活动的中心，带领近代中国佛教复兴，金陵刻经处刊印佛教典籍，弘扬佛法，南京曾办有佛学院为近代佛教培养了许多优秀的佛学人才。可以说南京是一座影响中国佛教文化的中心城市。

南京的道教文化可以追溯到三国时期。三国东吴主孙权为名道葛玄在方山建道观修炼，如今还留有“洗药池”“炼丹井”等遗迹。两晋及南北朝时期，南京道教文化开始广为流行。明太祖1368年在朝天宫设立元教院，司掌全国道教。

宗教相关的景观对宗教以及世俗之间的相互渗透影响起到了积极的作用，它既体现出了宗教氛围，又不违合天人合一、和谐相处的人文居住环境，这符合中国自古以来的景观美学标准。文化景观成为天人合一思想的载体，蕴含着深广的物质内容和精神内涵，将人的情感、精神都蕴藏在了富于变化的美学空间①。其设计者们在综合考虑宗教的特殊要求和社会地位的基础之上，将更多的美学原则应用到景观构造之中，实现了“多样化的统一”。南京的宗教景观则严格遵守地域环境以及背景，将自然景观和人为景观巧妙地融合，呼应“天人合一”的美学观念，采用对称和均衡的构造原则，使其不失佛寺场地的脱俗与威严。

可以说，宗教的发展一直伴随着南京城市的发展变迁，宗教资源已成为南京景观资源中不可或缺的部分。南京的宗教景观数量多，分布面广，类型丰富，文化底蕴深厚。它们既具备了我国传统佛寺园林的基础特征，同时也具有自身独特的景观构造特征，是我国佛寺园林景观构造界不可忽视的一员，对于寺庙文化的传播以及园林景观的设计都具有重要的意义②。

---

① 《浅析中国古典园林艺术美学之意境——天人合一》，张蓓撰文刊于《艺术科技》，2016年第10期。

② 《基于AHP法的南京宗教旅游资源开发现状及开发潜力评价——以栖霞寺、灵谷寺、鸡鸣寺为例》，方法林、魏文静撰文刊于南京晓庄学院学报，2013年第3期。

各地历史文化的积淀使每个城市产生了各自的地方特色，南京有着独一无二的明文化和民国文化。南京的景观有其特殊性。南京每一种文化代表性的景观都有各自的地方区域，彼此界线相当分明。不同景观文化之间没有融合也没有冲突，各自的特色得到了很好地保留和传承，具有鲜明的景观和文化氛围。

(4) 融入现代元素

随着时代的发展，南京必然要在“文化名城、六朝古都”的底蕴基础上融入科技创新，走在城市发展的先列。于是，南京在为景观融入现代元素上下了不少功夫。南京的景观在融入现代元素时，没有生硬地搬入现代设施或暴力拆除文化遗址。南京在改建过程中凸显出其“天人合一”的景观美学，在现代性的创新设备元素中融入传统文化的外衣，与文化遗留下的景观结合；或是利用古建筑原有构造，巧妙地嵌入现代设施，以此增添历史文化景观的吸引力。

南京的景观中，1912 街区是一个把“现代元素”融入得极为成功的一个案例。它的成功最主要在于借助核心景点，把核心景点的吸引力和一些文化从地域上外延出来，再进一步融入现代元素，造就一个有文化底蕴又不失现代气息的衍生景点，颇受欢迎。我在创作《1912》时，选用作为画面中心物的是现代装饰五彩伞阵，而非其民国风建筑。我认为这个五彩伞阵虽然不是历史遗迹，没有历史价值，但是它与拥有历史价值的民国建筑群融为了一体，其鲜艳的色彩与灰大调的民国建筑形成强烈而惊艳的对比，成为 1912 街区的一大招牌。它没有变成中西杂糅的原因在于两方面。一方面，它保留了完整的民国元素，民国风格的大楼得到了完整的保存；另一方面，1912 街区增加的现代元素大众化，现代设施与原生景观相互关联。

景观蕴含着人、自然、社会的各种关系，在景观创作中，我们传达着意义和意蕴美，不断认识、阐释着世界①。南京是一幅波澜壮阔的历史画卷，南京持续动态的历史文化景观演变使不同时期的城市历史文化景观不断积淀，形成了今天我们所看到的具有独特地域文化价值的复合城市景观空间②。石头城、夫子庙、朝天宫、明故宫、美龄宫、1912 街区等几个景点的绘图只是其中的一部分。在主观上力求做到动静结合、虚实相宜、色彩协调、形神兼备，但在客观上仍然难尽其详。艺术是艺术家对现实中各种关系进行处理的结果，艺术品应当通过艺术体

---

① 《景观象征理论研究》，刘晓光著，哈尔滨工业大学博士学位论文，2006 年。

② 《南京城市历史文化景观时空演变及影响因素研究》，杨俊撰文，刊于《城市发展研究》，2019 年第 11 期。

现出事物的本质特征①。2019 年 10 月 31 日，得益于丰厚的资源条件和独到的优势，南京被联合国教科文组织批准列入世界文学之都。“天下文枢”的南京，一直以来都是中外文化的重要枢纽。同时，南京也是中华传统文化走向世界舞台的桥头堡。身处这样得天独厚的景观资源中，手绘创作者应着眼于不断提升南京景观手绘的艺术境界，更好地展现大美南京的无穷魅力和时代精神。

（二）《金陵印象》之创作心得——SX2011030 竺頔

1. 创作缘由

美丽的景色最能激起创作者的热情，那种源于自然的力量往往能够触动创作者的灵魂。南京拥有得天独厚的地理位置和气度不凡的风水佳境，是创作者的理想对象。古往今来，人们来到这里，或震撼，或感叹，催生了许多千古流传的作品。而今，作为设计学专业的学生，再次进行南京主题的系列画作绘制，我想通过创作，将自己的理解表达出来，引导更多人看见不一样的南京，了解南京的景观文化，并对此感到神往。

2. 作品介绍

《金陵印象》系列南京景观作品共 3 幅，所描绘的景观依次为梅花山、灵谷寺、玄武湖。由于是绘制系列作品，我选择了尺寸相同的方块形画布，以小品的形式展现。同时，此次我并未延续从前写生时使用的手绘方式，而是通过板绘的方式进行创作绘制。

（1）以往作品回顾

此前，我曾创作过若干幅以南京文化景观为主体的手绘作品（图 8-50～图 8-52），主要以颜色饱和度高、对比度强、构图多变且有趣为特色。

图 8-50 主要凸显城市内景观，以绿植、建筑、人工湖水以及路边伸懒腰的小狗来表现城市生活的科技化与惬意感。

图 8-51 主要描绘的是南京博物院的景色。作画时间为秋天，远处枫叶红遍，因此远处山色我选择了赤色。同时，图中的牛头古器、鲤鱼屋檐、编钟以及铜钱等元素都为博物馆内的相关古物元素。而后面的现代化建筑与古建筑形制的屋檐分别为南京博物院的两个场馆建筑的抽象表达，整体色彩跳脱，风格抽象。

图 8-52 为一幅展现山腰风光的写生。我按照自己的思路画出了道路、树木、密林以及密集的别墅建筑，没有勾线，而是通过色彩的变化来区分元素的表

① 《“理想”之变：19 世纪法国美学中的摹仿问题》，张颖撰文，刊于《首都师范大学学报（社会科学版）》，2020 年第 1 期。

达。将原本的泥土地化成带有倒影感、玻璃感的道路,将本来难以看到的建筑画得非常高耸并且色泽艳丽,将天上的云彩化成拉长的条状,抽象又和谐。

图 8-50 《现代城市内景》(竺頔)

图 8-51 《南京博物院》(竺頔)

图 8-52 《翠屏山风景》(竺頔)

接下来介绍的 3 幅利用数字笔创作板绘作品,这三幅是我在读研期间所创作的。《梅花景》取景于梅花山,作为《金陵印象》系列的第一幅,是因为梅花山作为中国著名的风景游览胜地,有着“天下第一梅山”之誉,且居于四大梅园之首,不论是自然风景还是建筑物其景观都非常优美。南京植梅的历史较为悠久,而随着时代的更了迭,越来越多品种的树木在此安居,创造了得天独厚的自然和人文优势,广为天下知。央视《新闻联播》曾对其介绍,吸引了越来越多的游人(图 8-53)。

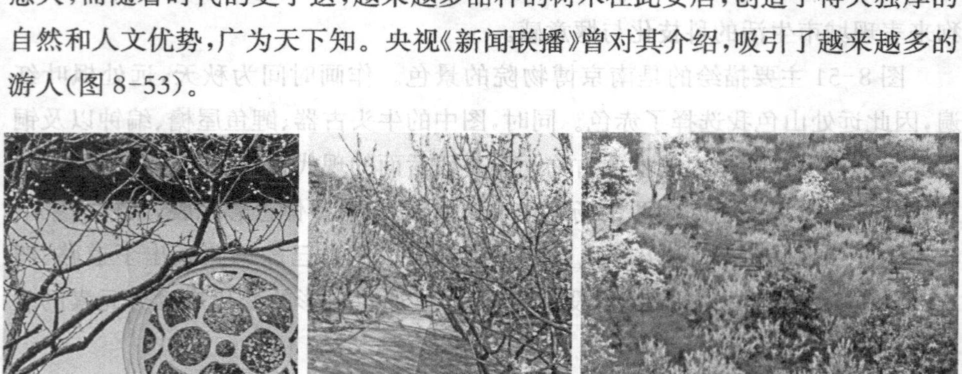

图 8-53 《梅花山景观》组图(竺頔,摄影作品)

我在进行《梅花景》的创作时，进入脑海的主要灵感元素为树木、道路、人影。因此，我将自己的初步概念绘制成草稿。前景为梅花树，中景为道路与路另外一边的梅花树与灌木丛，远景为山峦与“博爱阁”，前方还伸出一支梅花的枝丫，给画面增添一丝活力（图 8-53）。同时，对于人影的表现，我的设想是由于该主题为创作系列的第一幅作品，因此选择只将空间进行些微的扭曲与变化，把人影画成倒着走在道路上，适当改变画面对人视线的引导，为画面增加几分趣味。

在进行铺色时，我首先选取了较为明确的梅花颜色以及每一种画面元素的色彩，没有在最开始就选择饱和度非常高的颜色，避免画面过于油腻。同时，我彻底将线稿盖住，将画面由一开始的线条构思变为了色块分布。略有变化的地方还在于，在画面右下角增加了一座镂花的窗户，这在透视上其实是不成立的，将其安置在此处，也存在着产生视觉效果扭曲的考虑。整体的颜色控制有助于在之后的刻画过程中更好地把握画面的整体性。

最后进行刻画时，我没有将梅花的花枝画出来，而是选择直接将梅花树的颜色进行分层分色描绘，制造出层层叠叠、繁花似锦的效果，整体效果也和谐许多。若是加上之前的树枝，则会显得画面过于扁平与零散化。同时，舍弃之前的线稿思路，选择使用多种色彩进行勾线，令画面更加透气（图 8-54）。

图 8-54　《梅花景》创作过程（竺頔，草稿—铺色—刻画）

《禅林寂》的创作灵感来源于灵谷寺。灵谷寺位于南京市玄武区紫金山东南坡下，建于南梁，初名开善寺，在明朝时被朱元璋亲自赐名为“灵谷禅寺”，封为“天下第一禅林”，具有非常高的历史价值与宗教价值。

在进行《禅林寂》的创作前，我在网上查阅了许多相关资料，也去实地进行了考察，深切感受到灵谷寺的静谧与庄重。当我坐于案前，眼中闪过的元素以典型的建筑、玉石扶手、松树密林为主（图 8-55）。在构图方面，我选择将近景安排为石质扶手，暗示前景的坚毅感；中景安排的是松树与建筑，凸显想要表达的景色主体；远景则安排了远山与树林、云朵等，延展画面。在此基础之上画出的草稿同样也并没有沿用以往的写生风格，而是通过石梯、扶手的夸张放大来提升画面的趣味，同时将建筑的“硬”线条与远处树林山林的“软”线条相结合，加强整体效果的节奏感。

图 8-55 《灵谷寺景观》组图(竺頔，摄影作品)

在铺色阶段，我选择了整体偏暖的色调，用以营造庄严深重的氛围。同时，注意控制使用颜色的明度，避免产生由于明度偏差过大而导致的不和谐。在此过程中，我通过调整色彩平衡、曲线等方式使整体色调给人的感觉更加舒适。

刻画阶段基本重复了之前《梅花景》的步骤，但其中也有些微的不同。其一，在细节方面，我对石质扶手与门口的砖墙进行了更为详实的描画，通过较高饱和以及较低明度的描边与阴影填充来加强其质感表现，提高画面的完整度；其二，通过对松树的加深与增加颜色来强调元素，区分近远景，同时也增加自身的表达层次；其三，将整个画面的饱和度微微提高，亮度略微增加，使整体效果更好(图 8-56)。

图 8-56 《禅林寂》创作过程(竺頔，草稿—铺色—刻画)

选取《明珠色》玄武湖为绘制素材，主要是因为我对其有着深厚的情感。这片景色陪伴着我长大，我深深地依恋着她的气息。玄武湖东面为紫金山、西靠明城墙、北邻南京站、南倚覆舟山，是江南地区最大的城内公园，也是中国最大的皇家园林湖泊，被誉为“金陵明珠”，因此该作品名为《明珠色》(图 8-57)。其人文历史最早可追溯至先秦时期，经历六朝、北宋、元朝、明朝、清朝与民国，直至今日作为公园对外开放，可谓历尽沧桑，看遍长云。

图 8-57 《玄武湖景观》组图(竺頔，摄影作品)

对于《明珠色》(图 8-58)的初步设想主要基于环境格局的整体构思。玄武湖被五洲分为北湖、东南湖及西南湖三大块，且每洲之间都有桥面相连互通。因此我先将俯视角度下的玄武湖轮廓绘制出来，再往象征着其湖水部分的内容中增添元素。上部，我选择画出湖面内的城市楼层倒影；中部，画出在玄武湖岸边看湖另一边的平视角度景色；下部，为偏俯视下的湖边木质小港口以及灌木丛。这组构思将本身可能相互间存在透视或合理距离关系的景色打破了，让我得以用一种新的角度来诠释玄武湖。这样画出的草稿模糊了透视、距离、真与假、现实与梦境，让人不由思索：到底哪个玄武湖，才是作者真正发现的那个玄武湖呢？

图 8-58 《明珠色》(草稿—铺色—刻画)创作过程

之后的铺色阶段我同样选择了低明度的色彩，整体效果非常清透、自然，营造出梦境的效果。同时通过关于水面的颜色选择，较好地区分开了两种水面，成功创造出“湖中之湖”，也算是意外之喜。

在刻画阶段，对于在湖水中的倒影印象式场景，我避开了前两幅画作几乎所有元素的部分边缘描画，而是选择了只增加阴影与两部的处理方式，由此区分画面的前后景致，弱化了其轮廓，加强了意境的表达。

整体来看，本次创作的《金陵印象》系列作品风格整体较为柔和，在和谐的基础上寻求变化，同时在色彩区分上也各有重点，效果相对而言比较理想。

(2) 景观手绘与板绘

在手绘与板绘的使用、积累与实践的过程中，我学到了很多。对此，我试图从个人角度寻找它们之间的一些相似点与不同点。

相似点：虽然手绘与板绘两者的媒介与技术不一样，但它们都是在二维平面上进行作画，在熟悉流程之后并不存在较大的差别。艺术的基本法则，所追求的形式美感还是相通的。

不同点：① 对于手绘来说，每一笔落下形成的效果存在一定的未知情况——我只能预测到一笔画下去能够得到的大概效果，却不能保证一定能够拥有自己想要的样子；而板绘虽然有多种笔刷、多重效果供我们选择，但这些笔刷效果其实都是由计算机进行计算后得出的，不存在意外，即一名资深的板绘者几乎可以百分百控制画面的走向。不仅如此，线稿和色稿都便于修改。这种情况往往使得前者羡慕后者，而后者也渴望前者。毕竟很多时候，未知的东西才能创造更多的奇迹和可能。

② 不得不提的是板绘在“撤回”效果以及橡皮擦等消除工具方面的便捷。比起手绘的作画痕迹难以消除的问题，板绘可以很快地取消、改变作画者认为错误的步骤，同时也能恢复他们想要的内容呈现。因此相比之下，如果想要呈现理想的画面效果，对于手绘者的能力要求往往更高。

③ 创作心得

繁花遍地之梅花山、晨钟暮鼓之灵谷寺、碧波粼粼之玄武湖，共同作为《金陵印象》之一角刻入画卷之中。她们不能代表全部的南京，却能以金陵文化景观的身份，向观者传达信息，讲述故事。绘画作为艺术中重要的表达手段，应该引领着更多的人看见美好的景色、美好的社会、美好的国家。

(三)《宁·缘》系列创作心得——111820119 陈婉柔

与提到北京时人们心中激荡的豪情不同，大家提到南京的时候，总会觉得带了点江南烟雨的温软，北京就好像是定乾坤的将军，而南京更像是文安天下的清高文士，有着独特又浓厚的文化底蕴。

在修读张春华老师的素描课程中，我跟随老师的步伐前往南京多地采风写生，正值春日，在享受这个温柔季节的同时，我也在南京城灿烂的文化底蕴中沉迷，也对南京的风貌有了更深入的了解，并由心而发创作出系列作品。

1. 创作缘由

缘分这种东西，就是当你第一次与她相遇之后，你们便会在接下来的日子里不断重逢，像你和暗恋的人，像我和南京。当我们称她为南京时，她是一个大都市，是莘莘学子的琅琅书声；而当我们称她为金陵时，她便裹上了才子佳人的缠绵甜蜜，披上了六朝古都的帝王磅礴气息，轻歌慢诵，却裹挟着铁马铮铮。因为求学而来到这座六朝古都，在这里，我遇见了许多。我曾乘轮渡途经浦口码头，我曾登高楼欣赏大报恩寺，我曾泛舟河上夜泊秦淮，我曾穿越梧桐巨拱一睹总统府风采，而通过画笔，将它们与我的所思所感相融合，则是于我而言最好的将这段故事保留下来的方式，同时也希望更多人能静下心来，一睹这块宝地背后的风采韵味。

2. 作品介绍

该系列作品共分为9组，创作灵感皆来源于南京的各处人文和自然景观，包括南大、南航、南师、南艺、朝天宫、百家湖别墅区、古林公园等多处，现对其中5幅作品的创作之路展开叙述。同时，也会引用《宁·缘》的姊妹篇——《南京四季》进行辅助介绍。《宁·缘》系列是我在南航读本科期间在张老师的课堂上根据采风完成的结课创作，《南京四季》是我在读研期间修读张老师的水彩课程完成的结课创作。下文介绍中，我会将两个时期的创作并置在一起进行比较，以凸显风格的延续和变化。

(1) 几何形

万物都会在四季更迭中变化，于我而言，春季是最富生气、最洒脱恣意的时节，而那种类繁多的植物，就是整个春日里的幕后主角。

大多作品的创作手法都是将南京的建筑与植物融合，将建筑的理性之美与植物的感性之美相结合。在构图的呈现上，清一色使用正圆形的纸张，圆润的形状具有一种饱满、圆满的感情色彩，同时又带有浑厚的力量感，为了做到节奏的协调，我采用较为轻盈的“线”来构成画面，在建筑的构图上也倾向于选择较为居中的方式，就如这个季节一般，给人以静谧而又舒适的感觉。在周围以点、线的方式用动植物加以点缀，依着圆形环绕，多处采用“破”的方式加以塑造，极具对称性的建筑固然有着理性的光辉，而一定的“破出”也为其增添了一定的历史沉淀感。在星辰般的碎片中，能见到一个又一个历史的细节，同时也营造出更多的层次感，由远及近，由深及其浅，增强空间感，禁不住让人想知道这层层叠叠背后的故事，还有什么耐人寻味的意味。在《南京四季》中，我也借用该思路，通过少女的外轮廓来注视南京的古寺庙及古建筑，鲜活柔软的曲线衬托着肃穆端庄的古建筑，别有一番风味。我从穆夏的海报设计中汲取灵感，并融合了我的所见所感所思。

（2）色彩运用

为了将建筑与植物更好地区分开，我选用极致的黑色来勾勒建筑的线条，再用以三原色为主导色的色彩来刻画植物，一轻一重，一柔一刚，根据不同的植物种类进行不同的色彩设计，将我心中之春见于笔尖。色彩搭配在一幅作品的视觉呈现中至关重要，它往往是最先引人注目的要素。红色让人感受到热情与活泼，黄色让人豁然开朗又充满希望与骄傲，绿色让人感到平静安逸、青春洋溢，蓝色则有让人冷静下来的沉静感。在明度与纯度上做出一定的对比，并根据线条的形态（粗细、曲折程度、长度、交叠程度等）进行搭配，保证颜色做到明艳而不落俗，鲜活而不繁杂。

《南京大学》所采用的色彩是此次作品中相对最为丰富的，所选的建筑主题为南大的北大楼及其正门的造型（图 8-59）。南京大学诞生于轰轰烈烈的新文化运动，从三江师范学堂到国立第四中山大学，再到南京大学，朝代更迭历经风霜，树木荣枯，花草盛败，看尽了战火纷飞，文化最忠诚的记录者便是人们的口口相传，是学堂的文化延续。绿柳配红花，用明亮的黄色勾画杏花的花蕊，为画面增添生气，配色明朗而不过分张扬，也与南大“诚朴雄伟，励学敦行”的校训相称。

图 8-59 《南京大学》（陈婉柔）

时至今日，我仍然忘不了在我写生时偶然停落在那支朱红色笔上的蝴蝶。我利用色彩，简单几笔便体现蝴蝶悠游自在的动态，好不灵动！

另一组作品《南京四季》全局采用统一的色彩风格，具有古韵而又不失神秘感。每幅作品都聚焦于某一色系中，这也是为了迎合南京四季变化的主题。《灵谷寺》（图 8-60）以黄色为画面主色调，粉红色与粉蓝色为辅助色，在大量黄色系色彩的渲染下，画面的秋意浓郁，同时也突出了通体粉红色的灵谷寺塔这一主体。二者虽都是以南京风貌进行创作，然而绘画的色彩总是随着创作的具体时间、主题以及作者的认知和心境而变化。

(3) 纹样的运用

除了植物的“破”形之外，画面还主要采用各式纹样来丰富。在《朝天宫》中，纹样的运用尤为明显。

朝天宫取“朝拜上天”“朝见天子”之意，如今是南京博物馆，在这虎踞龙盘之地见证了金陵城千年的历史。该幅作品的主角为朝天宫正门，在刻画细节时，我结合了朝天宫里其他建筑的屋檐设计，将所见的富有情趣的样式融入进去。画面正中间为花纹密集之处，与外墙的“简”相呼应，一疏一密，方能体现大气。我通过线条的粗细变化来营造大门的空间，多处模拟镂空的工艺，采用“回”字形、“弓”字形等。

图 8-60 《灵谷寺》(陈婉柔)

“龙”元素在我国传统文化元素中占有不可替代的地位，“龙的传人”的称号是中华民族引以为傲的。我将朝天宫内墙的龙纹雕塑融入画面中(图 8-61)，将该雕塑进行抽象，在画面正上方的位置勾勒出图案，并选用金色金属笔进行刻画，强调其地位之尊，并用银色金属笔在其周边做出祥云的模样。考虑到宗教场合的肃穆感，画面整体除了伸出的桃花与杏花外，基本保持对称结构，增加威严感(图 8-62)。与图 8-63 描绘的栖霞寺有异曲同工之妙。

图 8-61 “龙”木雕

图 8-62 《朝天宫》(陈婉柔)

图 8-63 《栖霞寺》(陈婉柔)

(4) 植物点缀

作为与南京大学同宗同源的南京师范大学，1915 年以金陵女子文理学院为名在绣花巷的李氏宅院落地生根，战乱纷飞中三地办学，抗战胜利后故土重回。我们该用什么定义一个民族的文化延续？大概就是这样，即使在历史巨变的滔天波澜中，即使在战火纷飞的轰鸣中，诵读声细若游丝却绵绵不绝，纤细却坚强。就好像是美到了极致，所以花瓣就被烧灼的风吹散开了，但是来年那里会有一棵美丽的花树。

南京师范大学随园校区号称“东方最美校园”，自我踏入其中，我便深感其感性之美，迫不及待地想用最娇艳的花朵为她做陪衬。因而在图 8-64 的创作中，我在四个角落纷纷画上桃花、杏花，以此来点缀。花开又落，而南师却永远那么沉静而又富有生机地伫立在此，坚守着初心，时间不会成为消磨她的利器，只会令她更具韵味。本系列以少量的四面出枝花卉突出复杂的建筑，而《南京四季》则是以姿态、种类、色彩皆丰富的花卉植物来衬托清雅的建筑，虽是两种不同的手法，但是都以“绿叶”的姿态作为陪衬，增强画面的主体(图 8-65)。

图 8-64 《南师大》(陈婉柔)

图 8-65 《南京博物院》(陈婉柔)

（5）空间处理

如果说南大、朝天宫、南师大背后承载的是文化与历史，那么百家湖别墅所承载的便是新时代的光辉，是摩登的浪漫（图 8-66）。百家湖别墅位于南京市江宁区百家湖畔，景色旖旎秀丽。在老师的带领下，我们还参观了百家湖博物馆，其中一间展厅收藏了六七十件德加创作的小舞女雕像限量版复制品，一进展厅，便是姿态各异、大小有别的众多芭蕾舞女铜像，形象十分灵动可爱。

在进行绘画创作时，我以偏向西式的建筑为主体，前后不停交叠，营造多重空间。前景处的竹叶则取自芭蕾舞女铜像的灵感，碧玉妆身，翡翠裁衣，明净深邃，四季常青，挺拔秀丽而又潇洒多姿，象征着骨气、坚持自我，就如芭蕾舞女一般，永远有着不屈服的生命活力，既有自然美之“形”，又有灵魂美之“意”。《南京四季》也通过丰富的空间层次来营造画面的纵深感，并结合正负形，加强画面的块面对比，突出重心。《中山陵音乐台》（图 8-67）以银杏图案作为前景，沿着少女的身姿进行布局，以少女轮廓作为中景，与银杏叶相辅相成，构成彼此的平面空间，同时又引导看画者的视线向内纵深，在层层穿透后，那承载着金陵深厚稳重的历史文化的南京音乐台巍然屹立其中。

图 8-66　《1912 百家湖仿民国别墅》（陈婉柔）

图 8-67　《中山陵音乐台》（陈婉柔）

（6）花卉寓意

所有作品中最让我心动的当属在南艺参观完荒木经惟大师的《花幽》摄影展（图 8-68）之后创作的《于花之中》（图 8-69）。

图 8-68 荒木经惟大师的《花幽》摄影展

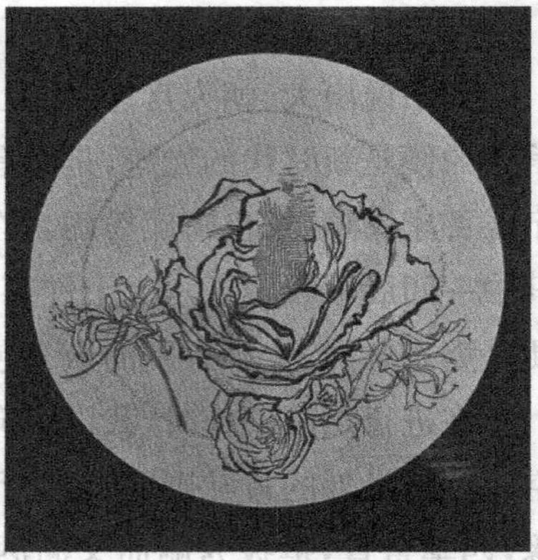

图 8-69 《于花之中》(陈婉柔)

这幅作品也是我当时对爱情肤浅认知的第一个呈现。玫瑰用她的娇艳迷人,向日葵带着新生的希望疯狂汲取阳光,百合则将相濡以沫的爱意呈现。这幅作品的主角是开出"爱"的玫瑰,浪漫如这季节,处于花蕊之中的陷入热恋中的情侣正热情似火地拥抱着彼此,男子甚至幸福到将女子抱起,似乎此刻,他的怀中便有着全世界的重量,女子搭在他肩膀的手,便是她对他的信赖。花瓣层层,正如爱意绵绵不绝。在这朵盛放的玫瑰的底部,有一些较小的玫瑰在支撑,正如脆弱的爱情需要一些复杂的外界因素的支撑一般;还有些许挣脱出来的红色花丝,这是取形于只存在于传言里的曼珠沙华,她神秘而又危险,总被赋予一些琢磨不透的意味,正如浓烈的爱情背后,不知究竟会面临着什么。但是也偏就是这种神秘感所带来的精神刺激,能让我们平淡如水的心泛起一阵又一阵涟漪。

读研期间创作的《总统府》(图 8-70)和《美龄宫》(图 8-71)分别用代表着希望与包容的绣球花和形状若心形相连的枫叶入画,也是对建筑背后蕴藏的爱情故事的一种映衬。此外,在《南京四季》中,花卉还承载着点明季节的作用,如春日蔷薇、夏日绣球、秋日金枫、冬日腊梅。这一系列作品中突出的特征就是女性身影、可爱萌宠、地标建筑和时令植物的有机组合。

其实,从本科阶段的最后一幅作品《于花之中》,我就开始探索以女性形象作为象征和隐喻的表现手段,到了读研期间,创作的《南京四季》系列才算是得偿所愿。在西方艺术中,自维纳斯女神以来,女性形象就成为承载人类审美理想的一个载体,代表着生命与青春,成为自然、爱情与自由的象征,温柔、坚强、美丽的女性在艺术创作中,被用以讴歌生命与青春,赞美自然与爱情,备受世人喜爱,成为永恒的艺术主题。

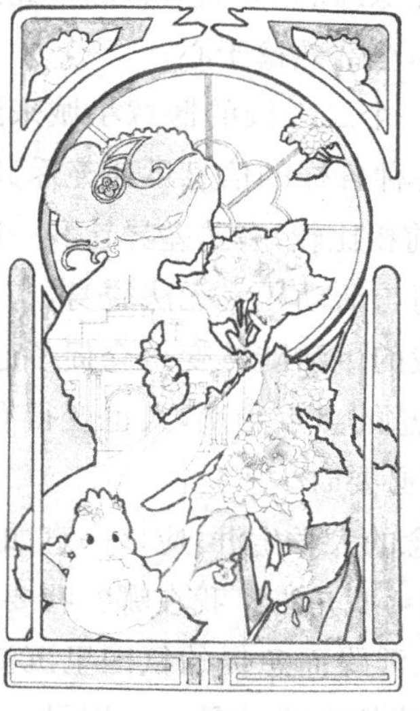

图 8-70 《总统府》(陈婉柔)

图 8-71 《美龄宫》(陈婉柔)

3. 总结

南京，一个杂糅了历史、战火、科学与浪漫的城市，在这里生长的万事万物都有其风骨。若是提到金陵女子，人们不难想起那句话："因为宋美龄喜欢，蒋介石把南京种满了梧桐。"我们无从考证真伪，但是美龄宫那匠心独具的项链形，34 个立柱，34 只凤凰，宋美龄的 34 岁生日，这些巧合，这些缘分，足以给南京添上了浪漫的气氛。

（四）《温暖生活纪实》创作分析与感悟——111940119 李祥玥

1. 创作缘由

我非常喜欢外出，喜欢走路，喜欢晒太阳，喜欢感受人和景。这些都是生活中最能直接去感受人与自然的途径。在自然界与人的社会生活这种密切交融的环境中，人产生的情感总是千变万化，随着不同事件的发生，其对同一景物（环境）会发酵出截然不同的感受。我的作品大多没有什么系统，只是我生活的最真实的纪录、最直观的表达。但这些创作的主题，主要围绕人与自然环境、人文景观的沟通与交流来开展。

我有写日记、做手帐的习惯，自幼喜欢做拼贴，收集日常的碎片。到高中后，我开始养成习惯，遇到有意思的事情便将它们记录在札记之中，这些生活最直接、最真实的温暖与柔软伴随着一张张随笔涂鸦与收集的画片、便笺挤满了我的学习与生活，让我感到充实而快乐。这些花花绿绿的小玩意，看似不经意的随手剪裁、杂乱无章，其实早已让生活的桩桩件件，全部熟稔于心。

在刚刚跨入大学生涯之时，小小的我从一个二三线的惬意小城来到了繁华都市，眼里的世界好像突然开了一道大口，各种各样的信息迅速充斥其中，让我应接不暇，难以处理。新鲜的大学生活于此前相比较，有些差异让我一时不知该如何适应，陌生的城市陌生的人，众多的事情与活动让我无法脱身，与不同性格的人的交流也变得复杂、令人疲惫，我感觉我的生活陡然变得仓促了起来，每天往返于同样的地点，无暇顾及生活中本该在意的点点滴滴，人也变得有点麻木，对交流丧失了兴趣，变得不必要时不表达，有必要时少表达。

我感到失望，也产生了疑惑。我心心念念的大学生涯，应该一直如此吗？

答案必然是否定的。于是我向自己提问：我是谁？我在哪？我要干什么？

我处于新的环境，应当迅速适应这里，在浮躁而急促的氛围里沉淀，并找到自己的生活节奏。于我而言，最好的也最直接的方式就是——记录。以文字的形式，梳理生活的灵感与逻辑需要花费大量的时间，因此，我仅在灵感闪现与记录事件时采用。那么，最方便也最快捷的表达形式是什么呢？是用画面来阐述温暖而柔软的生活。

于是我开始以绘画的形式记录值得记录的事情，有时是随笔涂鸦，有时是小幅水彩创作。我主要采用水彩这种材料，原因其一是水彩方便，水是生命之源，是水彩颜料的主要媒介，同时也是最容易获取的材料，外出写生只需携带颜料与毛笔，便可开始记录与创作。水在纸面会快速蒸发，因此以水彩作画需要动作迅速，这也节省很多时间。水的流动性给画面带来了诸多不确定因素，会使画面更具趣味，更加丰富，走一步看一步，变化莫测。

但我选择水彩作为记录与创作的材料工具，深究其背后的含义是“水善利万物而不争”。水彩颜料的特性就是溶于水而活于水，颜色因水的浓淡而浓墨重彩或轻描淡写。同时，颜料借助水的流动性行于画面之中，水丝毫不与它争抢画面的主导，却又是画面的重要组成部分。水的性质何尝不是与人相似，至善的人性如流水，水善于滋润万物而不与万物相争，它具有流动性，善于接受自己所居处的处境，善于保持沉静而深不可测；它的清澈与简单的成分象征真诚、友善、公正无私；给它动能它便把握，给它力量它便产生机遇。我认为，在高速发展的社会运行之时，人切不可心焦、浮躁，应当习得水的品质。

2. 创作过程

上学期我选修了速写课，其中很多课时都由老师带领我们外出参观。老师带我们参观了金陵美术馆、百家湖博物馆、南京博物院，还有学校周边的巷子街区，如百家湖、老门东，这让我不仅感受到切实的本地风土人情，也看到了很多艺术与生活结合的产物，让我知道还有很多像我们一样热爱生活热爱艺术的人，以自己独特的方式在阐述我们所感受到的世界。

我想我的所学专业可以与自己的志趣相结合，在环境设计方面融入插画学习中摄取的知识、得出的感悟，让自己创作的作品更具人文关怀。

我认为，画面是作者对世界的看法与对自身的认知，所画的画面气质很大程度上取决于个人的审美与性格、喜好等等。我的作品大多想要表现生活中的柔软与温暖，这些自然与市井的气息让人惬意舒适。在记录与创作的过程中，也的确产生了一些困难。困难大概在于表达方式，目前我的作品多有些局限于写实记录，这虽是一种直观的表达方式，但不容易表现出创作思想，仅以我粗浅的学识和技巧难以使得画面气质与主题明晰，后续我会逐渐学习插画与漫画的表达，使作品呈现的画面感受与画面语言更加具象灵动。

3. 创作心得

作品创作的分布时间较为分散，但都为近一年的记录。以下选取部分进行简要介绍。

（1）旅行写生系列

我认为风景里具有人的气息会让画面变得热闹灵动，该作品选址于重庆随处可见的居民楼，由于重庆地形地貌特点，其建筑也是层层叠叠的，有种变幻莫测的感觉，不知道从哪个平地出来又是一座高楼，或者以为到达最高处其实尚有更甚者（图 8-72）。这幅画面中我最喜欢它的形式上与色彩上画面分割与构成，也与想表达的重庆建筑特色相得益彰。

图 8-72 《重庆重庆》(李祥玥)

（2）校园写生系列（图 8-73～图 8-77）

图 8-73　南航江宁校区《图书馆之夜》（李祥玥）

图 8-74　南航明故宫校区《御园》（李祥玥）

图 8-75　南航江宁校区《秋藤》（李祥玥）

图 8-76　南航江宁校区《晴日图书馆》（李祥玥）

图 8-77　南航江宁校区《霞》（李祥玥）

（3）校外写生系列（图 8-78～图 8-82）

图 8-78　《荷》（李祥玥）

图 8-79　《镜》（李祥玥）

图 8-80　《金黄色麦田》（李祥玥）

图 8-81　《蓝色百家湖》（李祥玥）

图 8-82　《老门东》（李祥玥）

想要记录下江宁南航校区周边百家湖的这美妙一刻，是因为我比较喜欢晴天阳光下漂亮的湖水。它带给我一种宁静的氛围感，不同于平时校园内的生活气息，却又真真切切是我们学校周围的生活环境。

记录老门东内景象的原因是我很喜欢那里的一面藤墙，它给我的感觉是宁静中又带有一丝烟火气。用画笔记录生活的时候，我喜欢从我们周围所生活的环境中取景，留下当时真实的感受。

（4）情景纪实

图 8-83 中的小火车是我偶然看到的照片，想起了小时候在老家山上老旧的火车站也曾见过这样的情景。由于城市发展变迁速度加快，城市的新陈代谢也在加速。曾经最热闹、最繁忙的地方如今变成了最静谧的无人之境，二者强烈的对比令人感叹。

图 8-83 《谧》

图 8-84 《滨江晚景》

图 8-85 《红与绿》

图 8-83 就是滨江公园的风景，因为很喜欢外出散步，我觉得这样的天气让人舒适惬意，所以做了简单的生活记录。

图 8-85 中红色与绿色的对比以及阳光与投影的间隔象征不同时期的压力与心态对比。这幅画是我去年返回读高中的学校时画的，重回中学校园有种和过去不同的心情，此时更加轻松愉悦。

（五）《灵感之旅》作品创作介绍及景观手绘方式探索——111940110朱菀晔

1. 创作缘由

在我的理解当中，“旧园新绘”便是汲取并归纳其中特有的元素，包括对形、色、调等元素的提炼，即变形换色，再与自己的独有理解相融合使其以更现代化、特色化的方式呈现出来，是一种再表现的方式。这个过程不仅提升了自己对南京景观文化的理解和表现能力，对文化传承和文化传播都有一定的积极作用。本次“旧园新绘”的主题是南京景观文创手绘——创意、诗意和画意的综合表达。

虽然苦恼于疫情的困扰，我们的每次采风之旅显得比较短暂。在课程中，老师带领我们走出象牙塔，在鲜活有机的景观中，带领我们接文气、接地气、接天气、接人气地进行景观手绘训练。我们还积累了很多创作经验，提升了自己的能力，也对南京文化有了更深的理解，具有当下和历史双重意义。

作品最后是以风琴本呈现出来，风琴本相较于其他形式，更适合呈现一幅系列画作，不同于一般形式四四方方的绘画纸，一眼看尽，它是一拉开便是一长条的画作呈现方式，具有一种延续性，让人不禁想继续看下去。由这种特点出发，我选择了“旅”这个主题，这是一个行走的过程，一个运动的过程，一个探索与观赏的过程，既完美贴合了旧园采风的主题又能最佳地展示风琴本的优点。

2. 作品介绍

我的作品主要取材于百家湖博物馆、老门东以及翠屏山，整体风格更偏抽象一点，画中的事物大都是概念化的产物，在不失原有特点的前提下，用新颖的方式呈现。

（1）百家湖——房与树的多样化表现

百家湖位于南京市江宁区，且是江宁区第一大湖。这里让我印象最为深刻的是种类繁杂并且各有特色的房屋群，交错有度的园林设计以及隐藏在云中雾里的矮山。我选择了概念化的绘画方式，将看到的有感触有体会的实体元素在脑中进行再加工再组合形成一个新画面（图8-86）。

图8-86　《百家湖》（朱菀晔）

左边是湖水的概念化，在表现湖水元素的同时，这种形状也类似人的头发，与上一分页相对应。而后我将收集到的各类有趣形状房屋进行整合后完成了我的线稿，选择了多彩的颜色表达，更具童趣的表现方式。对于这一系列创作的定位，我将其设定成天马行空，像是做梦一样会遇到的场景，希望能让观赏到画作的人可以细看其中的细节，能在欣赏完画作的时候心情更加愉悦。

（2）老门东——线条的多种运用

老门东是南京传统民居的聚集地，自古就是江南商贾云集、人文荟萃、世家大族居住之地。在老门东里面的金陵美术馆中欣赏了用水墨画描绘各种鱼类的画作之后，我便以海洋为主题进行这一部分的绘制（图 8-87），像是海中岛一样的构造，由自然包围了的一座岛，穿过高高的、古朴的“老门东”牌坊，即走进了老城南传统民居生活。一条条老街巷将让人重新感受老城南风貌，使用了交错的方式进行建筑的分隔，表达了现实中老门东的条条巷巷，庭院深深深几许。在这一部分当中，我使用了大量的波浪、线条、描线、块面，看似很单一、简单的构成，在使用不同的颜色、不同的粗细、不同的工具的时候都会产生不同的结果，不会显得呆板、无聊，反而会成为亮点。

图 8-87 《老门东》（朱莞晔）

（3）翠屏山——实体元素的抽象提取

最后一部分，取材自翠屏山的踏青采风。翠屏山，位于秦淮新河以南，其山“翠如屏羽”，由此得名。在画中，房屋以及左侧树林采用了从上往下的俯视视角，便是模拟在翠屏山上看到的视角（图 8-88）。我犹记得，在翠屏山上往下看，能穿过一些稀松的树枝，看到山下的建筑群，像下雨天在楼顶看大街一样，能看到很多不一样的房顶，很震撼，有一种奇异的美感。也是这一幕，催生了我对

图 8-88 《翠屏山》（朱莞晔）

于画面中间穿过枝丫的大手的灵感。当时我就很想伸手“抓住”这些小小的房顶。就像儿时玩积木搭建一样。左侧的长道意在表现沿着长路一路上山的路径。

3. 创作心得

想要实现绘制方式的进一步提升必须从内容和形式两个方面来探索。在我国,插图艺术有着悠久的历史。传统插画艺术以白描的线条来塑造整体的形,整体效果生动传神、装饰性强,是中国传统文化中不可或缺的一部分。当代插图艺术丰富多彩、形式多样、色彩斑斓,与我国历史长河中的插画艺术实际上有着相当大的区别。这种区别又可以摩擦出新的火花。

我认为可以使用中国的传统元素作为插图的素材,结合现代的材料多样化、元素概念化、表现手法多样化等新型的绘制方式。在本次的课程实践中,我一直思考如何将景观手绘以一种更新颖更有意思的方式呈现出来。比如中国传统绘画艺术中的散点透视法,怎样加以巧妙利用。

选取素材的过程尤为重要,不仅要选有特点的,还要选合适的。不像人像、服装等手绘,景观手绘是以一个已经形成的大型实体元素为基础进行的创作,需要在了解背景之后,充分观察、感受整个场景再进行素材的选择,要有代表性,并且适合与其他元素进行结合。

在衔接过程中,我选择了大量黑白颜色组成的元素,可以使得画面更加舒服,间接做到压边的效果,画面的整体效果更佳,穿插使用,更好地调节和平衡画面的色彩。

绘制整个作品的过程,其实也是讲述一个小故事的过程,这次的采风之旅于我而言也是寻求灵感之旅,将过程中各种元素整合形成系列,用插画的手法进行描绘,讲述寻求灵感之光的故事。

起始页的人也象征着我,象征着观赏这幅作品的“读者”,闭上眼,开始感受这次旅途,最终在旅途中确定自我的方向,最终找到心中的宝藏——灵感之光。

(六)《西湖印象》——112140122 彭佳钰

1. 创作缘由

“未能抛得杭州去,一半勾留在此湖。”在《西湖印象》系列的扉页上,我抄写了这句话。生于浙江,长于浙江,我常常自诩为“非典型江南女子”,不温婉的外表,不轻柔的嗓音,使得我曾以为我完全继承了父亲身上那种湖南汉子的豪爽。直到 2022 年夏天,我第一次去杭州,第一次见到了苏轼笔下“淡妆浓抹总相宜”

图 8-89 《曲院》(彭佳钰,2022)

的西湖(图 8-89),只一眼,我便知道了我心之所向。我在杭州仅仅逗留了 10 个小时便匆匆离去,但我总觉得我将自己的一片魂留在了那里,将以我此生为期,徜徉在西子湖畔,醉心于潋滟湖光。

疫情之下,我修读了速写课,课堂内容只能在校园内进行。第一次课后,面对空空如也的风琴本,从未接触过的水彩工具,再加上极度贫瘠的旅行经历,我大脑空空。在创作上,我只能无奈地承认我的木讷,只懂得惊叹于他人的想法,却总是不知如何表达我心中所想。在构思的过程中,我起初以为我永远走不出瓶颈期,只能不情愿地拼凑出些什么,直到我隐约感受到了我的那片"魂",它还不厌其烦地一遍遍欣赏着西泠印社的篆刻、上天竺寺的禅音、雷峰塔后的夕阳……于是我决定创作《西湖印象》,探寻西湖美景的历史故事、神话传说,即便西湖已经足够有名,但我仍奢望用我粗拙的画笔,敲响岁月背后的千年跫音。

2. 作品介绍

《西湖印象》系列共由 7 幅水彩插画组成,所描绘的主体有雷峰塔、净慈寺、小瀛洲、城隍阁、我心相印亭、法喜寺(图 8-90)、断桥、西泠印社、黛色参天亭(图 8-91)、蓼汀等。后面我将选择其中在创作中印象更为深刻的几幅进行着重介绍。

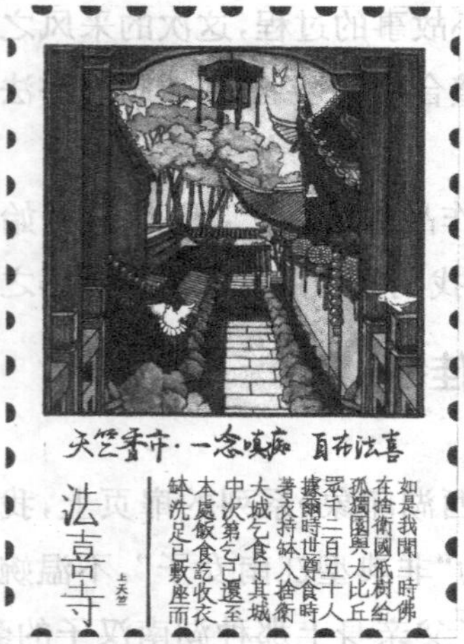

图 8-90 《法喜寺》(彭佳钰,2022)

图 8-91 《黛色参天亭》(彭佳钰,2022)

这一系列作品在构图上都有非常明显的共同点：形似邮票的边框装饰，用正方形黑框框起来的水彩风景绘画，与描绘主体相关的仿印刷体的词汇文字。在用色上，我更倾向于饱和度更高的色彩，火红的晚霞、金黄的阳光、普兰的远山……除此以外，我在绘画风格上借鉴了日本浮世绘，通过网络收集了近百张葛饰北斋、歌川广重、川濑巴水等大师创作的浮世绘作品，用针管笔勾勒墨线来模仿版画的纹理感。

(1)《雷峰夕照 · 物随心转 境由心造》

这是《西湖印象》系列的第一张(图 8-91)，其主要描绘对象雷峰塔也是我杭州之行的第一站。在决定将西湖作为这一系列的主题之后，雷峰塔首先出现在了我的脑海里——站在净慈寺的钟楼上眺望雷峰塔的一幕让我印象深刻，菱形的窗棂将窗外的风景切割成好几部分，好似哥特式教堂中的彩色玻璃。

图 8-92　《雷峰塔》(彭佳钰,2022)

在《雷峰塔》的描绘上，我刻意将其平面化，给人一种从很远的地方眺望的感觉。我将雷峰塔后方的山体处理成了剪影的效果，在绘画过程中采用了先上色后勾线的方式，即便用色极为大胆，但较大面积的墨色使得高饱和的颜色显得并不突兀。我在左下角加了一只小猫，这只小猫正慵懒地坐在正方形黑框上，或许这个正方形黑框就是一个窗台，谁知道呢？

(2)《三潭印月 · 水光树影 我心相印》

在这幅作品中，我将我心相印亭、三潭印月、城隍阁三个景物人为地放在了一条线上(实际上从我心相印亭的这个门洞望出去，只能看到三潭印月的其中一个塔而看不到城隍阁)，门洞仿佛一个瞄准镜，有一种聚焦的效果(图 8-93)，这种构图可以让人把视线集中在中线上，迅速找到画面的重点所在。在这幅作品中，水波部分的刻画我犹豫了很

图 8-93　《三潭印月》(彭佳钰,2022)

久——究竟是画平静的水面还是加一些涟漪？后来考虑到画面中有飞鸟，或许在水面加一些波纹可以有呼应的作用，于是我搜索了许多浮世绘作品，希望从中有所借鉴，最终我参考了葛饰北斋作品中的水波画法。这一幅作品在我看来，是《西湖印象》系列中用色最为大胆的一幅，天空、远山、树、水面所用的色彩都是从颜料盒中蘸取后直接使用的，再用水将两个色块进行过渡，最后就有了高饱和、过渡自然的画面。

(3)《孤山·孤山不孤 文脉不绝》

西湖有三怪：断桥不断(图 8-94)，孤山不孤，长桥不长。孤山上的景物数不胜数，平湖秋月、白苏二宫祠、放鹤亭、文澜阁、西湖天下景……要想在一幅画面中全部描绘出来简直就是痴人说梦，于是我挑选了孤山公园与西泠印社这两个具有代表性的景点(图 8-95)。然而这二者又是建筑群，因而我又选择了刻有“孤山”二字的石碑和西泠印社中最高的建筑华严经塔作为画面的主体。值得一提的是还有我对植物的处理，画面中由近及远分布着不同的植物，然而从照片中看起来实则是差不多的，我借鉴了川濑巴水对植物的处理方式，远近不同的植物用各不相同的绿来表现，在丰富画面的同时还能拉开前后空间。

图 8-94 《断桥》(彭佳钰，2022)

图 8-95 《西泠印社》(彭佳钰，2022)

在创作《西泠印社》作品的过程中，我看完了浙江电视台拍摄的纪录片《西泠印社》。西泠印社在抗日战火中得以几乎完整地保留下来，将中国篆刻艺术代代传承并加以发扬，这可以称得上中国文化史上的一个奇迹。这部纪录片让我对创作这幅作品充满了热情，整个创作过程都格外享受。

3. 创作心得

我曾以为“创作”二字遥不可及，也曾以为我并不擅长手绘，很感谢张春华老师的课程给了我接下这个挑战的机会，曾经不敢做的事如今成了宝贵的经验。还记得课程中张老师不止一次表示无法到校外写生非常可惜，然而对我而言似乎是因祸得福——人在异乡，却描摹故乡，哪怕是短短10小时回忆里的故乡，也是一件极为幸福的事。忆江南，最忆是杭州，杭州至美是西湖。西湖的美，西湖的文化底蕴，西湖的大事小情，远不是我能说得清道得明的。不过，《西湖印象》里的7幅作品，我想也足以让人听见西泠印社里金石相碰，足以让人看到天竺寺里香火不断，那便够了。南航的校园里隐隐约约有一股龙井茶香，我闻到了。

结语

本书对景观手绘方面的图文梳理，有些印证了图文作者们对艺术景观的体验与激赏，有些则表达了对理想景观的向往与展望。有艺术格调的景观与手绘，揽山水之美，得人文之胜，是我们一直努力追寻的。

那如何在景观手绘中鲜活地反映置身自然之中人的情感维度，如何发挥传统景观手绘对人的心理进行陶冶和治愈的功能，问题的答案正是基于我们的自然生态—人文艺术情结，在我们师古人、师造化、师心源的上下求索之中。

通过沉浸式的手绘方式，寻找天、地、人的共同的能量源泉——“气”(生命的气息)，似乎画面是可以悠游闲居的，能让观众感到现实景观到想象景观的穿越。通过“造景——景物境界”向“造境——心情境界”再向“造化——心灵境界”不断迈进，景观手绘艺术成为现代都市人的自我拯救之道。

或许只有卓越的眼界，才能发现卓越的美。“丰子恺一直牢记恩师李叔同对他说的一句话：士先器识而后文艺。这句话的意思是说，读书人首重人格修养，其次才是文艺。”我们透过丰子恺所绘的西湖风土人情，看到的正是作者深厚的修养和崇高的情怀。

聚焦于创意手绘南京，延续千年文脉，树立以人为本的理念，发掘古人的浪漫与智慧，实践文化自觉和文化自信，大则可以提升公园城市景观建设水平和公民美学素养，为打造体现绿色生态价值观、实现人与自然和谐共处的新时代公园城市景观典范出谋划策。小则可以提炼区域特质、突出城市意象，以新颖的手绘形成令人耳目一新的文创产品披之于众，提升区域形象。印刷精美的景观手绘明信片等纸制品涵盖了一定的历史积淀、地理信息、文化品位、空间特色，更重要的是手绘者的审美品位和艺术才能可成为城市形象传播的载体。

行文至此，想到了自己 20 多年前在南通师范求学，那时喜欢风景写生，有时跟随现已故的罗国华老师及兴趣班的同学们在濠河边画风景。有时跟随朱敏和陈彤老师及画友们远足到狼山脚下的长江边采风。更多的是节假日，骑上自行车，背着画夹，带上干粮，漫无目的地骑行着，意外发现了一条三五老人闲坐的古老里弄，或者郊外油菜花丛中的几座民居……欣喜地坐下，画上半天，忘记了时间和饥饿，收获了一幅写生，如敝帚自珍，满心欢喜。

二十多年过去了，不忘初心，方得此书。我一直保持着外出写生的爱好与思考，去过意大利、法国、德国、瑞士、芬兰、西班牙、日本等国家交流采风，国内去过云南的大理、丽江、香格里拉、泸沽湖、青海、甘肃、皖南、河南太行山、广西桂林、山东青岛、福建厦门等地采风写生。读万卷书，行万里路，阅画无数，废纸三千，对景观手绘的初衷不减，也越来越不满足于对景写生，如何创作出一个与所见风景平行的视觉世界，如克利的，如吴冠中的，如歌川广重的，如安野光雅的……一次次水与色的淬炼，一次次希望与失望，却也为伊消得人憔悴，衣带渐宽终不悔，当翻出一幅幅景观手绘拙作，创作时的情景历历在目，蓦然回首，那人却在灯火阑珊处，这些作品见证了我个人的游历、阅历和成长，是我的家珍。

在此，我要感谢上文提及的启蒙过我的恩师们，还要感谢大艺术家王维新和周刚，他们对风景艺术的热情和才情深深地感染着我，与他们一同交流和写生拓展了我的格局和思路。

还要感谢我在此工作了十几年的南航，为我提供了良好的平台，有充足的科研经费，有充裕的科研时间，在教学上我有自由探索的时间和空间。也要感谢我的可爱的学生们，跟着我在南京东奔西跑，走街穿巷，是你们充满探索与活力的景观手绘作品让我重新发现了这座城市的美，使我打破思维惯性，在“旧园新绘”这一课题的研究中，不断刷新我的认知、创作和研究，如苏轼的诗句“人生到处知何似，应似飞鸿踏雪泥”。课堂教学上的点点滴滴，积少成多，得成此书。

最后，感谢我的家人们，他们对我的支持，使我可以腾出手来，四处游历，心无旁骛，安心研究。有的时候我们一起出游，培养对风景的热爱，而我的每一幅景观手绘创作，都能得到他们的鼓励、共鸣与建议。在这样共情共鸣的氛围中，我一直被打了“强心针”，也常常将家人画到我的景观手绘中，他们是见证者，更是参与者。人与人的和谐、人与景观的和谐，成为我景观手绘作品的主题。

后记

从硕士研究生毕业论文动笔之时，我就开始研究西方风景和中国山水画，查阅了大量的中英文文献和图像资料。实践中，一直以风景创作为对象，积累了一些心得和体会。近年来我一直承担设计专业尤其是环境艺术设计专业的基础课教学任务，并指导学生专业课和毕业论文写作，对这一专业学生的专业素质和技能培养积累了一些思考。在主持并完成国家社科基金艺术学青年项目和一些校级项目的研究中，我增强了研究能力，由此萌生了撰写本书的愿念。愿本书能为推动中国景观文创的未来发展，略尽微薄之力。

这几年本着教学相长的目标，我收集了美术史和设计史课程中涉及的设计大师的视频资料和研究文献，这既有助于教学、科研，也满足了我的个人兴趣爱好。我们学习前辈大师，是学习他们的观察、思考和表达方法，更要学习大师的视野和情怀。欣赏和启发的重要性不容忽视，只有打开学生的思维和想象，才能催生杰作。

艺术创作永远是传统与个人的关系实验，景观手绘也不例外。这些年去欧洲和日本研究考察时，以及在带学生去皖南、云南、苏南考察实践中，基于自身的兴趣和研究之需，我收集了东西方传统景观手绘方面的书籍和绘画作品。欣赏和学习这些作品的创作意图和形式法则，培养学生在景观的个性创作方面大有裨益。只有科学、艺术地表现景观文化，其作品才可能有较高的价值。

本书的前三章分别介绍了欧洲、日本和中国传统景观手绘的发展。第五章和第六章探讨旧园新绘实践课程的模式和实操。在景观手绘教学中进行创意激发、诗意融汇和画意表达，前提是对手绘本质语言的把握与不断探索。在将景观主题转译为图像符号的过程中，传统、现代或当代的各种绘画艺术语言都可以为我所用。实验是创作的本性，个性化风格的形成是其水到渠成的结果。我这些年在教学中尝试过各种绘画媒介，在教学中鼓励学生在绘画语言方面尝试多样性，充分发挥绘画媒介潜质并融入创意和诗意，提倡手绘，支持电脑手绘板，重视运笔的肌肉感和灵感之间的相生相克。

这几年在构图、素描和速写课程中，我不断进行课程改革实践，同时也积累了比较丰富的教学经验和思考，并存留了数百幅优秀的学生手绘作品。第八章通过优秀作品案例，将实景图片和作品图片比对，可以看出学生如何实验，运用各种材料，手法和形式来寻找眼见现实之外的可能性的，不停留于照相式记录，而是如何试图实现景观手绘作为人文价值的载体。美形有万殊，每种手绘实验都有可能接近或抵达完美的景观文创。在此也要感谢我的学生们同意将他们的作品及创作灵感和创作过程作为本书的一部分呈现给读者，使该书更加完善。

美国著名城市理论家刘易斯·芒福德（Lewis Mumford）在《城市发展史——起源、演变和前景》中文版序言中写道："贮存文化、流传文化和创造文化，这大约就是城市的三个基本使命了。"这也同样是景观文创手绘的使命。在第七章的第三节分别介绍了追问的、治愈的和未来的景观。

本书稿经多年思考、编撰，终于在南京完稿。作为我国四大古都之一的南京，在波澜壮阔的历史发展进程中，形成了丰厚的历史积淀和独特的地域文化，在中华文明史上写下了浓墨重彩的篇章，为景观手绘提供了丰富的创作素材和想象空间。

通过多年努力，书稿即将出版，"时代精神""插画视角""世界话题"一直萦绕在我对景观的观照之中，也促使我在授课教学中思考如何更好地将艺术创作与大时代衔接，如何推动景观手绘为文创产业服务，如何因地制宜、因地振兴、因地创新地为推进地方景观文创建设尽自己一份绵薄之力。

张春华/2023.2. 南京